自然環境の評価と育成

大森博雄・大澤雅彦・熊谷洋一・梶　幹男 編

東京大学出版会

Evaluation and Development of Natural Environments
H.OHMORI, M.OHSAWA, Y.KUMAGAI and M.KAJI
University of Tokyo Press, 2005
ISBN 4-13-062712-0

はじめに——環境指標への道標

　自然と自然環境はどこが違うか？　自然環境の悪化は何を意味しているか？　自然環境の悪化を回避して，われわれが健全で健康に生きるには，自然環境のどこを見て，何をすべきか？　環境問題が深刻化するなかで，少なからぬ人々がこうした問題に関心をもつに違いない．あるいはまた，東京大学大学院新領域創成科学研究科の自然環境学は何をめざしているか？に関心を示す方々もおられるかと思う．本書は，これらの問いに簡潔に答えることを試みる．

　本書は，自然環境を'とらえる'，'評価する'，'育てる'という3つの視点からの，3部構成になっている．第1部では，自然環境の構造や機能のとらえ方を紹介する．自然はきまぐれに時代とともに変動するが，人類を含めたすべての自然要素は常に一連の相互作用でつながった生態系を作っている．複雑性と系統性．自然環境は巧みな構造と多様な機能をもっている．第2部では，人々の生存や生活とのかかわりから自然環境を評価する．自然環境は，物質的にも精神的にも，人々の生活基盤を作っている．人類は自然環境の恩恵と制約の中でしか生きられない．第3部では，自然環境の育て方を考える．人々の生活は多彩な役割と巧妙な仕組みをもつ緑の環境に支えられている．人類の健全で健康な生活には，自然環境を保全して，よりよい環境を形成するための緑の育成が大事である．

　21世紀の現代は，世界の飲み水の利用と開発の歴史のなかで第三期に位置するという．自然水をそのまま用いていた1900年代初頭までの第一期，濾過・殺菌施設をもった水道が開発され，普及した1960年代までの第二期，そして，精力的な水資源開発と大幅な水利用量の増加をもたらした1960年代以降の第三期である．しかしこの第三期は，「ますます頼りにしなければならない水を，人間はますます汚し，人間の生存と生活を危機に追いやっている時代だ」といわれている．たしかに，たとえば，東京の都市圏は1960年代以降急速に拡大してきた．都市周辺の台地や丘陵の森林や農地は，住宅

地や商工業地へと急激に変化した．その結果，台地や丘陵のふもとから湧き出し，それまで人々の飲料水，灌漑用水，あるいは憩いの場として日常的に利用されていた湧泉湧水とそれらを源とする都市の小河川は，一部は枯渇し，一部は汚染されて，飲み水としても，田畑をうるおす水としても，また，人々の心を癒す水辺としての役割をも，いまでは多くを失っている．世界各地の都市域で発生したこうした状況は，'都市化に伴う水環境の悪化'として深刻な環境問題の１つとなっている．

人類は水なしでは１週間も生きられない．生命に直結する'飲み水の悪化'は環境問題の象徴の１つであるが，現在の人類は地球温暖化，オゾン層の破壊，酸性雨，砂漠化，熱帯林の破壊，野生生物種の減少，河川水・湖沼水・地下水の水質悪化，海洋汚染，有害廃棄物の越境移動，発展途上国の公害問題，都市の自然要素の減少，ゴミ問題，環境ホルモン問題など，数々の環境問題をかかえており，肉体的にも，また精神的にもみずからの生存や生活を地球規模で脅かしている．こうした地球規模での環境問題は意識する・しないにかかわらず，国や社会，企業はもとより，個々の人間も加害者になりうる．同時に，好き嫌いにかかわらず，すべての人々が被害者にもなる．それゆえ環境問題は，個々の人間が責任を問われかねない問題であり，またすべての人々が関与し，発言する権利を有する問題でもある．環境学には，こうした環境問題の解決に科学的方策を与えることが期待されるとともに，人々の生活や文化，産業や科学技術のあり方までをも問い直し，人類の新たな生き方を提示することが期待されている．そうした意味で，環境学は「地球上で人類はいかに生きるべきかを考究する学問」といえよう．

ところで，「環境」という言葉は現在では巷にあふれていて，さまざまな意味合いで使われる．一般には，'メダカの生息環境'とか'ブナの生育環境'などと表現され，また，'氷河の形成環境（氷河が形成されるための気候や地形などの条件）'などと表現されることもある．いずれにしても，「環境」は「主体に影響を与える空間や場の事物や現象」，あるいは「主体の生存や生活を支えている空間や場の条件」を意味していて，「主体に対する影響（作用）」が内包されている．したがって「環境」には，'主体の生存や生活に好ましい影響を及ぼすか，好ましくない影響を及ぼすか'という「影響に関する評価」が必然的に生じてくる．東京大学の環境学専攻では，その設

立趣旨からして，主体は「人類（人間）」である．すなわち，「環境」は「人類の生存や生活を支えている空間や場の条件」という意味合いで使われる．それゆえ，「人類の生存や生活にとって好ましいか，好ましくないか」という「人類に対する影響の評価」が発生することになる．

　自然環境学が自然学と異なるところは，「人類に対する影響の評価」が要求されることである．自然は'地球や宇宙の長い歴史の中で作られ，生まれ，動いているこの世の森羅万象'を意味している．自然そのものには善悪や軽重はなく，したがって'良し悪し'の評価も生まれない．自然学では，'不可解な自然'に対する'人間の知的欲求'を満たすために，自然の構造や性格，隠されている秘密や真理を探り出すことが要求される．'知欲を満たす'ことが'食欲を満たす'のと同様に，生きることの大きな糧の1つとなっている人間には，あるがままの自然をより深く理解することそのものが大きな課題となる．この課題に応えるのが自然学の基本的な任務である．一方，すべての生物種が環境の'良し悪し'を判断し，よりよい環境を求めて移動し，ときにはみずからの形質さえ変えて適応放散し，種の保存と繁栄をはかろうとするのと同様に，人類もまた，さまざまな手段を講じて人類の生存と繁栄を試みる．自然環境学には，この'人類のこの世に生きながらえ，繁栄しようとする生理的欲求'に応えるために，'環境としての自然の良し悪し'を評価し，その保全や改善，新たな環境を創造することが要求される．それゆえ自然環境学では，'衣食住を満たして，生きていることを享受し，人類の生活が向上し，繁栄する'うえでの「自然の役割（自然環境）」の理解と保全とが大きな課題となる．したがって自然環境学では，自然学と同様の事象を対象とする場合でも，視点や取り扱い方が異なることが少なくない．

　たとえば，地域気候を考察する場合，自然学では，雨が降るか降らないかの境界である年降水量0mm前後の地域に興味をもつことが多い．しかし自然環境学では，作物との関係から降水量を検討することが多く，たとえば，世界の主要主食である小麦が栽培されている年降水量250-500mmの地域を扱うことが少なくない．小麦地帯の気候がどのような実態と性格をもち，どのように変動するかを分析し，小麦作の安定・不安定やその将来予測を試みようとする．また，流量の大きな河川は濃度が低くても大量の物質を運び，小さな河川は濃度が高くても少量の物質しか運ばない．物質循環そのものに

関心を示す自然学では，河川の総運搬量を検討することが多い．しかし，川の水が飲めるか飲めないか，魚が棲めるか棲めないかを決めるのは，総運搬量ではなく，溶存物質の濃度である．濃度が高い水は汚れた水となり，飲用には適さない．魚や川虫も棲みにくく，人々の河川への親しみも低下する．それゆえ自然環境学では，濃度をもとに河川環境や水環境を考えることが少なくない．

このように，自然環境学では，人類の生存や生活とのかかわりにおいて自然の構造や性格，変動を観察し，測り，評価して，自然との付き合い方を考える．それゆえ自然環境学は，「人類の生存や生活に影響を与える自然事象の構造や性格，仕組みを解明し，自然環境が人類に与える影響や人類が自然環境に与える影響を評価し，人類の生存と生活を持続させ，発展させるために，よりよい自然環境を創成する方策を考究する学問」ということができる．

45億年前頃の地球の大気には炭酸ガスが大量に含まれていた．35億年前頃，葉緑素をもった植物が現れ，光合成により大気中の炭酸ガスは炭素と酸素とに分解され始めた．酸素は大気中に放出され，炭素は植物に吸収され，植物体を形成した．植物体となった炭素は植物の死後，堆積作用や変質作用によって，石炭，石油，天然ガス等として地中に閉じこめられた．大型で大量の植物が地球上に繁茂するようになったのは，6-3億年前頃のことである．その結果，地球を覆う大気中の炭酸ガス濃度は低下し，酸素が増加し，やがて人類が暮らせる自然環境が作り出された．しかし，巨大な物理力を発揮する近代科学技術を手に入れた人類は，これらの炭素を地中から掘り出して，エネルギー源として大量に消費し，ふたたび大気中の炭酸ガスを急激に増加させた．こうした炭酸ガスの増加は，地球温暖化やそれに伴って生じた永久凍土の融解などにみられるように，自然環境の大きな変化を引き起こしている．また，人類は近代科学技術によって，これまで自然界には存在しなかった物質をも作り出し，'フロンガスによるオゾン層の破壊'や'環境ホルモンによる生理・発生・生殖機能の変化'などにみられるように，結果として自然環境を大きく改変してきたし，これからも改変しようとしている．そして，こうした近代科学技術による自然環境の改変は，自然が行っている物質やエネルギーの循環系における構造破壊や機能低下をまねき，'人類の繁栄を願い，生活の利便性や快適性を向上させる'という科学技術の目的と

は裏腹に，幾多の'公害問題'に示されたように，人々の生活を脅かし，多くの人々の生命を奪うことすら引き起こした．'人類が引き起こした地球規模の災害'ともよぶことができる現在の環境問題が，'近代科学技術がもたらしたものだ'といわれるゆえんである．

環境悪化は人類にとっては深刻である．しかし，'環境悪化による人類の滅亡'は，自然にとってはそれほど深刻な問題ではないかもしれない．自然は寛容で，包容力も大きいが，ときにはきわめて冷ややかになる．自然はあるがままの変化をそっくりそのまま受け入れて，新たな生態系を作り出すに違いない．人類の繁栄や滅亡は，'自然の手のひらの上にある'ともいえよう．ともすると，ひとりよがりで傲慢にもなりかねない近代科学技術の行使に当たっては，'謙虚さ'や'自然に対する畏敬の念'をもつことが必要であろう．

一方，現在の科学技術は'高度に発達した'科学技術だといわれる．そして，現代社会は'科学技術の理論に従って生きる'という「合理主義」を強く要求し，われわれの社会システムは，この「合理主義」によって動いている．しかし，現在の人類が手に入れた近代科学技術の理論は人類や社会，文化や自然の全容について語ったものではない．それらのほんの一部を語った部分科学技術である．部分科学技術はやはり部分科学技術にすぎず，多くの欠陥をもっている．環境はたくさんの構成要素から成り立っている生態系であり，要素間において複雑で巧妙な作用・反作用が行われている複雑系である．無数ともいえる要素数と優柔不断に変化する相互作用の柔軟性とからは，'超複雑系'といわれることもある．複雑系を適切に理解するには多体問題の解決が必要であるが，多体問題の解法はいまだ暗中模索の段階にある．

他方，部分科学技術をよりどころに強制的に環境の一部を改変すると，'あちら立てれば，こちらが立たず'の結果を招くことがある．とくに，人々の生活の利便性や快適性の向上を目的として行われる「開発」は，多かれ少なかれ自然環境を改変するため，常に「環境問題」を発生させ，ジレンマ，トリレンマ，あるいはマルチレンマとよばれる多律背反問題を引き起こしている．すなわち，現在人類が直面している深刻な環境悪化は，近代科学技術の行使が必ずしも適切ではなく，生態系の一部を不用意に変化させ，その結果，生態系の機能を低下させたり麻痺させたことに由来している．

自然を頼りに生き，自然に働きかけなければ生きていけない人類の生活には，常に「開発と環境悪化」という矛盾が含まれていて，この矛盾の解決は環境問題における基本課題である．この矛盾を解消し，あるいは低減し，環境悪化に対処して人類が生き延びるには，自然環境の構造や変動，機能や仕組みを解明し，自然環境と人類との相互作用を適切に評価する必要がある．また，生態系の機能麻痺や破綻を回避し，さらに自然がもつ「人類の生存や生活を支えるための環境維持力」を高度に引き出すべき施策をほどこすことが不可欠である．そして，それを実践するには，既存の学問分野を融合し，自然環境や社会環境，あるいは文化環境をも総合的に理解し，人々の生活や社会，文化や産業，科学技術のあり方までをも根本的に問い直し，それらのあるべき姿を提案し，かつ実践していく人材を養成する研究・教育組織の創設が必要である．

　こうした意図の下に東京大学大学院新領域創成科学研究科では，1999年4月に「環境学専攻」を設置し，「自然環境学大講座・自然環境コース」は自然環境の理解と評価と創成を担当する研究・教育組織として開設された．自然環境学には，人類の生存と生活を支えている地球（自然）というボディを多面的・多角的に診察し，健康状態をチェックし，警告を発したり，予防処置をとったり，病気を治したり，あるいは，健康増進のための処方をする「医学」のような役割が期待され，自然環境学徒には，「地球の医者たる」ことが嘱望されている．

　誕生後6年足らずの本学の自然環境学では，自然環境の構造や機能の分析手法も十分には確立していない．自然環境の良し悪しの診断も，自然環境の育成施策も未熟である．自然環境学は試行錯誤を繰り返しながらこれから作り上げていく学問である．にもかかわらずこの時期に本書を出版するのは，自然環境学の現状の一端を紹介することによって，読者の方々にその必要性と重要性と発展性とを知っていただき，多くの方々に自然環境学の創造に参加していただくことを期待するからである．本書が自然環境学の開拓と展開に意欲をもって参画する動機となれば幸甚である．

2005年5月

編者

目　次

はじめに——環境指標への道標　i
執筆者および分担一覧　xii

第1部　環境をとらえる　1

第1章　環境のダイナミクス　3
1.1　環境のダイナミクスとは　3
1.2　自然環境の地域的多様性　4
　　(1) 地球の構成と地球生態系　(2) 地球の内部エネルギーが駆動する物質循環とその地域性　(3) 地球の外部エネルギーが駆動する物質循環とその地域性　(4) 自然環境の階層構造
1.3　自然環境の長期基層変動　11
　　(1) 第四紀（過去約170万年間）における自然環境の基層変動　(2) 濃尾平野の地下に記録された第四紀後半（過去90万年間）の基層変動　(3) 過去の環境動態を復元する
1.4　巨大化する人間活動による自然環境の変容　17
　　(1) 加速する人為地形改変　(2) 深刻化するエネルギー問題と廃棄物問題　(3) 地球温暖化予測　(4) 地球温暖化が地球生態系へ与える影響
1.5　自然災害の発生予測と軽減　22
　　(1) 自然現象と自然災害　(2) 自然災害の地域偏在性と非日常性　(3) 大地震の長期予測と北アナトリア断層の古地震調査　(4) 居住圏の拡大と自然災害の変容
1.6　新しい自然観を求めて　28
参考文献　28

第2章　陸域生態系の構造　32
2.1　生物圏における物質循環と生態系の構造　32
　　(1) 生態系の物質循環とエネルギーの流れ　(2) 地球上のバイオマスと

森林生態系における炭素の循環　(3) 土壌と無機養分の循環　(4) 森林の衰退と酸性雨
  2.2　生態系における植物の生理過程　39
    (1) 光条件　(2) 温度条件　(3) 水分条件　(4) 中国黄土高原の砂漠化と樹木の乾燥適応
  2.3　生態系における生物被害と共生　46
    (1) マツ材線虫病（松くい虫被害）　(2) 菌根共生
  2.4　まとめ　52
  参考文献　54

第3章　海洋生態系の構造　56
  3.1　生物にとっての海洋環境　56
    (1) 海洋の地形と海水の組成　(2) 海洋の環境と陸の環境の違い
  3.2　海洋における物質循環の仕組み　60
    (1) 物質循環の考え方　(2) 海洋を中心とした炭素循環　(3) 炭素，窒素，リンの海洋での循環における相互作用
  3.3　海洋生態系の特徴　67
    (1) 浅海域の底生生態系　(2) 海洋の表層生態系における2つの食物連鎖　(3) 深海底における生態系
  3.4　海洋環境に及ぼす人間活動の影響　73
    (1) 陸域での人間活動による窒素循環と沿岸域の生態系への陸源窒素の影響　(2) 陸からの窒素負荷に対する沿岸域の緩衝容量の大きさ
  参考文献　77

第4章　生態系区分と環境要因　79
  4.1　生物と環境　79
  4.2　生態的レベルと環境要因のスケール　80
    (1) 個体，個体群　(2) 群集（群落）　(3) 群系，生態系　(4) 生態的レベルと環境のスケール
  4.3　生態系のグローバル分化　85
  4.4　攪乱要因と生態系の時空間配列　91
    (1) 生態系の成立　(2) 生態系の配列パターン　(3) 環境傾度と生態系分化　(4) 生態系の時空間的パターン

4.5　生態系の利用と保全　99
　　参考文献　102

　コラム1　世界を主導する沿岸調査・研究体制を目指して　104
　コラム2　黒潮の運ぶもの　111

第2部　環境を評価する　117

第5章　閾値と人間の活動可能領域　119
　　5.1　環境の計測と評価　119
　　5.2　自然環境の枠組みと計測・評価の視点　119
　　　　(1) 環境の枠組み　(2) 自然と生態系と自然環境　(3) 地域環境と環境の入れ子構造
　　5.3　閾値と人間の活動可能領域　125
　　　　(1) 環境の相変化と閾値　(2) 人間の活動可能領域
　　5.4　オーストラリアのマレー・マリーの砂漠化　128
　　　　(1) 砂漠化の閾値　(2) マレー・マリーの砂漠化の背景　(3) 砂丘の再活動に関する閾値　(4) 砂漠化した土地がユーカリ林に復帰する閾値
　　5.5　閾値を探りながら生きる　137
　　参考文献　139

第6章　環境の変動と人為改変　141
　　6.1　環境変動論への視座――東南アジアから考える　141
　　　　(1) モンスーンアジアにおける環境変動の諸相　(2) 海水準変動と沿岸域の応答
　　6.2　環境変動の諸相　144
　　　　(1) 完新世と環境変化　(2) 歴史時代における河川環境のダイナミクス　(3) 東海水害にみる環境変化と近年の水害
　　6.3　環境変動と環境問題――環境変動と災害　154
　　　　(1) ベトナムの海岸侵食　(2) 侵食評価と海岸侵食リスクマップ
　　6.4　環境変動の評価　159
　　参考文献　160

第7章　自然環境の変遷と景観予測評価　162
　7.1　自然環境の変遷　162
　　　(1) 国立公園の誕生　(2) 自然環境の保護と保全　(3) 自然環境の創成
　7.2　自然環境と環境影響評価　174
　　　(1) 環境アセスメントの進展　(2) 自然環境アセスメント
　7.3　自然環境における景観予測評価　178
　　　(1) 景観アセスメントのレベルと手順　(2) 景観予測手法　(3) 景観評価の方法
　参考文献　187

　コラム3　地球温暖化とは　188
　コラム4　海洋生物資源をとりまく環境　191

第3部　環境を育てる　197

第8章　緑の育成　199
　8.1　わが国の森林　199
　8.2　森林の現代的意義　200
　8.3　緑の育成——黄土高原における森林再生　202
　参考文献　209

第9章　生物資源の持続的利用　210
　9.1　生物資源とは　210
　9.2　未知の植物生理活性物質の探索　211
　　　(1) なぜカメルーンの熱帯多雨林を対象としたか　(2) アジャップから抽出されたアレロパシー物質　(3) 他のさまざまな活性作用
　9.3　森林破壊と環境劣化　214
　9.4　エチオピア高原における森林減少とその原因　215
　　　(1) エチオピアの地理と気候条件　(2) 潜在的森林面積の推定　(3) 森林の減少をもたらした諸要因
　9.5　森林の環境保全機能　220
　9.6　天然林における持続的木材生産と環境保全　221

(1) 択伐による天然林施業　(2) 東京大学北海道演習林における天然林管理システム　(3) 択伐施業を中心とした天然林の持続的管理方法　(4) 天然林の区分　(5) 現存量および林分構造の把握　(6) 成長量の推定と伐採許容量の決定　(7) 選木の方法　(8) 択伐林分の蓄積量変化　(9) 森林管理に対する評価と課題

参考文献　230

第10章　自然環境の情報化　231

10.1　マルチメディア雑考　231

(1) メディアの技術進歩　(2) デジタル技術

10.2　自然環境の情報化の事例　234

(1) 森林GIS　(2) GIS-CG法による森林景観シミュレーション　(3) 森林映像モニタリング

10.3　サイバーフォレスト研究　242

(1) 目的　(2) 展望　(3) ビデオ映像による気象モニタリングの有効性

参考文献　245

コラム5　海の森林破壊と海洋環境研究　246

コラム6　GISによる環境研究　251

おわりに——環境研究へのメッセージ　257

索引　265

執筆者および分担一覧

執筆者（五十音順）

大澤雅彦*	東京大学大学院新領域創成科学研究科教授	第4章, おわりに
大森博雄*	東京大学大学院新領域創成科学研究科教授	はじめに, 第5章
小口　高	東京大学空間情報科学研究センター助教授	コラム6
梶　幹男*	東京大学大学院新領域創成科学研究科教授	第9章
木村伸吾	東京大学海洋研究所助教授	コラム4
熊谷洋一*	東京大学大学院新領域創成科学研究科教授	第7章
小池勲夫	東京大学海洋研究所教授	第3章
小松輝久	東京大学海洋研究所助教授	コラム5
斎藤　馨	東京大学大学院新領域創成科学研究科助教授	第10章
須貝俊彦	東京大学大学院新領域創成科学研究科助教授	第1章
鈴木和夫	日本大学生物資源科学部教授	第8章
住　明正	東京大学気候システム研究センター教授	コラム3
春山成子	東京大学大学院新領域創成科学研究科助教授	第6章
福田健二	東京大学大学院新領域創成科学研究科助教授	第2章
三上温子	東京大学大学院新領域創成科学研究科博士後期課程	コラム5
宮崎信之	東京大学海洋研究所教授	コラム1
道田　豊	東京大学海洋研究所助教授	コラム2

（*は編者）

第1部　環境をとらえる

第1章 環境のダイナミクス

1.1 環境のダイナミクスとは

 「人間，自然，および両者の相互作用による地球表層状態の変化」を「環境のダイナミクス」とよぶことにしよう．20世紀における地球環境問題の出現は，環境のダイナミクスに対する社会的関心を高めてきた．人間にとって好ましい状態に自然を保全していくことは，21世紀の人類的課題であろう．自然環境（人間を主体とした場合の環境としての自然を自然環境とよぶことにする）を保全するには，将来の自然環境変化を予測して，適切な対策を手遅れになる前に実行する必要がある．しかし，自然環境の将来予測は容易でない．自然環境はシームレスな総体であり，多様な地域性と歴史性を有するからである．

 渾沌の中にある自然環境の将来を見通す視点を3つ挙げてみたい．1番目は自然環境の変動を「長期的な基層変動」と「人為による短期付加変動」とに分ける"科学的な視点"である．人間活動による環境変化を予測するには，「人間活動がなければ，自然環境はこのように変化するはずだ」という理解が不可欠である．2番目は"フィールドからの視点"である．個別地域を対象に現地調査を行い，「そこは誰に対してどんな意味をもつ場所なのか」をグローバルな枠組みの中に位置づけたうえで，現実的な解を追求する立場である．その際，複数のフィールドの相互比較が理解を助ける．たとえば，ある地域で砂漠化が懸念されている場合，すでに砂漠化が進んでいる地域との比較は有益であろう．3番目は"歴史の流れを踏まえた視点"である．今日の自然環境の姿は，地球の長い歴史の産物である．「ある現象が偶然生じると，そのことが前提となって次の現象が生ずる」という点で，自然環境は時間的にも個別性を有している．また，過去を振り返ると，たとえば現在よりも温暖な時代が存在したことに気づく．当時と現在の自然環境を比較するこ

とは，将来の地球温暖化の影響を考えるうえで役立つであろう．

　上記の3つの視点に共通するのは，地上に生起する諸現象をさまざまな時間・空間スケールのもとで比較し，相対化することによって，自然の森羅万象の背後に潜む調和や秩序――人類を育んできた元来の自然が有する機能や構造といってもよい――を見いだし，その価値を正しく評価しようとする立場である．こうした調和や秩序が皮肉にも人間活動によって破壊され，人間の住処をも失いかねない状況にあることを知り，社会のあり方を反省し，革新していくことは，環境学の使命の1つであろう．本章では，こうした立場から自然環境の地域性と歴史性を概観し，次いで巨大化する人間活動と自然環境との関係について，廃棄物問題と自然災害を例に考えてみる．

1.2 自然環境の地域的多様性

　「プレート運動」と「大気海洋循環」が自然環境の地域性を規定している．地球表層物質の循環過程において，火山や台風などといった「地域」を特徴づける自然現象が生起する．こうした現象は固有の空間構造を有しており，その規模は存続時間（寿命）とおおむね比例する．環境の地域的多様性の根底には「境界条件の自然的制御」をどうとらえるか，というテーマが横たわっている．

(1) 地球の構成と地球生態系

　地球は固体地球（地圏）と水圏・気圏・生物圏によって構成されている．固体地球の内部は地殻・マントル・核に分化しており（図1.1(a)），地殻とマントル最上部を合わせた硬い層をリソスフェア（岩石圏）とよぶ．リソスフェアは，十数枚のプレートに分かれて固体地球を覆っている（図1.2）．プレートには，重くて薄い海洋プレートと，軽くて厚い大陸プレートがあり，おのおの海洋底と大陸地表面の土台をなしている．

　生物圏とそれを支える無機的地球（水圏・気圏・地圏表層部）をまとめて，地球生態系（geo-ecosystem）とよぶ（図1.3）．地球生態系は閉じた物質系とみなされるが，そこでは地球の内部・外部エネルギーを駆動力とした物質循環が絶えず生じている．複雑で多様な今日の地球生態系は，生物圏と無機

1.2 自然環境の地域的多様性　　5

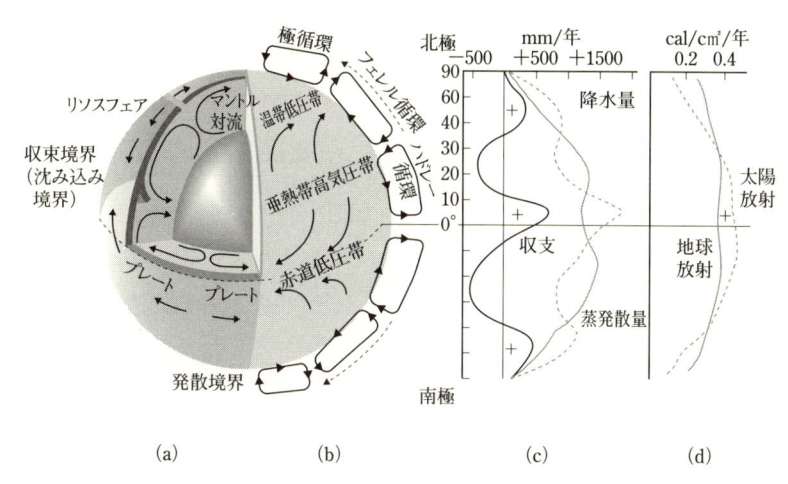

(a)　　　　(b)　　　　(c)　　　　(d)

図1.1　固体地球のモデル(a)，大気の大循環モデル(b)，年平均した水収支の緯度分布(c)，および，太陽放射と地球放射の緯度分布(d)

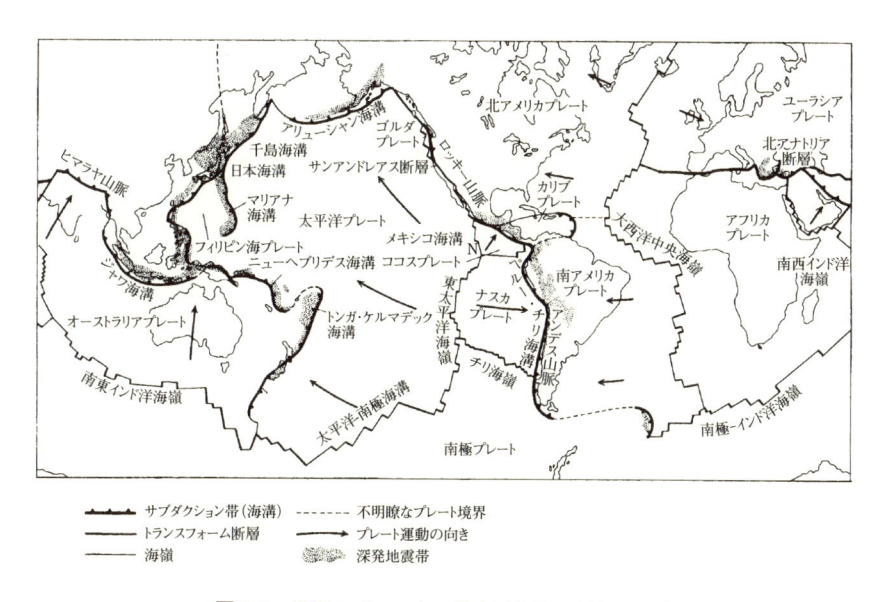

図1.2　世界のプレートの分布（上田，1989による）

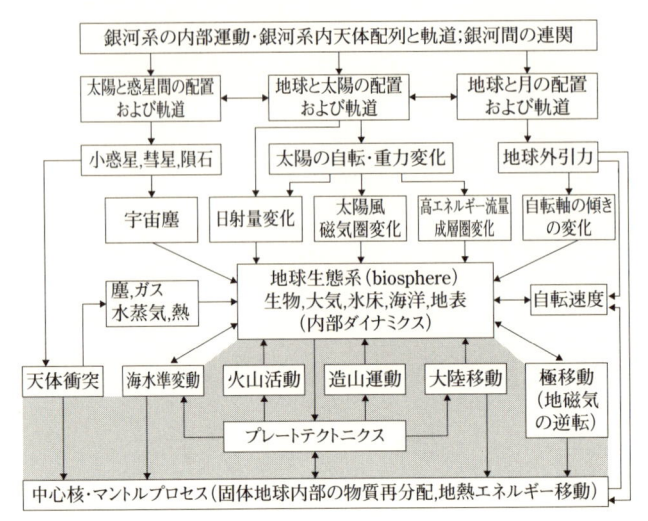

図1.3 気候システム（地球生態系）とそれに影響を与える諸要因
（Huggett, 1991を一部改変）

的地球の相互作用によって形成された歴史的産物である．

(2) 地球の内部エネルギーが駆動する物質循環とその地域性

　固体地球の内部では，放射性元素の崩壊に伴って発生する核エネルギーが駆動力となって，物質が移動・循環している．なかでもマントル対流と連動したプレートの移動（図1.1(a)）は，自然環境に著しい地域差をもたらしてきた．プレートは硬いため，プレート運動による変形はプレート境界に集中する．このためプレート境界地域では，地震活動や地殻変動が活発であり，起伏に富んだ地形が形成されている．一方プレートの内部地域では，地盤はきわめて安定しており，地形は平坦で時間的にも空間的にも変化に乏しい．

　プレート境界には，隣合うプレートが，①互いに近づく「収束型」，②互いに遠ざかる「発散型」，③互いにすれ違う「平行移動型」の3タイプがある．発散型境界はプレートが生産される場であり，収束型境界はプレートが消費される場である．収束型境界は，さらに，大陸プレートと大陸プレートがぶつかる「衝突境界」と，海洋プレートが大陸プレート下（場所によっては，海洋プレート下）へもぐり込む「沈み込み境界」に2分される．前者に

はアルプス・ヒマラヤ造山帯が，後者には環太平洋造山帯が位置している（上田，1989）．

アルプス・ヒマラヤ造山帯では，北上するオーストラリア・アラビア・アフリカの各大陸プレートに「衝突」されたユーラシアプレートが南北に短縮変形してきた．ユーラシアプレートは厚みを増し，地表が広範囲に隆起して，ヒマラヤ山脈，チベット高原，アナトリア高原などが形成された（図1.3；Harrison et al., 1992）．ユーラシアプレートの内部変形が進むと，チベット高原やアナトリア高原の一部は，「マイクロプレート」化して，衝突帯から絞り出されるように数十km以上も東西へ水平移動してきた（Tapponir and Molnar, 1976；Dewey et al., 1986）．移動は，クンルン断層や北アナトリア断層などの「平行移動型」プレート境界断層の横ずれ運動によってまかなわれてきた．

環太平洋造山帯では，太平洋・フィリピン海・ゴルダ・ココス・ナスカの各海洋プレートが，「海溝」部からマントル中へ「斜めに」沈み込んでいる（図1.2）．海溝は太平洋を縁取るように分布しており，太平洋の東縁では陸弧―海溝系，太平洋の北―西縁では島弧―海溝系とよばれる大地形が発達している．海洋プレートの沈み込みは，巨大地震や火山噴火を引き起こす．日本が世界屈指の地震と火山の国であるのは，日本列島が5つの島弧―海溝系[1]によって構成されているからである．

(3) 地球の外部エネルギーが駆動する物質循環とその地域性

気圏と水圏では，太陽の放射エネルギーが主な駆動力となって，物質が移動・循環している．地球（気圏上端）に流入する太陽の放射エネルギーは，赤道から両極に向かって急減する（図1.1(d)）．一方，地球から宇宙空間へ放出されるエネルギーは，赤道から両極に向かって漸減する．赤道付近は加熱による上昇気流が生じて低圧帯となり，極から風が吹き込み，南北循環が駆動される．これに自転の効果が加わり，南北循環はハドレー循環・フェレル循環・極循環に分かれて，横縞状に固体地球を取り巻いている（図1.1(b)）．大気の運動は，水陸分布の影響も受ける．大陸は，海洋よりも熱容量

---

[1] 千島弧―千島海溝，東北日本弧―日本海溝，西南日本弧―南海トラフ，伊豆小笠原弧―伊豆小笠原海溝，琉球弧―琉球海溝の5つ．

が小さいので，夏季には相対的に高温となり，上昇気流が生じて低気圧が発達し，海洋から湿った気流が吹き込む．反対に冬季には乾いた気流が大陸から海洋へ吹き出す．こうしてモンスーン循環が発生する．とくにアジアモンスーンは，ヒマラヤ・チベット山塊の熱的・力学的効果が加わるために強力である（安成，1980）．

海洋では，表層と深層の2層構造が維持されている．「海洋表層水」は風に駆動されるため，両者の流動パターンはよく似ている．ただし，北半球の海では，ユーラシア大陸と北米大陸が壁となって巨大な渦が生じている．渦は高緯度地域への熱輸送を活発にする．暖流（北大西洋海流とアラスカ海流）に洗われる北欧の大西洋岸やアラスカの太平洋岸では，高緯度のわりに気候が温暖である．ちなみに南半球の海には，南極環流がある．後述のように，大陸プレートの移動により南極環流が成立したことがきっかけで，南極に氷床ができ始めたらしい．他方，「海洋深層水」は，数百年以上を費やして，3大洋のあいだを循環している．深層水循環は「熱塩循環」ともよばれ，氷河の融水によって海水の塩分濃度が少し下がるだけで振る舞いが一変するらしい．このことから，海洋深層水循環は，地球規模での急激な気候変動の鍵を握ってきたと考えられている（Broecker and Denton, 1989；Ganopolski and Rahmstorf, 2001）．

水は，固体（雪氷）・液体（水）・気体（水蒸気）と姿を変えながら，地球表層を循環している．陸域では降水量の約65％が蒸発散によって気圏へ戻り，残りが河川水となって大地を潤し，海へ注ぐ．ただし，下降気流が卓越する「亜熱帯高圧帯」では，蒸発散量が降水量を上回る（図1.1(c)）．ここには，大陸東岸部を除き，乾燥地域が広がり，年中枯れることのない「恒常河川」は，湿潤地域に水源をもつ「外来河川」だけである．外来河川の大半は「国際河川」であるため，水資源をめぐる国際紛争が繰り返されてきた（髙橋，1998）．これに比べて日本のような湿潤地域では，河川水は豊かにみえる．しかし，降水がなければ，川はすぐに枯れる．大気中の水蒸気の平均滞留時間[2]は10日くらいしかない．太陽エネルギーによる大気への水蒸気供給が，川の流れを支えている．

地下深部で形成された岩石が，隆起と侵食によって地表に達すると，風化

---

[2] 物質の平均滞留時間（mean residence time）とは流入物質が圏内にとどまる平均時間をさす．

1.2 自然環境の地域的多様性　　9

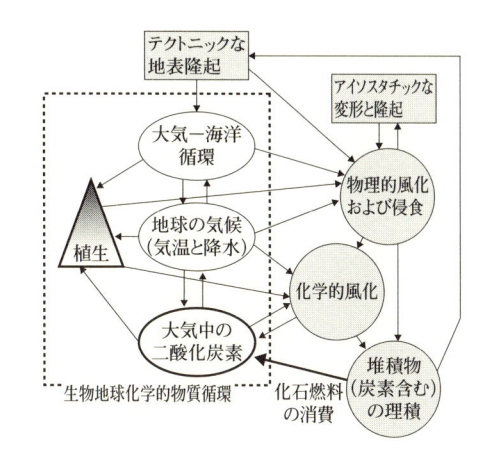

図1.4　テクトニクス，植生，海洋と大気中の二酸化炭素の複雑なリンケージ（Ruddiman ed., 1997）
要素間の複雑な関係が，正・負のフィードバックを生み出し，気候システムの非線形変化をもたらす．

作用を受けて脆くなる（図1.4）．そこへ風・流水・氷河・重力が作用すると，風化物質は侵食・運搬され，やがて平野や海底に堆積する[3]．大気や水の流れは，大陸地殻構成物質を海洋へ運搬する役目も担っている．こうした外部エネルギーによる物質移動が進めば，レオナルド・ダ・ヴィンチが指摘したように，山地は最終的には低平な土地（準平原）になるだろう．日本を含むプレート境界地域では，外部エネルギーによる侵食・堆積作用に加えて，内部エネルギーによる地殻変動や火山活動が作用することで，起伏に富んだ自然景観が維持されている（Ohmori, 1978；Summerfield, 1991）．

(4) 自然環境の階層構造

　地球表層物質は，地球の内部・外部エネルギーによる移動過程で，ある空間的な広がりをもった構造[4]を形成する．台風や成層火山などがその例である．構造の空間スケールは，構造の存続時間にほぼ比例する（図1.5）．このことは「空間スケールの大きな構造が，小さな構造の存在条件（初期・境界条件）を与える」ことを意味する．ただし，同じ大きさの構造でも，大

---

[3] 風化や侵食の様式や強さは，地質条件，勾配・起伏量などの地形条件，気温・降水量などの気候条件，に支配される．これらの条件は地域依存性が高いため，風化や侵食による地形変化も地域ごとに多様である．
[4] エネルギー的には，非平衡開放系における散逸構造とみなしうる．

図1.5 地球現象の時間スケールと空間（水平距離）スケールの関係（貝塚, 1998 ; Huggett, 1991 に加筆）
地球温暖化速度＞氷期─間氷期の気候変化速度≒氷河（雪氷圏）≒植生（バイオーム）移動となっている．

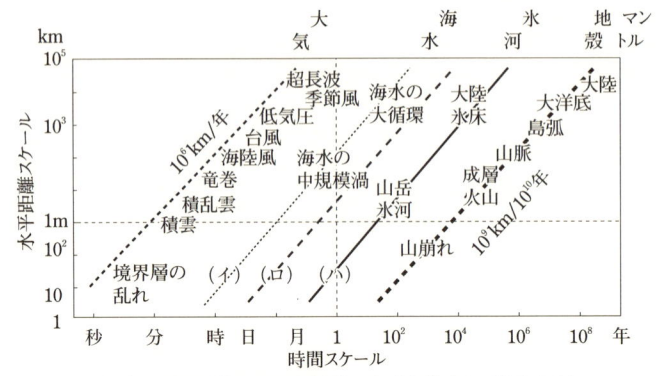

（イ）地球温暖化による気候帯の水平移動速度（緯度方向）
（ロ）植生の水平移動速度（最大値）
（ハ）氷期－間氷期の気温変化速度（緯度方向）

気・海水・氷河・地殻のあいだでは存続時間が何桁も異なる（図1.5）．大陸の分布が大気─海洋循環の境界条件となることから明らかなように，「動きにくい物質が作る構造は，動きやすい物質が作る構造を制御する」関係にある．この関係は「気圏や水圏で形成された構造が，姿を変えて地圏の土壌や堆積物として残りうる」ことをも意味する．台風は大気中に痕跡を残さないが（去年の台風の目を探しても見つからない！），台風の襲来は洪水による土砂移動を生み，堆積物となって地圏に記録される可能性がある．平たくいえば，地圏の構造は，他圏の構造と比べて，過去や近隣からの"しがらみ"を受けやすいのである．このことは，過去の自然環境の復元に地圏情報が役立つ一方で，短期的・局所的な観測（観察）事実をもとに地圏で生ずる諸現象の一般法則性を発見することの困難さを示唆している[5]．

地圏における堆積物の生成過程をも含む物質循環は，地質学的物質循環（geological cycle）とよばれ，生物圏・気圏・水圏間の物質循環である生物

---

[5] プレートテクトニクス成立以前における造山運動論の展開に片鱗を見いだすことができる．都城（1998）は，地質学を中心とした地球科学の発展の歴史を物理学の歴史を比較し，地球科学に固有な法則性とは何かを詳しく論じている．

地球化学的物質循環 (biogeochemical cycle) と区別される (図1.4). 前者は地球の内部エネルギーが駆動する細くて長いサイクル, 後者は太陽エネルギーが駆動する太くて短いサイクルである (和田, 2002). 前者はストック (蓄積量) が大きく, フロー (移動量) が小さい. この2つのサイクルの性質の違いは, 地球環境問題を理解するための鍵となる. 後述のように, 地圏に蓄積されてきた化石燃料の大量消費が, 大気中の二酸化炭素濃度を急上昇させている可能性が高い (図1.4).

1.3 自然環境の長期基層変動

第四紀 (過去約170万年間) における「氷期―間氷期変動」は, 自然環境の長期変動のベースラインを与えるものである. この変動は100m以上の海面の昇降を伴い, 臨海平野の形成に決定的な影響を与えてきた. リズミカルな基層変動の根底には「時間的秩序を形成する自然の相互作用」をどうとらえるか, というテーマがある.

(1) 第四紀 (過去約170万年間) における自然環境の基層変動

46億年の地球の歴史に比べると人類の歴史は浅い. 人類の祖先である原人 (*Homo erectus*) は約180万年前に東アフリカに誕生し, 170万年前頃にジャワへ移動したにすぎない (Swisher *et al.*, 1994). 約170万年前以降の最新の地質時代である「第四紀 (Quaternary)」が「人類紀」とよばれるゆえんである. ところで, 地球は過去に幾度か氷河時代 (地上に氷河が存在する時期) を経験している[6]. 第四紀は, 地球史上もっとも新しい氷河時代に属している. まずは, 最新の氷河時代の到来を振り返ってみることにしよう (Zachos *et al.*, 2001).

3350万年前頃, 大陸プレートが移動してタスマニアと南極のあいだに海峡が開くと, 南極環流が成立し, 南極大陸に氷床ができ始めた (Exon *et al.*,

---

[6] 過去に氷河時代あるいは氷室期 (icehouse period) と無氷河時代あるいは温室期 (greenhouse period) が3億年程度の間隔で繰り返し訪れた. 氷河の発達には, プレート運動による大陸の集合・離散が強く関与してきたらしい. 図1.5中の時間と空間の組み合わせが「億年」と「大陸」となっている点を確認されたい.

2002). 800万年前頃になるとヒマラヤ・チベット山塊の上昇に伴いアジアモンスーンが活発化し (Zhisheng et al., 2001), 北半球の高緯度地域にも氷河ができ始めた. 280万年前以降, 気候は約4万年周期で変動しつつ寒冷化した. 170万年前を境に気候変動の幅が増し, 東アフリカでは乾燥が進み, 森林が草原へ変わった[7]. 乾燥化は, 森に棲む生物に新たな適応を迫り, 人類の進化にも影響を与えた (deMenocal, 1995). 100万年前以降, 約10万年周期の気候変動が卓越し, 大陸氷床が拡大する「氷期」と氷期に挟まれた温暖な「間氷期」のコントラストが強まった. 最近の約40万年間は, 氷期と間氷期の変動幅が特に大きく, 氷河性海水準変動 (氷床の消長に伴う汎世界的な海面の昇降) も顕著である (Chappell and Shackleton, 1986). 氷期の最寒冷期には現在よりも海面が100m以上も低下し, 陸棚が広範に干上がった (Yokoyama et al., 2000; Lambeck and Chappell, 2001). モンゴロイドは, 最新の氷期 (the last glacial period) に陸橋化したベーリング海を経てアメリカ大陸へ渡った (Hedges, 2000). 植生は, 気温変化に応じて数百m/年の速さで南北移動してきた (図1.5中の (ロ): Davis and Shaw, 2001).

このように最新の氷河時代は, 寒冷期 (氷期) と温暖期 (間氷期) が短周期で繰り返し, 氷河量と海水量が激しく変動してきた時代である. 変動は気候帯と植生帯の大移動を生み, 地表は"汎世界的"に不安定化した. こうした変動が400-200万年前以降の"汎世界的"な侵食速度の増加をもたらしたと考えられている (Peizhen et al., 2001).

第四紀の周期的な気候変動は, 地球の公転軌道要素の永年変化に伴う日射量の周期的変動 (ミランコビッチ・サイクル) をペースメーカーとしてきた (Hays et al., 1976; Imbrie and Imbrie, 1980). しかし, 日射量の変動自体はわずかであり, それが氷期―間氷期変動に増幅されるプロセスや, さまざまな自然のリズムを同期させる相互作用のメカニズムについては, よくわかっていない.

---

[7] パナマ地峡の出現 (Haug and Tiedemann, 1998) やインドネシアにおける海峡の閉塞 (Cane and Molnar, 2001), アフリカ大地溝帯の隆起など, プレート運動に起因する隆起が, 大気―海洋循環系における境界条件を変え, それがきっかけで, 東アフリカの乾燥化と植生の貧化が進んだらしい. この一連の流れを図1.4において確認されたい.

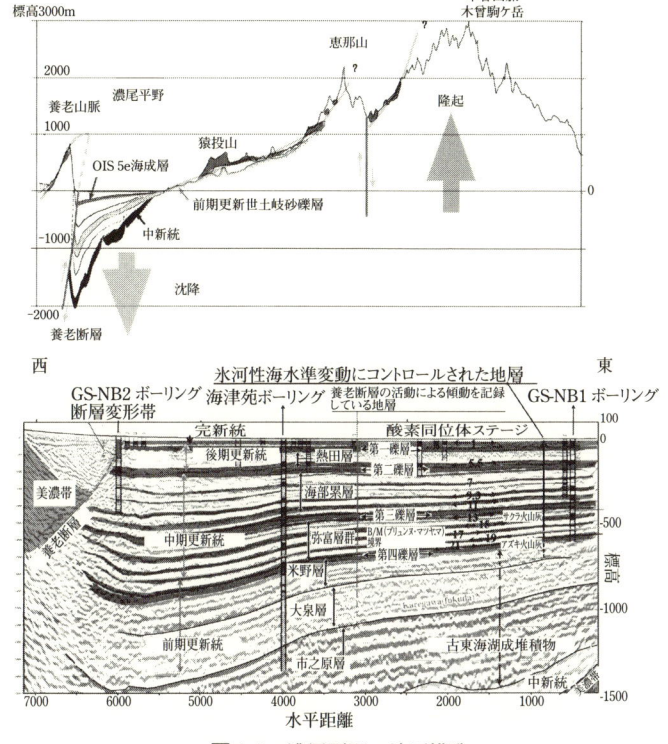

1.3 自然環境の長期基層変動　　　　　　　　　　　　　　13

図1.6　濃尾平野の地下構造

産総研による反射法地震断面（須貝ら，1998）に，産総研が掘削した2本のコア：GS-NB1（深度600 m：須貝ら，1999）とGS-NB2（深度451 m：須貝ら，1998）の解析結果を加えて描いた．

(2) 濃尾平野の地下に記録された第四紀後半（過去90万年間）の基層変動
 (a) 濃尾平野の地下構造

　1995年の兵庫県南部地震を契機として，堆積平野の地下構造探査が進展した．濃尾平野では，産業技術総合研究所活断層研究センターによる反射法地震探査や大深度ボーリング調査が行われ，その地下構造が明らかにされた（図1.6）．図1.6をみると，西へ傾く「反射面のリズミカルな繰り返し」が目を引く．しかも下位の反射面ほど傾斜が急である．こうした反射面の特徴は，濃尾平野西縁を画する養老断層が活動して大地震を発生させるたびに，平野全体が西へ傾きながら沈降してきたことを物語っている（須貝，2001）．

(b) 地下に埋もれた氷期―間氷期サイクル

そもそも反射面の描く縞模様の正体は何だろうか．答えは，深度 600 m のボーリングコア（GS-NB1；図 1.7）によって以下のように確かめられた．まず，GS-NB1 は 6 枚の海成泥層と 3 枚の海成～汽水成泥層を含むことが，電気伝導度（EC：Electric Conductivity）[8]と珪藻化石の分析で明らかになった（図 1.7 (a)）．次に，泥層の堆積時期が間氷期（海進期）に一致することが，コアに挟在する広域テフラの降下年代とコアの古地磁気（伏角）変化から解明された（須貝ら，1999）．すなわち，深度 20，120，210，280，350，475 m 付近の海成層は，酸素同位体ステージ（OIS：Oxygen Isotope Stage）[9]の 1，5.5，7，9，11，15 の海進時に，深度 70，265，545 m 付近の海～汽水成層は，OIS 5.3，8.5，19 の小海進時におのおの堆積した（図 1.7 (b)，(c)）．さらに，これらの泥層と互層をなす 10 枚の礫層は，過去 90 万年間に繰り返された 10 回の氷期（OIS 2，6，8，10，12，14，16，18，20，22 の低海水準期）に，河川が運搬堆積したことがわかった[10]．礫層の深度は，図 1.6 中の強い反射面の位置と一致することから，反射面に表れた縞模様の正体は，氷河性海水準変動の影響下で形成された「海成泥層と河成礫層の規則的な繰り返し」そのものだったのである．

(c) 海面上昇と海岸線の変化

では，EC の極大値が間氷期ごとに異なる（図 1.7 (a)）のはなぜだろう．海進の速度の指標となる「堆積空間形成速度（AFR：Accommodation Forming Rate)」を見積もり，EC との関係を検討してみよう．

まず，海水準変動は海洋酸素同位体比変動によく反映されることから（Chappell and Shackleton, 1986），海水準を海洋酸素同位体比の 1 次式で近

---

[8] 海成泥層を高温乾燥させた後，蒸留水に混濁させると，混濁水は硫酸イオンの影響で，高い電気伝導度（通常 1000～1500 μS/cm 以上）を示す（横山・佐藤，1987）．混濁水の電気伝導度を測定する方法（電気伝導度測定法）は，泥層が海成か陸成かを推定するための簡便で客観性の高い方法である．

[9] OIS の奇数は間氷期（海水量の多い時期）を，偶数は氷期（海水量が少ない時期）を示す．海水量が減る（氷河量が増える）と ^{16}O を多く含む「軽い水」が氷床に取り込まれて，海水中の ^{18}O の存在比が高くなる．このために酸素同位体比変動を氷期―間氷期変動に対応させることができる．

[10] ただし，礫層ごとに礫径や層厚が異なる．このことは，海退の規模（海面低下量と継続時間）が氷期ごとに異なっていた可能性を示す．大海退が続けば，河川の下刻が進み，河床の縦断勾配が増して，下流まで粗粒な礫が運搬され，厚く堆積すると考えられるからである．

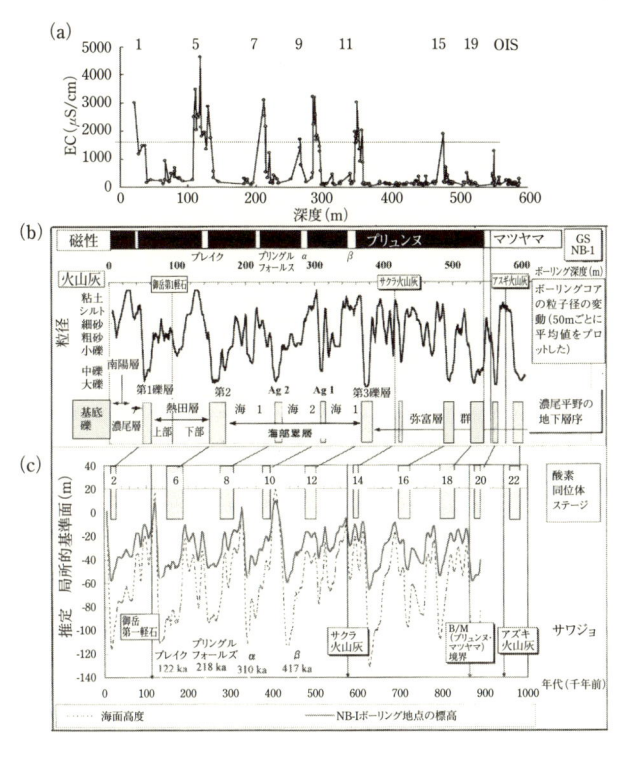

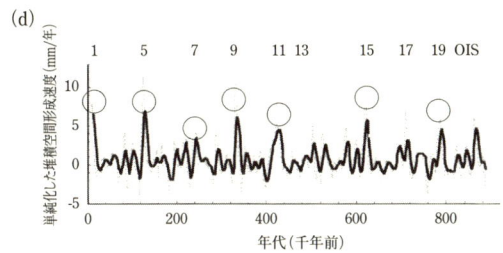

図1.7 深度600mオールコア(GS-NB1)の解析による濃尾平野の過去90万年間の環境変遷
(a) GS-NB1泥層の混濁水の電気伝導度の深度変化．2000 μS/cm 以上が海水域，500 μS/cm 以下が淡水域，500-2000 μS/cm が汽水～海水域での堆積を示すことが珪藻化石との比較で確かめられている，(b) GS-NB1 コアの粒度の深度変化と堆積年代．活断層研究センターが掘削した深度600mオールコア深度415mと577mに，西日本の代表的な広域火山灰である「小林―笠森テフラ（52万年前に降下，別名サクラ火山灰）」と「曲―アズキテフラ（85万年前）」が挟在する（須貝・杉山・水野，1999），(c) Bassinot et al. (1994) による海洋酸素同位体曲線を線形変換して，海水準（点線）および GS-NB1 コア地点の堆積基準面（実線）の変化曲線を求めた．算出法は本文と注記を参照のこと，(d) 堆積空間形成速度の時間変化．

似すると図1.7(c)の点線となる[11]．次に，海面低下期におけるGS-NB1ボーリング地点の地表（河床）高度の低下量は，同地点が現海岸線から約20km内陸に位置することから，海面低下量の2分の1程度にとどまったと推定される[12]．この点を考慮して，NB1地点における堆積基準面高度を算出すると図1.7(c)の太線となる．さらに，過去90万年間，NB1地点の沈降速度がおおむね一定（0.67 mm/年）であることを加味して，同地点におけるAFRを推定すると図1.7(c)の曲線となる[13]．

予想どおり，AFRのピークは，ECのピークとよく対応する（図1.7(a), (d)）．ただし，AFRのピーク値が2 mm/年以下では，ECはピークを示さない．なぜだろうか．海面が急上昇すれば溺れ谷が拡大し，海成層が広く堆積する．しかし，海面がゆっくりと上昇する場合には，河川による土砂供給が活発な濃尾平野のような地域では，土砂の埋め立てが同時に起こるために，海岸線は後退しないだろう．つまり，海岸線の位置を規定する要因としては，海面の上昇速度が重要であり，これが間氷期ごとに異なっていたことをECの変動が記録していると考えられる．

他方，ECの長期トレンドに注目すると，40万年前以降の極大値が特に高い値を示している．このことは，海進時の海面上昇の速度と量が，40万年前以降に増加したことを示唆しており（図1.7(a)），前節で記した氷期―間氷期変動の特徴とよく一致している．濃尾平野の地下には，氷河性海水準変動のリズムが地層のリズムとなって保存されていたのである．これは「グローバルで周期的な氷河性海水準変動」と「ローカルで一様等速的な地殻変動」と「河川による土砂の運搬・堆積作用」とが長年月かけて生み出した大自然の造形といえよう．

---

[11] 現在の海水準高度を0 m，最終氷期の最大海面低下量を120 mとすると，海水準（SL：Sea Level）は海水の酸素同位体比（$\delta^{18}O$ (‰)）の1次関数 $SL(m) = -30(\delta^{18}O) - 60$ で近似される．

[12] 基底礫層（氷期の海面低下に伴いもっとも低下した河床の位置を示す）の縦断面形状をもとに推定できる．つまりGS-NB1地点における堆積基準面高度（BL）は $BL(m) = 0.5 SL$ によって近似される（図1.7bの点線）．

[13] [12]の式と等速沈降条件（0.67 mm/年）とを組み合わせて，GS-NB1地点における時刻 t のAFRを求めると $AFR = \Delta BL(t)/\Delta t - (-0.67)$ となる（図1.7(d)）．ただし，Δt は2000年，海水準変動の影響の内陸への伝搬時間は無視した．

(3) 過去の環境動態を復元する

濃尾平野の例でも明らかなように，平野の堆積物コアは，地層累重の法則に従って環境を順次記録する優れた記録媒体である．過去の環境情報は氷床コア・海底コア・湖底堆積物・花粉・樹木年輪・サンゴなどにも記録されている（Stokstad, 2001）．氷床コアや海底コアに含まれる安定同位体元素の分析によって，地球環境が想像以上に激しく変動してきたことが明らかにされている（増田・阿部，1996 など）．堆積物の粒子形状や粒度組成，堆積物のつくる地形を手がかりとして，堆積物を運搬した大気・水・氷河の流れを復元できる（Gale and Hoare, 1991；Sugai, 1993；Selley, 1996 など）．堆積物に含まれる珪藻化石は，水域の塩分濃度や水温の指標となる．花粉化石は大気の乾湿度や気温の指標となり，群集組成の時間・空間変化をもとに植生帯の移動過程を復元しうる（Davis and Shaw, 2001）．湖底堆積物は堆積速度が大きく，年代試料を得やすいなどの利点が多く，詳細な教科書も出版されている（Last and Smol eds., 2001）．各種試料の分析法の手引としては，第四紀学会編（1993）が参考になる．

過去の環境動態を復元するには，正確な時間目盛りを密に刻む必要がある．近年の年代測定法の進歩は著しい．対象を第四紀に限っても堆積物の年縞，生物の成長，岩石の風化皮膜の厚さ，古地磁気層序に基づく対比編年など多岐にわたる（Noller $et\ al.$, 2000）．^{14}C 年代測定は，過去数万年間の年代決定には不可欠である．火山活動が活発な地域では，広域テフラ（広域火山灰）を鍵層とした年代決定（火山灰編年）が非常に有効であり，日本周辺のテフラカタログが出版されている（町田・新井，2003）．

1.4 巨大化する人間活動による自然環境の変容

人為による自然改変の歴史を振り返ると，人間活動の影響が爆発的に増大しつつあることが浮き彫りとなる．こうした「環境のダイナミクス」の現状認識に立てば，「生物地球化学的物質循環」と調和した「人間活動」を実現するための「科学技術と社会制度の再構築」が，万人に課せられた時代の要請であることは自明の理である．

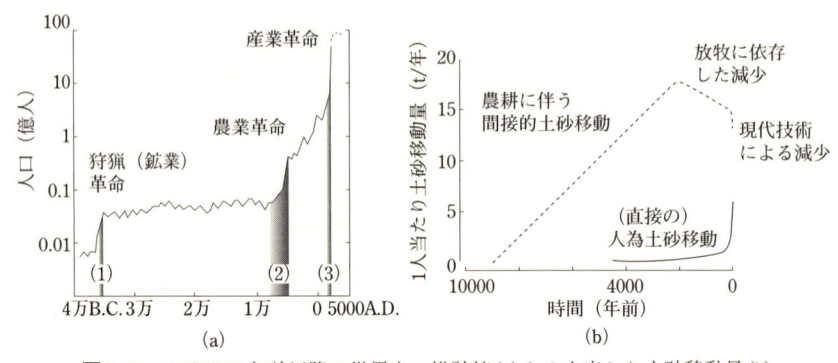

図 1.8 4万2000年前以降の世界人口推計値(a)と1人当たり土砂移動量(b)
(a) 河野 (2000) に, Lutz *et al.* (2001) の予測値を点線で加筆. (b) Hooke (2000) による.

(1) 加速する人為地形改変

人間活動が自然へ与える影響はいつから顕著になったのだろうか. 人為による土砂移動量の変遷 (Hooke, 2000) に着目して, 人為による自然改変の歴史を振り返ってみよう. 「世界全体の人為土砂移動量」を「世界人口」と「1人当たりの土砂移動量」とに分けて検討する.

世界人口は, (1) 3万8000年前頃の中期旧石器時代から後期旧石器時代への過渡期, (2) 1万-7000年前の新石器時代への移行期, (3) 18～19世紀の産業革命期の3時期に飛躍的に増加した (図1.8(a); 河野, 2000). これらの3時期は, ①狩猟技術による食料確保の易化, ②農耕技術による食料供給の安定化, ③工業技術による生活水準の高度化, が達成された時期とおのおの一致する. 一方, 「1人当たりの土砂移動量」(図1.8(b)中の実線) は200年前頃から, 農耕に付随する土砂移動量 (図1.8(b)中の破線) は9000年前頃から増加しており, それぞれ図1.8(a)中の(3)と(2)の時期に一致している. 図1.8(a)中の(1)の時期は, 鉱業 (石器の材料となるフリントなどの発掘) が興る時期にあたることから (Hooke, 2000), このときにも人為土砂移動量は増大したにちがいない. 以上のように, 技術が飛躍し, 人間の自然への働きかけが質的に変化するたびに, 世界人口と「1人当たりの土砂移動量」はともに不連続的に増加してきた.

産業革命以降, 世界全体の人為土砂移動量は爆発的に増加している. 現代の人為土砂移動量は35 GT/年, 農耕に付随する間接的な土砂移動量は1500

GT/年に及ぶ（Hooke, 2000）．人為移動土砂がすべて海まで運ばれたと仮定して，人為土砂移動量を「全陸地の平均侵食速度」に換算すると0.08 mm/年になる[14]．ちなみに自然状態での河川による海洋への土砂移動量は17.3 GT/年（Summerfield, 1991；全陸地の平均侵食速度は0.04 mm/年），氷河と風による土砂移動量は約4 GT/年と1 GT/年程度である．土砂移動量をみるかぎり，人為は自然を凌駕しつつあるといっても過言ではない．現代の人為地形改変の凄まじさは，地球史上初めて植物が本格的に陸上へ進出し，地球の表層状態を一変させたデボン紀の状況に匹敵するといわれている．

(2) 深刻化するエネルギー問題と廃棄物問題

　生物が20億年以上も存続してきた理由の1つは，生産者・消費者・分解者が互いに機能することによって，3者間を物質が循環してきた点にある．3者の個体数や総重量は，太陽エネルギーの散逸過程で生ずる生物地球化学的物質循環に見合うサイズに抑制されてきた．1次生産者を底辺とする食物連鎖が機能することで自然制御が働いてきたのである．人間も例外ではなく，人口は食料供給に支配されてきた．農耕と牧畜による食料生産の増大は，人口爆発を可能にしたけれども（図1.8(a)の(2)の時期），人間活動はなおも生物地球化学的物質循環系の枠内にあったと考えられる．たとえば，江戸時代の農業では，生産性を高めるために人糞の施肥が広く行われていた．

　事態を一変させたのは化石燃料の利用である．過去の生産者の営みによって，徐々に地圏に蓄積されてきた石炭や石油などの化石燃料が大量消費されるようになって，地質学的循環系から生物地球化学的循環系へ良質なエネルギーが「一気に」流入し始めたのである（図1.4）．この段階で人間は，生物地球化学的物質循環の「しばり」から「一時的に」開放され，さらなる人口爆発が始まった[15]．その後，化石燃料の枯渇が問題視されるようになり，最近では，化石燃料消費に伴う排出物質が生物地球化学的循環系を変調させ，地球温暖化・大気汚染・酸性雨などの環境問題をもたらし，そのことが国際政治上の重大な問題となっている（米本，1994）．

---

[14] 人間が動かす土砂には，地上の他の場所へ廃棄されてその場に留まるものが含まれるので，仕事量としては過大評価となる．一方，これらの値は全陸地の平均値であって，何桁も大きな値の場所も存在する点に注意が必要である．

江戸時代の生活水準に戻らずに，生物地球化学的物質循環の破綻を先送りする手立てはあるだろうか？　化石燃料を大量消費して経済発展した先進諸国は，化石燃料消費量を削減しつつ，「化石燃料に代わる生産者」と「生産者が利用できる物質に廃棄物を変質させる分解者」を育成する責務がある．しかし科学技術の主眼が消費の加速に置かれてきたきらいもあって，生産者や分解者の不足を補う術は，はなはだ不十分である．化石燃料の代替エネルギーとして原子力開発が進められているが，原子力発電の安全性確保や放射能廃棄物の地層処分などといった新たな課題も生じている（島崎ら，1995）．コモンズの悲劇（Hardin, 1968）を回避し，持続可能な社会を構築するための新しい学問のあり方が模索されている（Dietz *et al.*, 2003）．

(3) 地球温暖化予測

地上で生起する諸現象を領域横断的に論ずるには，対象とする現象の時間・空間スケールをあらかじめ明示する必要がある．1975年以降の全球平均気温の上昇速度は，過去1000年間で最大であり（Jones *et al.*, 2001），その原因は大気中のCO_2濃度の急増であるとみられている（Karl and Kevin 2003）[16]．この推定を前提として，IPCC第3次レポートでは1990-2100年の全球平均気温上昇量を1.4-5.8℃と予測した．4.4℃という気温上昇量の予測幅は，IPCC第2次レポートの予測幅の2.7℃を上回る．このことは，温暖化の理解が進むにつれて，かえって予測の不確定性が増すという厳しい現状を象徴している（Reilly *et al.*, 2001）．

地球温暖化予測は，①人為排出物質の種類と速度，②排出物質が地球生態系へ与える影響，③地球生態系の変化が人間社会へ与える影響，の各段階で

---

[15] 世界人口は22世紀初頭以降は減少に転ずるという最近の予測もある（Lutz *et al.*, 2001）．それを図1.8(a)に点線で書き込んだ．地球環境の将来にとっては好材料であるが，21世紀のあいだは人口増加は続き，質的にも不安定要素が増大すると考えられる．すなわち，世界人口に占める発展途上国人口割合のさらなる増大，高齢化の進行，都市人口率の上昇，人口密度分布の地域的不均一の強化，なかでも発展途上国での人口密度の増加は，世界全体の不安定化要素となる．歪んだ資源配分や過剰競争の進行を食い止めることは，環境保全の前提となる重要課題である．

[16] CO_2濃度と大気温とが同調することは南極氷床に封じ込められた過去の大気の分析によって明らかにされている（Barnola *et al.*, 1987）が，両者は単純な因果関係にはなく，鶏と卵の関係にある．

予測を重ねた結果である．①では技術力やライフスタイル，②では多種の排出物質の相乗効果や未知の物質のリスク，未知の生態系内部ダイナミクス，③では国家・地域間の利害対立，が影響する．さらに③が①に影響することを考えると，温暖化の予測精度を高めることは至難の技である．それを承知のうえで，「予測結果」を公表していく背景には，未来に禍根を残さぬために，②のあいまいさを甘受したうえで，③の深刻さを国際社会にアピールして，①の改善を進めようとする政治的な意図が込められていると理解すべきであろう．

地球温暖化の数千年先を予測する場合，「ミランコビッチ・サイクルをペースメーカーとする自然変動のリズムの維持」が焦点となる．維持される場合，次の氷期の到来がどの程度遅延するか？という観点から人為の影響を評価しうる．一方，自然のリズムの発生機構自体が破綻すれば，大陸氷床が融解し，無氷河時代が到来するかもしれない．相反するシナリオのいずれに現実は向かうのかを知るには，人為活動の予測に加えて，日射量変動と氷期―間氷期の気候変動を結ぶ地球生態系内部ダイナミクスの理解が不可欠である．

(4) 地球温暖化が地球生態系へ与える影響

地球温暖化に伴う海面上昇が沿岸域に与える影響が，危惧されている．最新氷期の終焉（1.5-1万年前）と同様「気温上昇→大陸氷床の融解→海水量増加→海面上昇」という図式が思い浮かぶ．しかし，この図式があてはまる現象の時間スケールは1000年単位である点に注意が必要である．図1.5によれば，全球スケールでの気温上昇に対して数十年で顕在化する応答の空間規模は，気圏では全球，海洋では表層水，氷河では山岳氷河である．最近の海面上昇は，海水の熱膨張効果によって説明できる（Cabanes et al., 2001）．氷河の融解を重視するにしても，アラスカなどの山岳氷河が後退している可能性が高いのであって（Arendt et al., 2002），南極氷床が全体として後退している証拠は見あたらない．地球温暖化に対する大陸氷床の応答を知るためには，長期的な観測を要する．

さて，最近の気温上昇速度を自然の基層変動速度と比較してみよう．20世紀における北半球の平均気温上昇率は0.6°C/百年であり，1970年代以降では2°C/100年に達する（Jones et al., 2001）．一方「氷期の終焉における

全球平均気温の上昇速度」は0.1-0.5℃/100年である．この値は，基層変動のうちで最速の部類に入るから[17]，20世紀以降の温暖化は未曾有の事態といってよい．

こうした急激な地球温暖化の影響は，生物生息域の移動や拡大・縮小となって世界各地で顕在化しはじめている（Walther *et al.*, 2002）．また生態系のような複雑系においては，外部の環境変化に対して，ある安定状態からまったく別の安定状態へ系全体が突然変化する「閾値」がしばしば存在する．しかも，こうした不連続な変化は「ヒステリシス」をもつために，ひとたび「閾値」を超えると以前の状態へ系を戻す（修復する）ことが困難な場合が多い（Scheffer *et al.*, 2001）．つまり，見えないところで問題が深刻化している可能性が高い．問題が顕在化してからでは手後れ，という事態が生じうるとの認識に立って，自然環境の保全に取り組む必要がある．

1.5 自然災害の発生予測と軽減

人間活動の増大や居住域の拡大が，自然災害の発生ポテンシャルを高めている．災害軽減には，災害化しうる自然現象の「頻度—規模特性」や「過去の発生履歴」の解明と，それを踏まえた長期的な対策が肝要である．自然は人間の制御能力を超えた存在である．地球自然に対する無理解を反省し，自然の恵みを得て，人間がよりよく生きていくための知が求められている．

(1) 自然現象と自然災害

人間社会に被害を与える自然現象を自然災害とよぶ．自然災害は，地球の

---

[17] ところがグリーンランド氷床コアの分析によって，最終氷期にもダンスガード＝オシュガー（D-O）振動とよばれる顕著な気温変動が生じていたことが判明した（増田・阿部，1996）．振動は徐々に寒冷化し，最後の数十年間に約7℃も温暖化する非対称性を特徴とする．急激な気温変化は氷床—海洋系の相互作用による北大西洋深層水の挙動の変化が関与したらしい．この気温変化を気候帯の水平移動速度に換算すると約30 km/年に相当し，氷期—間氷期の気候帯および植生帯の移動速度を2桁も上回っている．この急激な気温上昇が生じた地域を明らかにし，気温上昇が陸上生態系へ与えたインパクトを復元することは重要な課題である．ちなみに，北西太平洋（Hendy and Kennett, 1999）や日本海（Tada, 1999）でもD-O振動と対応する環境変動が生じている．しかし，計算機シミュレーションによると，北大西洋から離れるにつれて，気温変動の振幅は急に減衰するらしい（Ganopolski and Rahmstorf, 2001）．

内部エネルギーによって生ずる地震・火山災害と，外部エネルギーが源となって発生する気象災害とに分かれる．気象災害には，豪雨による土砂崩れ・洪水・干ばつ・雪害が含まれる．土砂崩れや地すべりなどの局所的な現象は，人口の希薄な山地では災害化しにくいために無視されがちである．しかし，こうした自然現象を科学的に理解することが，防災を考える基礎となる．一方，急速な人口増加と貧困を抱える発展途上国では，大地震や干ばつなどをきっかけに貧困が一層進み，災害脆弱性が増す点を無視できない．ここでは「災害と貧困の悪循環（河田，1998）をいかに断ち切るか」という人間の側に立った視点が不可欠である．

(2) 自然災害の地域偏在性と非日常性

　自然災害は特定の場所に偏って発生するため，危ない所を避けるのが防災の原則である．地震・火山災害はプレート境界，豪雨や水害は湿潤地域，旱魃は半乾燥地域に集中する．地震災害の発生頻度は低いが，被害は甚大である．プレートの沈み込み境界における巨大地震や内陸直下型地震が都市を直撃すると，多数の死者を伴う大惨事となる．新期造山帯に位置する国々では，地震災害の軽減は国家的課題である．プレートの沈み込み境界では粘性の大きいマグマが形成されやすいため，その上に位置する島弧や陸弧では，プリニー式・ブルカノ式とよばれる爆発的火山噴火が生じやすく，噴火による災害の危険が高い．火山災害の場合には，被害が長期化しやすいという問題もある（守屋，1992）．

　日常の時間感覚では，自然災害の発生は稀である．しかし，大地震をはじめとする「非日常的な自然」は，生活を豊かにするために改変を加える「日常的な自然」の延長線上にある．地震の規模（マグニチュード）と発生頻度の関係はべき乗則（グーテンベルク・リヒター則）に従うことが知られている．隕石の衝突・地すべり・山崩れ・土石流・洪水など他の多くの自然現象もべき乗則に従う（Wolman and Miller, 1960；水谷，1980；Ohmori and Hirano, 1988；Sugai *et al.*, 1994 など）．このことは，大規模な現象ほど発生頻度が低いことを示すとともに，「考慮すべき期間が長いほど，大規模な現象へ対処する必要が高まる」ことを意味する．放射性廃棄物の地層処分場のように，今後10万年間程度の安全を確保せねばならない場合は，数万年

に一度程度しか活動しない内陸の活断層であっても，その存在を見過すことは許されない．

(3) 大地震の長期予測と北アナトリア断層の古地震調査
(a) なぜ古地震を調べるか

自然災害の発生予測は，時間・場所・規模の3要素を含む．高潮や洪水のように頻度が高く，場所を特定しやすい現象は，想定される被害規模に見合う費用を先行投入することによって，発生時期を気にせずとも災害軽減策を実行できる．つまり，費用対効果という経済原則を応用しやすいというわけである．問題は，大地震や火山噴火など，数百〜数万年に一度の頻度で発生する災害への対処である．第1に前兆現象による直前予知が期待されるが，はずれた場合のリスクを避けがたい．現象自体が複雑で，演繹的な予測が困難な場合は，現象の癖（地理的・時間的な発生確率分布）を見抜くことが大切である．しかし，発生分布の検討に十分な事例数を得るには，観測期間が短すぎる場合がほとんどである．当面は，過去にさかのぼって時間を稼ぎ，大規模現象を復元する手法が有力である．過去の大地震の発生履歴を復元し，地震発生の長期予測に資する古地震学的手法もその1つである．以下では，トルコの北アナトリア断層（North Anatolian Fault：NAF）における古地震調査の事例を紹介しよう．

(b) 北アナトリア断層

NAFはアナトリアマイクロプレートとユーラシアプレートを分ける全長1000 kmを超える右横ずれ断層である（図1.9(a)）．NAFの活動によって，アナトリアマイクロプレートはエーゲ海へ向かって西進してきた．NAFでは，1939年地震（M 7.9）を皮切りにM 7級の大地震が西へ向かって次々と発生した．1999年8月には，イズミット市でM 7.4の地震が発生し[18]，同年11月には8月地震の東方延長でM 7.2の大地震が続発した．しかし，イスタンブールに近いNAFの西端部は未破壊のまま（第1種地震空白域）である．ここでの次の地震の発生時期を予測するためにも，19世紀以前に

---

[18] 1999年8月地震では，局所的な地盤条件が被災の程度に大きく影響した．地震時の被害を軽減するためには，震災に強い都市づくりが必要であり，その基礎となるハザードマップの作成が急務である．

1.5 自然災害の発生予測と軽減　　25

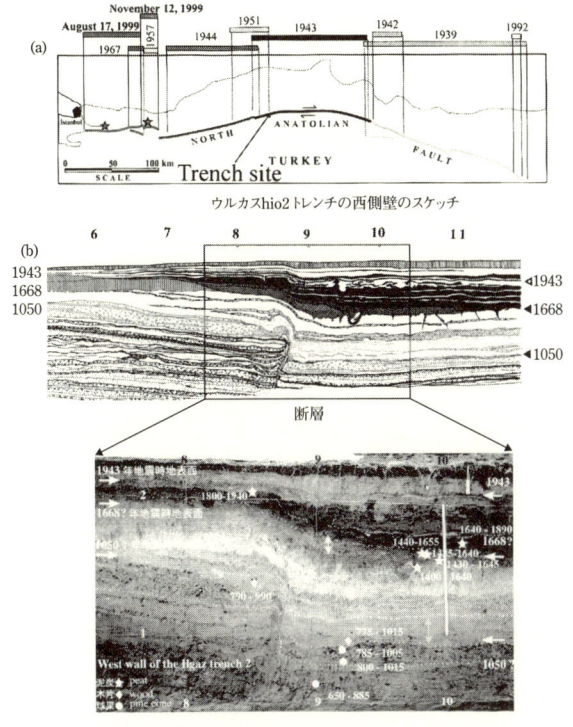

図 1.9 北アナトリア断層 1943 年地震断層のトレンチ発掘調査
(a) アナトリアマイクロプレートと北アナトリア断層の位置（Emre *et al.*, 2003）；北アナトリア断層の 20 世紀以降の主要地震断層．西へ向かって次々と大地震が発生してきた．(b) 1943 年地震断層の発掘（トレンチ）調査．図はトレンチ壁面のスケッチを示す．3 つの地震イベント層準をよみとることができる（Sugai *et al.*, 1999）．

おける NAF の破壊の実態を解明し，大地震の発生頻度を明らかにする必要がある．

世界有数の歴史を誇るトルコでは，古地震にかかわる記録も豊富である（Ambraseys and Finkel, 1995）．地層や地形に残された大地震の証拠を発掘し，地震発生の直前と直後に形成された地層の年代を ^{14}C 年代測定によって 100 年程度以下の精度で明らかにすることができれば，歴史地震記録との対比によって，大地震の発生時間を決定できるはずである．こうした狙いをもって，1943 年地震断層の西端部，ウルガズ（Ilgaz）市の北西約 10 km の地

点を選び，古地震の発掘を試みた（図1.9(a)）．

(c) 大地震の証拠を発掘する

現地調査はトルコと日本の共同で行い，過去2000年間に5回の大地震の証拠を得た．最近3回の断層運動による地層の変位が発掘されたトレンチ壁面の様子を図1.9(b)に示す．図中の矢印は地震発生時の地表面の位置（地震イベント層準）を表している．よく見ると，下位の古い地層ほど鉛直方向の変位が大きい[19]．このことは，地層の堆積期間中，断層が同じ向きに繰り返し「ずれる」ことによって，「地層の食い違い」が間欠的に成長してきたことを物語っている．こうした変位の累積構造は，図1.6に示した濃尾平野の地下構造（下位の地層ほど傾きが大きい）とも共通する．さて，地層に含まれる球果や木片46試料を対象に^{14}C年代値を測定した結果，1943年に先立つ4度の断層運動は順に西暦1495-1850年，890-1190年，640-800年，0-250年の各期間内に発生したことが判明した．図1.9(b)に示した最新3回の断層活動は，トレンチサイトに近いウルガズ市などに甚大な被害を与えたとされる1943年，1668年，1050年の地震（Ambrasays, 1970）に過不足なく対比された（Sugai *et al.*, 1999）．いわば，歴史地震を繰り返し生起させた犯人（震源断層）が科学的に突き止められたわけである．まったく同じ断層面が，少なくとも5度もずれてきたとは，驚きである．

残念なことに，断層の「位置（場所）」をうまく特定できたとしても，断層が次に動く「時期」と「規模」（長大なNAFのどの範囲が一括してどの程度ずれるのか）の予測は容易でない．プレート運動に伴う「地殻歪みの蓄積（地震間変動）と解放（地震変動）の繰り返し」がどの程度の周期性をもって，どのような空間的相互作用を受けながら生じてきたのかを，現場に残された過去の痕跡から粘り強く復元していくことが重要である[20]．

(4) 居住圏の拡大と自然災害の変容

居住圏の拡大とそれに伴う地形改変は，自然現象の災害化を招き，災害の

---

[19] ここでは，見かけ上，縦ずれ（縦方向の地層の食い違い）が観察される．しかし，真の断層運動の向きは，「アナトリアマイクロプレート」の西進と調和する右横ずれである．地表面が断層の走向に傾いているために，断層の横ずれ運動によって，地表には縦方向の食い違いが生じる．

長期化・広域化・複合化を促してきた．盛土地や旧流路跡地は地盤条件が悪いことが多く，地震動や浸水の被害を受けやすい．地下水汲み上げによって地盤が沈下し，海面下の土地が拡大した地域では，高潮や洪水氾濫が生じれば，被害は深刻化する．大都市では災害が引き金となって，火災やライフラインの崩壊などが連鎖発生し，被害域が一挙に拡大する危険がある．都市化や土地利用の変化は，ヒートアイランドや豪雨の発生リスクを高めている．

　環境ホルモンや重金属などの毒性の高い廃棄物が食物連鎖を通じて濃縮したり，自然拡散して地域汚染を発生させたりする現象は，人為と自然が複合した災害とみなすこともできる．「人間の制御から離れた人工物質が自然界でいかなる運命をたどるか」ということに対する無知と無関心が生んだ人為災害といえる．これと類似の構造をもつグローバルスケールでの災害として，地球温暖化に伴う水害や干ばつの多発の可能性（Milly $et\ al.$, 2002）を挙げることができる．中緯度地域でのマラリアの発生など，熱帯性疫病の拡大も懸念されている．地球生態系における物質・エネルギーの流れや自然現象の発生規模―頻度分布が人為により変調しつつあり，そのことが地球規模で災害ポテンシャルを高めている可能性が高い．

　人間は自然と対峙し，自然を改造することによって，自然の猛威を克服しようと努めてきた．その結果，地球生態系の調和を崩し，自然の負の側面をかえって助長する事態に陥っていないだろうか．自然エネルギーの制御は不可能なのだから，われわれは自分の住む土地の成り立ちを知り，先達が自然から学んだ教訓や知恵を次世代へ継承していくことの意義を再評価すべきである．自然の恵みと猛威を謙虚に受けとめることが，自然災害の防止や自然環境の保全への第一歩である．

---

[20] トレンチサイト周辺の畑の畦や水路の断層変位量を測量するなどして推定された各地震時の断層右横ずれ量は，新しいものから順に 2.3-2.9 m，5-6 m，6-7 m である．1050 年と 1668 年の歴史地震の約 600 年の歪蓄積期間を経て，1668 年の巨大地震が発生した．その後 300 年足らずで発生した 1943 年地震では変位量，地震断層長とも 1668 年の半分以下である．最近 3 度の断層活動は，変位予測可能型モデル（Shimazaki and Nakata, 1980）で説明しうる（須貝，2000 など）．NAF は単純な構造をもつゆえ，周辺活断層の破壊が引き金となって，歪みの蓄積が満期に達するかなり前でも連鎖破壊する可能性が高いことを示唆している．

1.6 新しい自然観を求めて

　人類活動は，地球の自然の限界と衝突するようになった．衝突がもたらすさまざまな困難に対処していくために，自然科学と社会科学を横断する幅広い視点が求められている．人間社会と自然環境の相互作用に重きを置いた新しい自然観の確立が必要である．

　ところで「環境学者は地球の臨床医たれ」といわれる．人は病を得て健康のありがたさに気づく．地球の場合，「暴飲暴食する世代」とその「つけを払わされる世代」が異なる点が問題である．病に倒れる前に健康のありがたさ（自然環境の機能）に気づき，健康を損なう生活を改善する必要があるのだが，パンドラの箱を開けてしまったいまとなっては，重く苦しい決断を迫られることのようにも思われる．しかし，考えてみれば，自らの属する生物種の行く末をつかさどる主体として思索し，行動できるのは，人間だけである．その自由を受けとめながら「個」を生きていくことは素晴しいことのようにも思われる．

　地球環境問題は「長い歴史を経て形成されてきた地球生態系において，人間とはいかなる存在なのか」を知る契機でもある．この新しい知は「消費の加速に豊かさを求める時間概念の呪縛」からわれわれの魂を解放し，地球自然とつながる「私」を豊かに生きるための新しい行動原理の創成へ向かう道標となるにちがいない．

参考文献

Ambraseys, N. N. (1970) Some characteristic features of the North Anatolian fault zone. *Tectonophysics*, **9**, 143-165.

Ambraseys, N. N. and Finkel, C. F. (1995) *The seismicity of Turkey and adjacent areas*, Muhittin Salih EREN, Istanbul, 240p.

Arendt, A. *et al.* (2002) Rapid wastage of Alaska glaciers and their contribution to rising sea level *Science*, **297**, 382-386.

Bard, E. (2002) Climate shock : Abrupt change over millennial time scales. *Physics today*, **55**(12), 32-38.

Barka, A. A. (1996) Slip distribution along the North Anatolian fault associated with the large earthquakes of the period 1939 to 1967. *BSSA*, **86**, 1238-1254.

Barnola, J. M. *et al.* (1987) Vostok ice core provides 160000-year record of atmo-

spheric CO_2. *Nature*, **329**, 408-414.
Bassinot, F. C. *et al.* (1994) The astronomical theory of climate and the age of the Brunhes-Matsuyama magnetic reversal. *Earth Planet Sci. Lett.*, **126**, 91-108.
Broecker, W. S. and Denton, G. H. (1989) The role of ocean-atmosphere reorganizations in glacial cycles. *Geochim. Cosmochim. Acta*, **53**, 2465-2501.
Cabanes, C. *et al.* (2001) Sea level rise during past 40 years determined from satellite and in situ observations. *Science*, **294**, 840-843.
Cane, M. A. and Molnar, P. (2001) Closing of the Indonesian seaway as a precursor to east African aridification around 3-4 million years ago. *Nature*, **411**, 157-162.
Chappell, J. and Shackleton, N. J. (1986) Oxygen isotopes and sea level. *Nature*, **324**, 137-140.
第四紀学会編 (1993) 第四紀試料分析法：1. 試料調査法 および 2. 研究対象別分析法, 東京大学出版会, 77p. および 556p.
Davis, M. B. and Shaw, R. G. (2001) Range shifts and adaptive responses to Quaternary climate change. *Science*, **292**, 673-679.
deMenocal, P. B. (1995) Plio-Pleistocene African Climate. *Science*, **270**, 53-59.
Dewey, J. F. *et al.* (1986) Shortening of continental lithosphere: the neotectonics of eastern Anatolia—a young collision zone. In: Coward, M. P. and Ries, A. C. (eds.) *Collision Tectonics*, 3-36.
Dietz, T. *et al.* (2003) The struggle to govern the commons. *Science*, **302**, 1907-1912.
Emre, O. *et al.* (eds.) (2003) *Surface rupture associated with the 17 August 1999 Izmit Earthquake*, MTA Special Pub. 1, 280p.
Exon, N. and 29 authors (2002) Drilling reveals climatic consequence of Tasmanian gateway opening. *EOS*, **83**, 253, 258-259.
Gale, S. J. and Hoare, P. G. (1991) Quaternary sediments. Belhaven Halsted. 323p.
Ganopolski, A. and Rahmstorf, S. (2001) Rapid changes of glacial climate simulated in a coupled climate model. *Nature*, **409**, 153-158.
Haff, (2002) Neo-geomorphology. EOS,
Hardin, G. (1968) The tragedy of the commons. *Science*, **162**, 1243-1245.
Harrison, T. M. *et al.* (1992) Raising Tibet. *Science*, **255**, 1663-1670.
Haug, G. H. and Tiedemann, R. (1998) Effect of the formation of the Isthmus of Panama on Atlantic Ocean thermohaline circulation. *Nature*, **393**, 673-676.
Hays, J. D. *et al.* (1976) Variations of the earth's orbit: Pacemaker of the ice ages. *Science*, **194**, 1121-1132.
Hedges, B. S. (2000) A start for population genoa.ics. *Nature*, **408**, 652-653.
Hendy, I. and Kennett, J. P. (1999) Latest Quaternary North Pacific surface-water responses imply atmosphere-driven climate instability. *Geology*, **27**, 291-294.
Hooke, R. LeB. (2000) On the history of humans as geomorphic agents. *Geology*, **28**, 843-846.
Huggett, R. J. (1991) *Climate, earth processes and earth history*, Springer, 281p.
Imbrie, J. and Imbrie, J. Z. (1980) Modeling the climatic response to orbital variations. *Science*, **207**, 943-953.

Jones, P. D. et al. (2001) The evolution of climate over the last millennium. *Science*, **292**, 662-667.
Karl, T. and Kevin, E. (2003) Modern Global Climate Change. *Science*, **302**, 1719-1723.
貝塚爽平 (1998) 発達史地形学, 東京大学出版会, 286p.
河田恵昭 (1998) 環境変化と開発による将来の災害. 岩波講座地球環境学 7, 161-210.
河野稠果 (2000) 世界の人口, 東京大学出版会, 233p.
Lambeck, K. and Chappell, J. (2001) Sea level change through the last glacial cycle. *Science*, **292**, 679-686.
Last, W. M. and Smol, J. P. (eds.) (2001) *Tracking environmental change using lake sediments.* volumes 1 to 4. Kluwer, 217p. 371p. 504p. 548p.
Lutz, W. et al. (2001) The end of world population growth. *Nature*, **412**, 543-545.
増田耕一・阿部彩子 (1996) 第四紀の気候変動. 岩波講座地球惑星科学 11, 103-156.
町田 洋・新井房夫 (2003) 新編 火山灰アトラス, 東京大学出版会, 336p.
Milly, P. C. D. et al. (2002) Increasing risk of great floods in a changing climate. *Nature*, **415**, 514-517.
都城秋穂 (1998) 科学革命とはなにか, 岩波書店, 331p.
水谷 仁 (1980) クレーターの科学, 東京大学出版会, 168p.
守屋以智雄 (1992) 火山を読む, 岩波書店, 166p.
Noller, J. S. et al. (eds.) (2000) Quaternary Geochronology Methods and Applications. *AGU Reference Shelf,* **4**, 582p.
Ohmori, H. (1978) Relief structure of the Japanese mountains and their stages in geomorphic development. *Bull. Dept. Geogr. Univ. Tokyo*, **10**, 31-85.
Ohmori, H. and Hirano, M. (1988) Magnitude, frequency and geomorphological significance of rocky mud flows, landcreep and the collapse of steep slopes. *Zeitshrift fur Geomorphology, N. F. Suppl. Bd.*, **67**, 55-65.
Peizhen, Z. et al. (2001) Increased sedimentation rates and grain size 2-4 Myr ago due to the influence of climate change on erosion rates. *Nature*, **410**, 891-897.
Reilly, J. et al. (2001) Uncertainty and climate change assessments. *Science*, **293**, 430-433.
Ruddiman, W. F. (ed.) (1997) *Tectonic uplift and climate change.* Plenum Press, New York. 535p.
Scheffer, M. et al. (2001) Catastrophic shifts in ecosystems. *Nature*, **413**, 591-596.
Selley, R. C. (1996) *Ancient sedimentary environments*, Chapman & Hall, 300p.
Shimazaki, K. and Nakata, T. (1980) Time-predictable recurrence model for large earthquakes. *Geoph. Res. Lett.*, **7**, 279-282.
島崎英彦他 (編) (1995) 放射性廃棄物と地質科学, 東京大学出版会, 389p.
Stokstad, E. (2001) Myriad ways to reconstruct past climate. *Science*, **292**, 658-659.
Sugai, T. (1993) River terrace development by concurrent fluvial processes and climatic changes. *Geomorphology*, **6**, 243-252.
Sugai, T. et al. (1994) Rock control on magnitude-frequency distribution of landslide mass. *Trans. Jpn. Geomor. Union*, **15**, 233-251.
Sugai, T. et al. (1999) GSJ-MTA international cooperative research on the Anatolian

paleo-seismicity. *Geological Survey of Japan Interim report*, no. EQ99/3, 263-273.
須貝俊彦他 (1998) 大深度反射法による濃尾傾動盆地の活構造調査. 日本地震学会講演予稿集, p122.
須貝俊彦・杉山雄一 (1999) 深層ボーリングと大深度地震探査に基づく濃尾傾動盆地の沈降・傾動速度の総合評価. 地質調査所速報, EQ. 99/3, 77-87.
須貝俊彦他 (1999) 深度 600 m ボーリングの分析に基づく過去 90 万年間の濃尾平野の地下層序, 地質調査所速報, EQ. 99/3, 69-76.
須貝俊彦 (2000) トルコ北アナトリア断層の古地震学的研究——長大活断層系の破壊領域予測へ向けて. 月刊地球号外, **31**, 137-143.
須貝俊彦 (2001) 養老断層の活動履歴調査と天平・天正大地震. 古代学研究, **154**, 61-65.
Summerfield, M. (1991) *Global Geomorphology*, Longman, 537p.
Swisher III, C. C. *et al*. (1994) Age of the earliest known hominids in Java, Indonesia. *Science*, **263**, 1118-1121.
Tada, R. (1999) Late Quaternary paleoceanography of the Japan Sea : an update. *The Quaternary Research*, **38**, 216-222.
高橋 裕 (1998) 地球の水危機と日本. 岩波講座地球環境学 7, 1-24.
Tapponier, P. and Molnar, P. (1976) Slip-lone field theory and large-scale continental tectonics. *Nature*, **264**, 319-324.
上田誠也 (1989) プレートテクトニクス, 岩波書店, 270p.
和田英太郎 (2002) 地球生態学, 岩波書店, 171p.
Walther, G. R. *et al*. (2002) Ecological responses to recent climate change. *Nature*, **416**, 389-395.
Wolman, M. G. and Miller, J. P. (1960) Magnitude and frequency of forces in geomorphic processes. *Journal of Geology*, **68**, 54-74.
安成哲三 (1980) ヒマラヤの上昇とモンスーン気候の成立. 生物科学, **32**, 36-44.
横山卓雄・佐藤万寿美 (1987) 粘土混濁水の電気伝導度による古環境の推定. 地質学雑誌, **93**, 667-679.
Yokoyama, Y. *et al*. (2000) Timing of the Last Glacial Maximum from observed sea-level minima. *Nature*, **406**, 713-716.
米本昌平 (1994) 地球環境問題とは何か, 岩波新書, 262p.
Zachos, J. *et al*. (2001) Trends, rhythms, and aberrations in global climate 65 Ma to present. *Science*, **292**, 586-593.
Zhisheng, A. *et al*. (2001) Evolution of Asian monsoons and phased uplift of the Himalaya-Tibetan plateau since Late Miocene times. *Nature*, **411**, 62-66.

第2章　陸域生態系の構造

2.1 生物圏における物質循環と生態系の構造

(1) 生態系の物質循環とエネルギーの流れ

　地球上の生物活動は，生態系の物質循環とエネルギーの流れとしてとらえることができる．地球は物質的には閉鎖系であるが，エネルギー的には宇宙に対して開いた系である．そして，太陽から地球へと放射されるエネルギーと，地球から宇宙へと放射されるエネルギーが等しくなることによって，地球の大気の温度は一定に保たれている．この地球に存在する生物圏（biosphere）は，外部を大気圏（atmosphere）と岩石圏（lithosphere）あるいは水圏（hydrosphere）に囲まれ，それらと物質およびエネルギーをやりとりし，あるいは生物どうしでやりとりしている．Tansley (1935) は，ある空間に生育する生物集団を，物質が循環する1つの系としてとらえ，生態系（ecosystem）とよんだ．生態系（たとえば森林群落）の中の物質やエネルギーの流れは，各生物個体（たとえば樹木）どうし，樹木と動物，といった生物間の，あるいは生物と大気や土壌など無機環境との物質やエネルギーのやりとりによって構成されている．このような生態系の構造と機能を定量的に研究する分野が，生態系生態学（ecosystem ecology）である．

　生態系における物質循環は，植物の光合成作用によって開始される．このような無機物から有機物を合成して生存する植物を「生産者」とよんでいる．植物によって同化された有機物は，一部は呼吸によって消費され熱とCO_2と水に分解されるが，大半が植物自身の成長に用いられる．その一部は植物を食べる草食動物（1次消費者），草食動物を食べる肉食動物（2次消費者），肉食動物を食べる肉食動物（高次消費者）によって利用され，最終的には動植物の遺体を分解して無機物に変える土壌動物や微生物（分解者）によって，もとのCO_2，水，無機物へと分解され，循環が一巡する（図2.1）．

2.1 生物圏における物質循環と生態系の構造

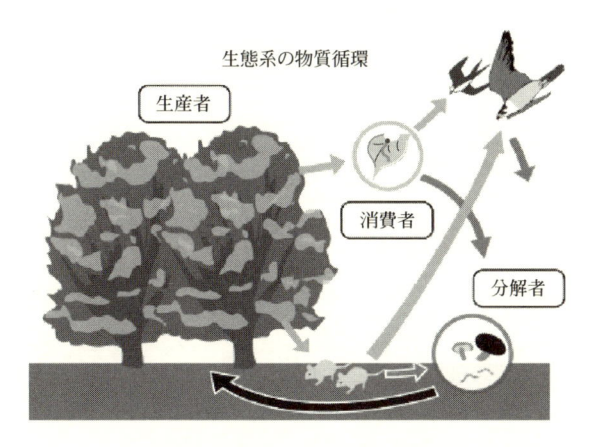

図2.1 生態系における物質循環

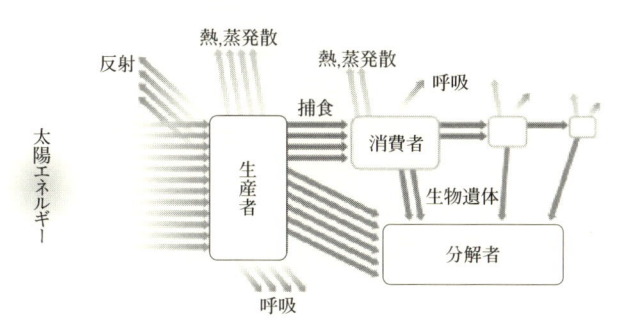

図2.2 生態系におけるエネルギーの流れ（Whittaker, 1974）

　この物質循環過程におけるエネルギーの流れをみてみよう．生態系のエネルギーは，太陽光として地上に流入し，大地や大気を暖め熱エネルギーや大気の運動エネルギー（風）となると同時に，一部は植物の葉からの蒸散（＝根からの吸水）の原動力となり，あるいは光合成作用によって化学エネルギーへ変換される．この化学エネルギーは植物自身の活動に伴い熱となるほか，やがて消費者である動物や分解者である微生物の活動に用いられ，この過程で熱として環境に放出される（図2.2）．最終的には気流や水流に乗って生態系外へ持ち去られ，大気上層で赤外放射として宇宙に発散される．

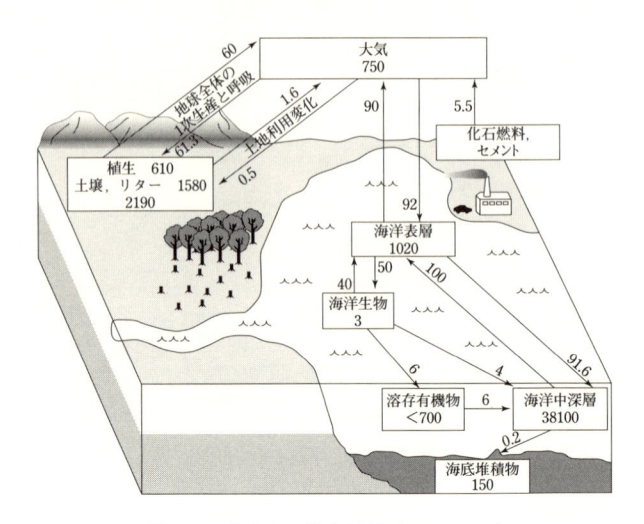

図2.3 地球上の炭素循環 (IPCC, 1996)

(2) 地球上のバイオマスと森林生態系における炭素の循環

　地球規模の生物圏の物質循環を考えるときには，生態系のもつ生物量（バイオマス）を指標とすることが多い．限られた実測データから地球規模のバイオマスを推定しているため，数値にはかなりばらつきがみられるが，地球全体のバイオマスはおよそ1840 Gt と推定され，その99％が陸上に存在しており，炭素量に直すと現存量825 GtC，純生産量53 GtC と推定されている．この陸上のバイオマスの90％は森林生態系に存在しており，このほかに森林には土壌が発達し，そこにリター（落葉落枝）や腐植などバイオマス以外の有機物のかたちで炭素が蓄積している．この土壌中の炭素蓄積量は全体で1500 GtC 程度となり，大気中の炭素量750 GtC の2倍以上である（図2.3）．したがって，森林生態系の炭素蓄積，炭素収支は大気中の CO_2 濃度に大きな影響を与えている．

　森林生態系地上部のバイオマスの大半は，樹木の幹である．樹木は，毎年炭素を光合成によって固定し成長している．森林全体の成長量を純生産量といい，これに植物自身の呼吸消費によって失われた量を加えた全体が総生産量である．また，純生産量のうちの一部は枯死脱落し（リター量），草食動物などに食べられる（被食量）ため，樹木の現存量の増加はこれらを減じた

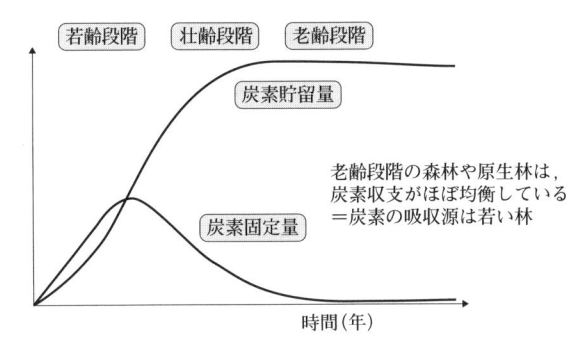

図2.4 森林生態系の発達過程と炭素の蓄積（吸収源対策研究会，2003）

量となる．森林では，食葉性昆虫などによる被食として生食連鎖に移行する量はわずかで，ほとんどがリターとして腐食連鎖へと繰り込まれる．若い森林では純生産量は正となり，大気中の炭素を固定しながら現存量が増大するが，成長するにつれて非同化器官である幹の割合が高くなるため呼吸消費量が増加し，純生産量は頭打ちとなる．完全に成熟した森林では成長量と枯死量との収支がほぼ均衡しており，炭素収支はほぼゼロである（図2.4）．

土壌中の炭素に関しても同様に，若い森林では土壌中の有機物量が増加するが，成熟した森林ではほぼ一定となる．これを皆伐し裸地化すると地温上昇により土壌有機物の分解が促進されて炭素を放出する．成熟林では，気温が低く分解の不活発な亜寒帯の森林ではリターが厚く積もっており，逆に熱帯林ではリターの分解が速いため，土壌中の炭素蓄積は少ない．このため，熱帯林は伐採され裸地化すると急速に脊悪地となってしまうことがある．

若い森林で固定された炭素は，伐採され建築材やパルプとして使用された場合でも，一定期間製品内に貯留されている．また，薪炭やパルプなどが焼却された場合でも，伐採跡がふたたび森林となれば放出された CO_2 はふたたび吸収，固定されるので，長期的には大気中の CO_2 増加にはつながらない．このため，化石燃料とは異なり，バイオマス資源はクリーン・エネルギーといわれる（大熊，2003）．一方，森林伐採後に，土地を農地や工業用地などに改変したり，森林の再生が困難となった地域では，放出された炭素は再吸収されることなく，大気中の CO_2 濃度の上昇につながることになる．

(3) 土壌と無機養分の循環

　土壌は，母材と地形，気候条件，植生などの複合作用によって形成され，植物の生産過程や腐植の分解過程を大きく規定している．土壌の非生物的特性は，化学性と物理性に分けられ，化学性は土壌母材，気候条件などの影響を受け，pHやEC（電気伝導度），C/N比，塩基飽和度，腐植量などで表される．物理性は，土壌の構造（壁状，塊状，団粒状，単粒状など），粒度組成（砂，シルト，粘土の割合），三相組成（固体と液体，気体の割合），孔隙組成，透水性，通気性などである．

　森林土壌の断面は，上部からリターの層（A_0層またはO層），腐植を含む層（A層），鉱質土層（B層），母岩層（C層）に分けられ，それぞれの色や構造，粒度，粘土鉱物組成などによってポドゾル（P），褐色森林土（B），黒色土（Bl），赤黄色土（RY）などの土壌群に分類される．

　無機養分のうち，窒素は大気や外部環境に対して半開放系として循環している（図2.5）．土壌中の窒素はアンモニア態もしくは硝酸態の無機態窒素のかたちで植物に取り込まれる．無機態窒素は，腐植の分解により，有機態窒素→アンモニア→亜硝酸→硝酸という形で生成されるか，大気中の窒素をアンモニアに変換する微生物（窒素固定菌）によって供給される．窒素固定には，リターや腐植中で行われる非共生的窒素固定と，マメ科植物に根粒（root nodule）を形成する細菌や，ハンノキ類（*Alnus* spp.）の根に共生する放線菌（*Frankia* spp.）による共生的窒素固定とがある．また，降水中の硝酸イオンやアンモニウムイオンとして供給される窒素も無視できない．アンモニア態窒素は，土壌中に吸着され移動しにくいが，硝酸態窒素は移動しやすい．このため，森林の伐採を行うと，窒素吸収が減少する一方，地温上昇により無機化が促進され，硝酸態窒素が渓流水や地下水へ流出する．また，畑作地帯では施肥により過剰となった硝酸態窒素が地下水を汚染して問題となっている．一方，湿地や水田，水分で飽和した地層中では，無機態窒素は脱窒菌によってN_2分子に変えられ大気へ戻る．

　リターの分解過程では，温度や含水率のほか炭素と窒素の含有比（C/N比）が重要な意味をもつ．C/N比は，広葉樹落葉で40-60，針葉樹落葉で80-150程度であり，木材では300にもなる．このようにC/N比が高いと，分解微生物自身の菌体を作るために窒素が消費しつくされ，分解過程が阻害

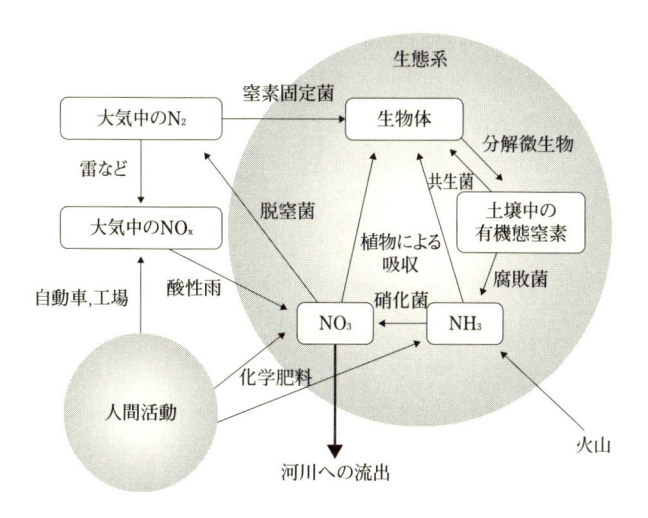

図2.5 生態系における窒素の流れ

されたり，植物の根の窒素吸収との競合が生ずる（窒素飢餓）．したがって，リター上の窒素固定菌による窒素供給は生態系全体にとって重要な役割を果たしている．リターの分解に伴ってC/N比は低下し，最終的には菌体のC/N比である10に近い値まで低下する．

このようなリターの分解過程においては，微生物群集の遷移（succession）が認められる．樹木の葉には，落葉する前から内生菌（endophyte）および第1次落葉生腐生菌とよばれる子嚢菌などの菌類が感染・定着しており，落葉前からこれらの菌による可溶性の糖類などの利用が行われている．落葉後は，新鮮な落葉を好む落葉分解菌（第2次落葉生腐生菌）が主にセルロースを分解し，さらに分解が進むとリグニンなどの難分解性化合物を分解する腐葉分解菌（落葉生担子菌）へと遷移が進行する（徳増，1978）．セルロースを分解する菌は，残渣中のリグニンが褐色を呈するので褐色腐朽菌（brown rot fungi），リグニンの分解を行う菌は残渣が白色を呈するので白色腐朽菌（white rot fungi）とよばれている．

生態系における植物への窒素以外の無機養分（P, K, Ca, Mg, Feなど）の供給には，リター分解による供給（自己施肥）のほか，岩石の風化作用，

風による黄土 (loess) の堆積，雨水からの供給，野鳥や遡上したサケによる供給などがある．このうち，土壌中の無機態リンは，Ca, Al, Fe などと結合し，植物にとっての利用しやすさが変化する．結晶性酸化鉄によって被覆されたリンは難溶性で植物は利用できない．またリンは移動性が低く根の周辺(根圏)で枯渇しがちなため，後述する菌根菌によるリンの可溶化や，広範囲に伸びた菌糸によるリンの吸収は，植物にとって重要な意味をもっている．

土壌中で陽イオンとして存在する K^+, Ca^{2+}, Mg^{2+}, Na^+ は，交換性塩基とよばれ，土壌中の腐植や粘土鉱物が形成するコロイド粒子の負電荷に電気的に吸着されている．これらの塩基は H^+ イオンと置換されうるので，土壌 pH が低くなると遊離して流亡する．これらのイオンに対する土壌の吸着能力を CEC (陽イオン交換容量：Cation Exchange Capacity) といい，そのうち各イオンが実際に占めている割合を塩基飽和度という．一般に，土壌中のカルシウムの飽和度は，その立地における植物の成長と相関が高く，肥沃度の指標とされる．

工業国周辺では，酸性雨による土壌の酸性化が懸念されている．日本の森林土壌はもともと酸性で，しかも高い緩衝能をもつため，酸性雨によってただちに pH が低下することはない．長期にわたる酸性雨負荷によって交換性塩基が流亡するとともに土壌 pH が 4 以下になると，粘土鉱物中の有毒の Al^{3+} イオンが遊離して根に障害を与える恐れもある．一般に，広葉樹は高い酸性雨緩衝能をもつのに対し，針葉樹は樹皮やリターから有機酸が生成されて土壌を酸性化させる傾向があるので，スギなどの造林地では立木の根元周囲の土壌 pH が局所的に低下していることがある．

(4) 森林の衰退と酸性雨

世界各地で森林の衰退 (forest decline) や枯死が報告されている．1980 年代にはドイツのシュバルツバルトの衰退 (Waldsterben) やカナダの針葉樹林の衰退が，「酸性雨被害」として大きく報道され，越境汚染が国際問題となった．これらの地域では，酸性雨よりも，O_3 による葉の傷害，酸性雨に含まれる窒素による生育バランスの乱れと凍害耐性の低下，ハリケーン害に伴うキクイムシの大発生，針葉樹造林による土壌の変化や菌根菌の衰退などの複合要因によると考えられている．一方，東欧や北米 5 大湖周辺では古

典的なSO_2による「煙害」がみられる．

　日本においては，関東地方のスギやケヤキの衰退が1970年代から報告され，丹沢山地のモミやブナの衰退，日光山地や赤城山でのダケカンバやシラベ・オオシラビソの枯死など，多くの現象が報告されている．これらの「衰退」の原因としては，SO_2，NO_x，O_3，粒子状浮遊物などの大気汚染（乾性降下物）による傷害，酸性霧などの湿性降下物による葉の傷害のほか，温暖化，窒素過剰による生育バランスの乱れ，菌根菌の衰退，大気乾燥化，針葉樹人工造林による土壌の変化，病害虫や気象害（凍害や霜害，乾燥害）など，じつに多くの因子の関与が推測されている．関東平野のスギ衰退では，オキシダント濃度と衰退の分布がよく一致する（高橋ら，1987）ことから注目されたが，むしろヒートアイランド現象による大気乾燥化がもっとも有力な原因と考えられている（松本ら，1992a, b）．ダケカンバやシラベ・オオシラビソ林の枯死については，台風，凍害，シカの食害などの要因が挙げられている（谷本ら，1996）．

2.2 生態系における植物の生理過程

　植物の生理的機能，特に物質生産にかかわる光合成や蒸散の機能と，環境条件との相互影響を研究する分野は，生理生態学（physiological ecology）あるいは生態生理学（ecophysiology）とよばれており，日本でも多くの研究が行われてきた．本書では環境学を学ぶうえで不可欠なごく基礎的な事項にとどめ，田崎（1978），Kozlowski *et al.* (1991)，Larcher（2001）などの併読を勧める．

(1) 光条件

　陸上生態系における物質生産は，植物の光合成機能によるものであるが，葉の光合成速度は，植物の種により，また光，水，炭酸ガス濃度，養分などの環境条件によって規定されている．

　自然界のCO_2濃度条件で，光，水，養分などの条件が最適である場合の葉の面積当たりの最大光合成速度（P_{max}）は，植物の種により大きな差がある．トウモロコシなどの熱帯起源のC_4植物でP_{max}がもっとも高く，C_3植物

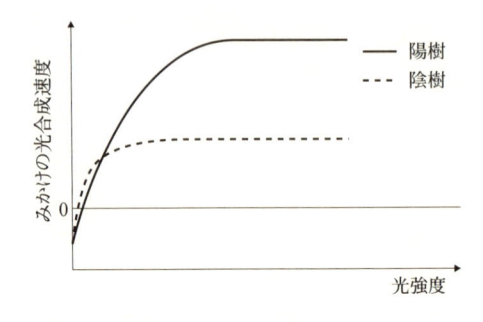

図 2.6 陽樹の葉と陰樹の葉の光―光合成曲線（模式図）

では草本や落葉樹で高く，常緑樹で低い傾向がみられる．しかし，常緑樹林では葉の寿命が長く，土地面積当たりの葉量が落葉樹の約 2 倍もあること，冬季にも光合成を行うことなどにより，群落全体の年間の炭素収支は，落葉樹林とほぼ等しくなる．

　水分，養分が十分にあり，炭酸ガス濃度が現在の地球上の濃度（350-400 ppm）である場合，葉が受ける光の量とみかけの光合成速度との関係は，図 2.6 のようになる．これを光―光合成曲線とよぶ．光がない暗黒状態での CO_2 放出量は，葉の呼吸速度を表す．光量が次第に増大していくと，ある光量で呼吸速度と光合成速度が一致して，CO_2 の吸収も放出も起こらない点がある（光補償点）．さらに光量が増加すると光合成速度は高まるが，ある光量以上では光合成速度は一定となる（光飽和点）．一般に日当たりのよい場所に生育する植物（陽性植物）の葉は，光補償点，光飽和点ともに高い値を示し，最大光合成速度も高い値を示す．一方，暗い場所に生育する植物（陰性植物）の葉は，光補償点，光飽和点ともに低く，最大光合成速度は低い．この違いは，同一種，同一個体の日向の葉（陽葉）と日陰の葉（陰葉）とのあいだにも当てはまる．陽葉は，葉は厚く，柵状組織が多層で，葉面積当たりの葉緑体密度や気孔密度が高いことにより，強光下での光合成能力が高く，強光傷害を受けにくい．一方，陰葉は，葉は薄く，葉面積は広く，弱い光条件下で，低いながらも安定した光合成を行うように適応している．

(2) 温度条件

　成長期における植物の光合成速度および呼吸速度は，いずれも温度の影響

を受ける．一般に呼吸速度は，0℃ではほぼ0となり，温度上昇とともに増大するが，50-60℃付近で呼吸にかかわる酵素の失活や生体膜構造の破壊のために急激に低下し，死にいたる．総光合成速度も，呼吸作用と似たような温度特性をもっているが，温帯植物では，総光合成速度と呼吸速度との差である純光合成速度は，25℃前後で最大となる．光合成の低温限界，高温限界，最適温度は，植物種によって異なっており，種の分布域と対応している．

　一方，成長不適な冬季における低温耐性も植物の分布を決定する重要な要因である．熱帯や亜熱帯の植物は一般に0--10℃で枯死にいたるが，温帯性落葉樹では-20--30℃前後，北方林や高山に生育する種では-80℃の低温にも耐えるものがある．ただし，植物の耐凍性は季節変化を示し，秋～冬にかけて高まり春になると解除されるため，厳冬期には耐凍性の高い樹種でも，秋の早い時期や春の遅い時期に低温条件におかれると被害を受ける（早霜害，晩霜害）．また，窒素分が多く成長が盛んな個体は初冬の耐凍性獲得が遅れて早霜害を受けやすくなる．

　冬季には，日本海側の山地では林床草本や低木が積雪によって厳冬期の低温から保護される．そのため，耐凍性の低い暖温帯性の常緑植物のうち匍匐性を獲得して変種となったものが，高緯度・高標高域に分布している例が多くみられる（キャラボク，チャボガヤ，ヒメアオキ，ヒメユズリハ，ユキツバキなど）．また，高山のハイマツ群落や亜高山帯上部の針葉樹林などでも，積雪面より下の葉は傷害を受けないが，積雪面上にある枝が春先に枯死する現象がみられる．積雪による保護効果がない部位では，低温，氷雪による枝葉の損傷，強風による乾燥，雪面からの照り返しを含む強光阻害など多くのストレスがかかっている（丸田・中野，1999）．一方，積雪期間がある程度以上長くなると，成長や生殖に必要な生育期間が確保できない種や，暗黒・0℃の条件で活動する雪腐病に弱い種は生育できなくなる．北海道の主要樹種であるエゾマツ（*Picea jezoensis*）の種子や稚幼樹は，暗色雪腐病菌（*Racodium therryanum*）に対する抵抗性がきわめて低いため多雪地では生育できない．エゾマツは，積雪が少なく病原菌が生息しない倒木や根株の上でのみ更新（樹木の世代交代のこと）している（高橋，1991）．

　このように，温度条件が植物に与える影響はさまざまであり，地球温暖化の影響を考える際には，気温の上昇以外の要因も考慮する必要がある．季節

変化パターンや積雪量の変化による凍害や冬季乾燥害の発生，生育期間の変化，昆虫や寄生菌の動態，さらに，これらと窒素負荷や大気汚染などとの複合影響も考えられるため，実際には正確な影響予測は困難であり，実際の植生の動態を長期にわたってモニタリングすることが必要である．

(3) 水分条件

　植物の生育を規定する条件として，水は非常に重要である．樹木は土壌から水を吸い上げ，数十 m の高さの樹冠から蒸散させる．1 気圧の大気中で真空ポンプを用いて吸い上げることのできる水柱の高さは約 10 m であることを考えれば，樹木の吸水能力がいかに大きいかがわかる．このような植物の吸水は，葉が水を吸い上げる張力（負圧）によって駆動されている．樹木内の水分は，土壌から根，幹，枝，葉を通って大気へといたる連続した細い管の中を通っており，多数の水柱の束としてとらえられる．この水柱をSPAC（Soil-Plant-Atmosphere Continuum）とよぶ．

　SPAC における水の移動は，自由エネルギーである水ポテンシャル（Ψ_w）の高いところから低いところへの流れとして表される（図 2.7）．大気の水ポテンシャル（$\Psi_{air} \leqq 0$）は，大気中の水蒸気飽差（乾燥の程度）によって定まる．葉の水ポテンシャル（$\Psi_{leaf} < 0$）は，葉の細胞溶液がもつ浸透圧による浸透ポテンシャル（$\Psi_s < 0$）と，葉の細胞壁がもつ膨圧による圧ポテンシャル（$\Psi_p \geqq 0$）の和として，$\Psi_{leaf} = \Psi_s + \Psi_p$ で表される．この Ψ_{leaf} が葉の吸水力であり，木部内の水分張力に等しい．Ψ_{leaf} は，夜明け前に最高の値を示し，日の出とともに光合成，蒸散が開始されると，幹からの吸水が追いつかないため葉の水分が少なくなり，値が低下して正午前後に最低となる（図 2.8）．気孔が閉鎖した夕方から夜間にかけては，根からの吸水によって回復する．無降雨状態におかれると，日中の最低値が低下し，さらに水不足となると，土壌の水ポテンシャルが低下して，夜明け前の最大値も低下する一方，日中は気孔が閉鎖して光合成が低下する．これを光合成の昼寝現象とよぶ（図 2.8）．葉の水分がさらに失われて細胞に原形質分離が生じると，植物は膨圧を失ってしおれた状態となり，$\Psi_p = 0$ となる．これが葉の萎凋点（Ψ_w^{tlp}：turgor loss point）である．

　土壌の水ポテンシャル（Ψ_{soil}）は，土壌の毛管構造と含水率によって決

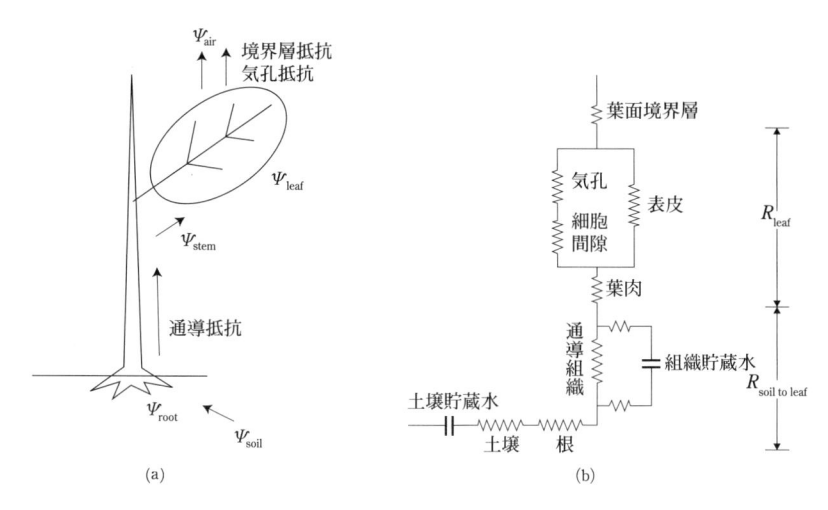

2.2 生態系における植物の生理過程

図2.7 SPACにおける水の流れと水ポテンシャル（$\Psi_{soil} > \Psi_{root} > \Psi_{leaf} > \Psi_{air}$）(a)とSPACにおける水の流れを電気回路として示した模式図（$\Delta\Psi = R \times flux$）(b)

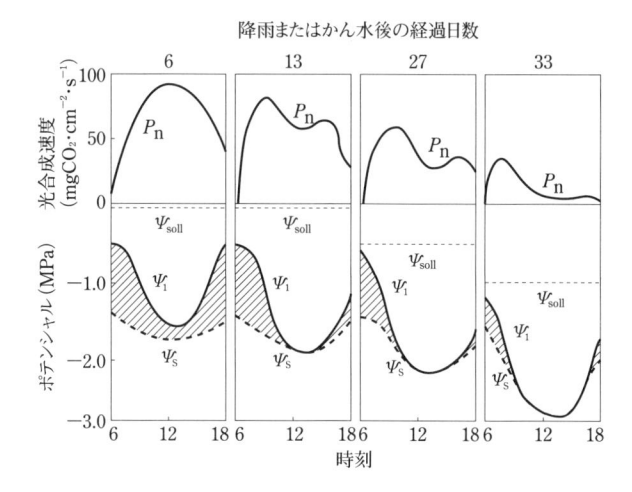

図2.8 降雨または灌水後の日数とダイズの光合成速度（P_n），土壌の水ポテンシャル（Ψ_{soil}），葉の水ポテンシャル（Ψ_l），浸透ポテンシャル（Ψ_s）の日変化（Turner and Begg, 1981）
　　斜線部分は圧ポテンシャル（Ψ_p）を示す．

まり，Ψ_{soil}が-1.5 MPa以下になると，多くの植物で吸水ができなくなる．この点を土壌の永久萎凋点(permanent wilting point)とよぶ．

植物体内の水の流量 (*flux*) と根から葉への水ポテンシャル勾配との関係は，電気におけるオームの法則と同じく，水分通導抵抗 (R) を用いて $\Psi_{leaf} - \Psi_{soil} + \Psi_g = R \times flux$ として表される（図2.7(b)）．Ψ_gは樹木の葉が高い位置にあることによる重力ポテンシャルである．樹液流量 (*flux*) は，樹液流速 (v) と幹の通導組織の断面積の積であり，*flux* の積算量は樹冠からの蒸散量の積算値に等しい．また，Rの逆数を水分通導コンダクタンス (hydraulic conductance) という．

水分通導抵抗 (R) は，水を通す道管や仮道管の直径によって影響を受ける．樹木の幹には，針葉樹では仮道管が，広葉樹では道管と仮道管が水分通導を行うが，広葉樹のうちケヤキやナラなどの環孔材樹種では大きな直径をもつ道管が年輪にそって並ぶのに対して，カシ類などの散孔材樹種では小さな直径をもつ道管が多数散在する．そのため，一般に通導抵抗は，（針葉樹）＞（散孔材をもつ広葉樹）＞（環孔材をもつ広葉樹）の順となる．環孔材の道管は好適環境では水分通導能が高いが，夏の乾燥や冬の凍結によって道管内に気泡が発生すると水柱が切断されやすく (cavitation)，多くが1年以内に水分通道機能を失う．このような水分通導の能率と耐性とのトレードオフの関係が，立地や気候に適応した樹種の分布をもたらす要因の1つである．

植物が根から吸収し蒸散する水分のうち，光合成反応に用いられるのは1%以下で，それ以外の水分は養分運搬媒体としての役割のほか，蒸発熱による葉の冷却に使われる．光合成速度 (P) と蒸散速度 (T) の比 (P/T) を，光合成の水利用効率 (WUE) とよぶ．蒸散作用は，水蒸気が葉内から大気へと拡散する現象であり，気温，湿度（大気飽差），風速，気孔開度（気孔抵抗），葉の形状（境界層抵抗）によって影響を受ける．すべての気孔が閉じた状態での表皮からの蒸散をクチクラ蒸散というが，乾燥地の植物では，クチクラ層は厚く，気孔の密度は低い．気孔を閉じた状態では水消費を抑えることはできるが，光合成に必要なCO_2も取り込まれなくなるので，光合成速度は低下する．熱帯性の草本に多いC_4植物（トウモロコシやアカザなど）は，気孔から取り込んだCO_2を有機酸に変換してから葉緑体での固定反応を行うため，日中の気孔閉鎖による光合成の制限が少なく，強光，

高温条件での光合成速度や水利用効率が高い．また，乾燥地の多肉植物に多いCAM植物（サボテンやベンケイソウなど）では，夜間に気孔を開いて有機酸を貯蔵し，昼間は気孔を閉鎖して水分損失を防ぎながら光合成を行うため，水利用効率がきわめて高い．CAM植物であるベンケイソウ科のセダム＝マンネングサ類（*Sedum* spp.）は，耐乾性が高いことから屋上緑化によく用いられているが，昼間の蒸散量が少ないので気化熱による冷却効果は小さい．

C_3植物の水利用効率（WUE）は光合成時の気孔抵抗と関係がある．大気中のCO_2には，わずかであるが炭素の安定同位体である^{13}Cがわずかに含まれている．光合成における炭素固定反応においては，^{13}Cは反応速度が遅く固定されにくいため，気孔が十分開いているときには外気から供給される^{12}Cが優先的に固定され，同化物の$\delta^{13}C$[1]は大気より低い-25‰前後となる．乾燥条件下で気孔が閉じ，葉内CO_2濃度が低くなると，葉内での^{13}C濃度が高まり同化物の$\delta^{13}C$は高くなる．これを用いて，C_3植物の水利用効率（WUE）の推定や，耐乾燥性の植物の選抜が試みられている．

(4) 中国黄土高原の砂漠化と樹木の乾燥適応

黄土高原（Loess Plateau）は，中国西北部に広がる降水量200-600 mm前後の半乾燥地である．原植生は森林と草原であったとされるが，先史以来の農耕や牧畜によってほぼ破壊しつくされている．降雨は夏季に集中し，斜面農地ではガリー侵食や崩壊が進んでいる．降水量の年変動は大きく，渇水年には斜面畑での収穫が皆無となる一方，多雨年には洪水被害もみられる．

このような地域では，自生種であるアブラマツ（*Pinus tabulaeformis*：油松），モンゴルマツ（*Pinus sylvestris* var. *mongolica*：樟子松），シモニーポプラ（*Populus simonii*：小葉楊）のほか，北米原産のニセアカシア（*Robinia pseudoacasia*：刺槐）などの植林が進められているが，植栽後10年程度で土壌水分が枯渇し渇水年には枝枯れを繰り返すため，樹高成長が頭

---

[1] 同位体の含有率（$R=^{13}C/^{12}C$）そのものは非常に小さな値で，絶対値による大小の比較に向いていないので，国際的に定められた標準試料PDB（北米白亜紀の貝化石）を基準として比較する．$\delta^{13}C=(R_{試料}/R_{(PDB)}-1)\times1000$（単位‰）；海水は0‰，大気は$-7$‰前後である．海洋と大気との差は，軽い$^{12}C$のほうが海洋から大気へと蒸発しやすいためである．

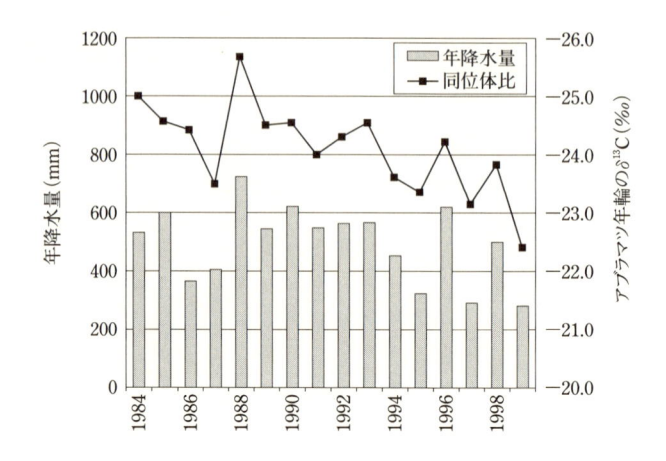

図 2.9 中国黄土高原（陝西省安塞県）の年降水量とアブラマツ年輪の炭素同位体比（福田ら，2001）

打ちとなった「小老樹」となる．このような小老樹の生育過程を知るために，黄土高原の樹木から年輪を採取して木材の $\delta^{13}C$ を調べた．各年輪の $\delta^{13}C$ は，年輪形成時の気孔の状態を反映して変動することが期待される．実際に，黄土高原に生育するアブラマツ年輪の $\delta^{13}C$ の変動は，年降水量ときわめてよく対応していた（図 2.9）．このように，水ストレスが植物の生育を制限している地域では，年輪の炭素同位体比から過去の樹木の水ストレス履歴を推定したり，植物の乾燥適応戦略を明らかにすることができる．

2.3 生態系における生物被害と共生

生態系における生物種は，さまざまな形で相互作用を行っている．植物どうしの光をめぐる競争や動物どうしの餌資源をめぐる競争などの競争関係（competition），植物と昆虫や草食動物との資源—利用者関係や，動物とそれを食べる肉食動物とのあいだの被食—捕食関係はよく知られており，生態学の教科書にも多く取り上げられている．生態系においては，これらのほかに，主に植物と微生物との相互作用として，動植物とその病原体とのあいだの寄主（host）—寄生者（parasite）関係，互いに利益を与え合う相利共生

関係（symbiosis）がある．

これらの生物間の相互作用は，物質循環過程において重要であるのみならず，生物の分布，群落の遷移，動物の個体数の変動など，生態系のさまざまなダイナミクス（動態）においても重要な役割を果たしていることがわかってきた．詳しくは，二井・肘井（2000），金子・佐橋（1998），鈴木（2004）などを参照してもらうこととして，本節では，2つの重要なトピックについて解説する．

(1) マツ材線虫病（松くい虫被害）

日本の山地や里山のアカマツ林が急激に赤く枯れる現象は長崎では明治から記録があるが，戦後急速に全国に広がり，林業生産上あるいは山地保全上大きな問題となってきた．また海岸クロマツ林の枯死は，防風防砂の機能の低下や，白砂青松の景観へのダメージとして問題にされてきた．こうしたマツ枯れ被害によって枯死したマツにはカミキリムシ類，ゾウムシ類，キクイムシ類などの穿孔虫類が多く寄生しているため，「松くい虫被害」と古くからよばれてきた．

この「松くい虫被害」は，マツノザイセンチュウ（Bursaphelenchus xylophilus）という線虫（nematode）による萎凋病である．マツノザイセンチュウは，マツノマダラカミキリおよびカラフトヒゲナガカミキリというMonochamus属のカミキリムシによってマツからマツへと運ばれる（図2.10）．このような昆虫のことを媒介昆虫（vector）とよんでいる．

マツノマダラカミキリは，毎年5-6月頃に，マツの枯死木から羽化脱出して，健全なマツの枝を摂食する．この際に線虫が樹体内に侵入し，全身に分散する．線虫が卵から成虫になるまでの発育期間は4-5日で，樹体内での増殖能力は非常に高い．線虫は，木部の柔細胞を摂食し水分通導を阻害し，7-8月の高温少雨でマツが衰弱すると急激に増殖しマツを枯死させる．発病マツには，マツノマダラカミキリが産卵し，幼虫は材部を摂食して育ち，翌4-5月に蛹となる．線虫は，マツの枯死後は，カミキリなどによって材内に運び込まれた菌類（カビ）を摂食して増殖し，蛹室に集合する．カミキリの羽化時に線虫が気門に侵入して，次のマツへと運ばれる．このように，マツの感染後の病徴進展と，線虫の生活環，カミキリの生活環，さらに材内の菌類

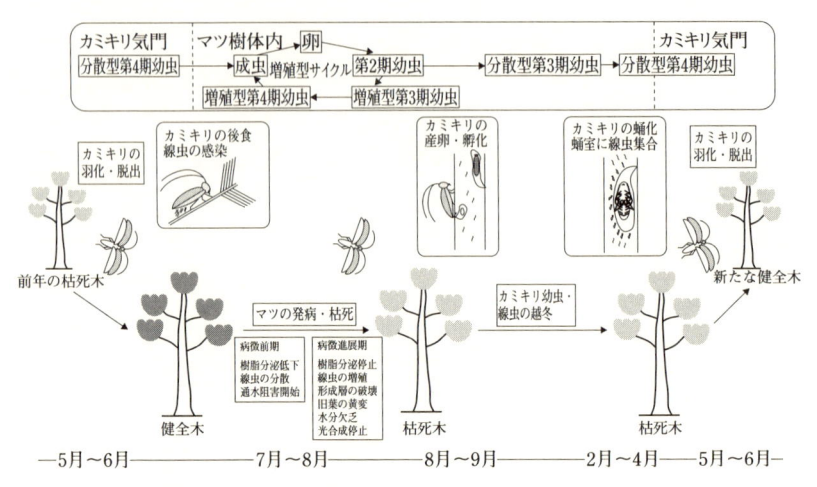

図 2.10 マツ枯れの感染・枯死のサイクル（鈴木，2004）
上枠はマツノザイセンチュウの生活史を，下はマツノマダラカミキリの生活史と
マツ類の病徴進展を表す．

相が非常に巧妙に組み合わさって，マツの大量枯死が引き起こされているのである．

　さて，一般に森林病害は，このような激しい被害を引き起こすことは稀で，被圧や加齢，台風や異常乾燥などによって樹木が衰弱した場合にのみ発病することが多い．寄生者があまりに強大だと，宿主の個体数が激減して自らの生存上も不利となるため，病原力が弱くなるように進化するからである．では，なぜ材線虫病ではそのような共進化が起こらなかったのであろうか？ 1979 年にアメリカでマツノザイセンチュウが発見され，その後世界各地で線虫の探索や DNA を用いた系統解析が行われた結果，日本で材線虫病を起こしている線虫は，北米東部の原産であること，北米のマツ類は抵抗性があり，激しい被害は生じないことが明らかになった．一方，日本を含むユーラシア全域に，在来種で病原力の弱いニセマツノザイセンチュウ（*B. mucronatus*）が分布していることも明らかにされた．つまり，マツ枯れは，人間が本来の分布域と異なる場所に病原を運んだために起きた「侵入病害」であることが，被害を大きくしたといえる．マツ枯れは被害材の体積で毎年 100 万 m^3 もの枯損を引き起こしているが，さらに近年では中国，韓国，台湾に広がり，1999 年にはポルトガルにも侵入し，世界的脅威となった．

北米のクリ林を壊滅させたクリ胴枯病，北米林業の主要病害である五葉マツ発疹さび病，ニレ立枯病（Dutch elm disease）は，世界3大樹病とよばれているが，いずれも侵入病害だと考えられている．特にニレ立枯病は，キクイムシによって媒介される萎凋病で，マツ材線虫病と類似点が多い．レイチェル・カーソンの有名な『沈黙の春（Silent Spring）』は農薬が鳥や人間に被害を与えることを警告したものであるが，ニレ立枯病防除のための農薬散布が取り上げられており，同時期に日本のマツ枯れ防除のための農薬散布が社会問題となったことと共通している．今後，途上国を含むグローバル化につれて，このような外来生物による生態などへの影響がさらに深刻になることが懸念される．

(2) 菌根共生

樹木の根には，菌根（mycorrhiza）とよばれる組織が形成されていることが多い．菌根は，植物の根に菌根菌（mycorrhizal fungus）が感染して，根の組織が変形したもので，Frank（1885）によって命名された．菌根菌は土壌中へ細い菌糸（hyphae）や根状菌糸束（rhizomorph）を伸ばし，土壌中の無機養分や水分を吸収して根へと送る．植物は光合成によって得た糖類の一部を，菌根を通じて菌根菌に送る．このような相利共生関係によって，菌根菌は必要な炭素源の多くを植物から得る一方，植物はみずからの根によって吸収できない広い範囲から養水分を吸収することができる．

適当な菌根菌がもともと存在しない立地や貧栄養な土壌では，菌根による植物の成長促進の例が多数報告されている．また，菌根は，土壌病原菌に対する抵抗性にも寄与していることが報告されている．さらに，菌根菌は，複数の樹木と菌根を形成することにより，樹木個体間に菌糸のネットワークをはりめぐらせており，このネットワークを経由した植物間の養分のやりとりも行われている．このように，生態系における菌根の働きは非常に重要なもので，森林の現存量に占める菌根菌の割合は1％程度であるが，森林の純生産量（成長量）のうち45-75％を，地下の菌根菌や細根の成長が占めていたという報告がある（Vogt et al., 1986）．

菌根には，根の周囲を菌鞘（mantle, fungal sheath）で包み，根の細胞間隙に菌糸が侵入して網状の組織ハルティッヒネット（Hartig net）を形成

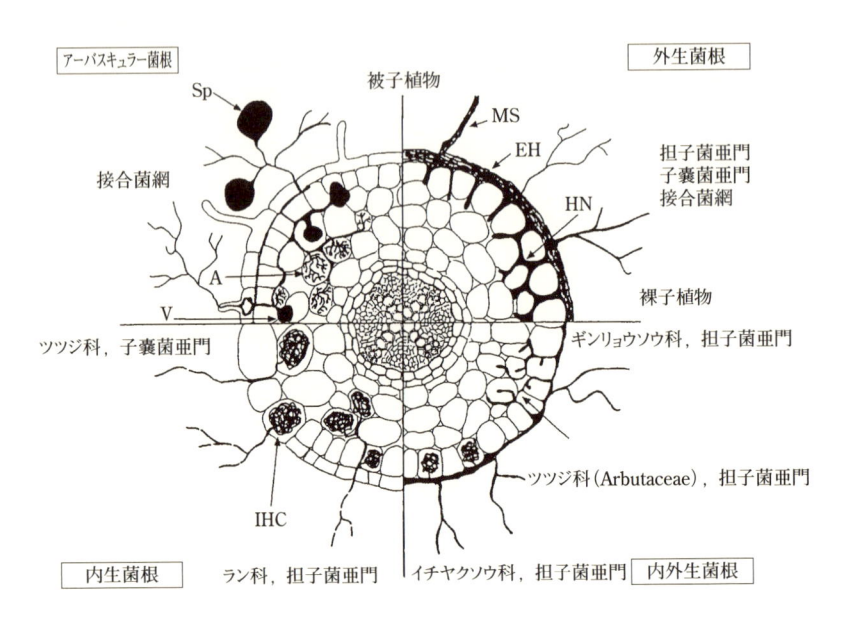

図2.11 さまざまな菌根の内部構造 (Larcher, 2001)
MS：菌糸束，EH：菌鞘，HN：ハルティッヒネット，IHN：細胞間菌糸ネット，IHC：細胞内菌糸コイル，V：嚢状体，A：樹枝状体.

する外生菌根（ectomycorrhiza；ECM），菌鞘は作らず植物の根の細胞内に菌糸が侵入する内生菌根（endomycorrhiza），菌鞘を形成して細胞内にも侵入する内外生菌根（ectoendomycorrhiza）に大別される（図2.11）．熱帯性の樹木や，シダ類を含むほとんどの草本植物には，アーバスキュラー菌根（arbuscular mycorrhiza：AM）あるいはVA菌根（vesicular-arbuscular mycorrhiza：VAM）とよばれる内生菌根がみられる．VA菌根菌は系統的に古い接合菌グロムス目（Glomales）に属し，古生代の陸上植物誕生直後から共生してきたと考えられている．一方，熱帯のフタバガキ科樹木やユーカリ類，温帯以北のマツ科，カバノキ科，ブナ科など森林帯において優占する樹木の多くには，外生菌根が形成される．外生菌根菌は，進化した菌である担子菌類（Basidiomycetes）と子嚢菌類（Ascomycetes）で，低温や乾燥への耐性が高い．また，特殊化の進んだ植物であるラン科やツツジ科など

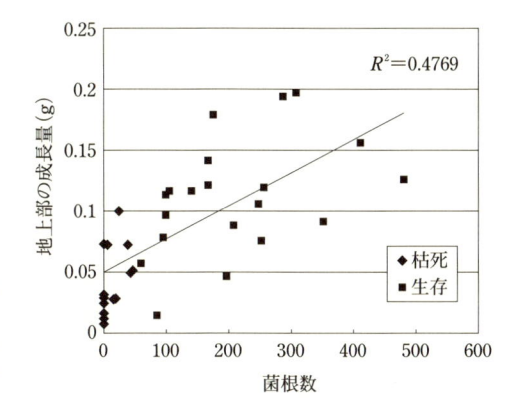

図2.12 アカマツ実生の根に形成された菌根数と地上部の成長量
菌根がわずかしか形成されなかった芽生えは枯死し，多数形成された個体はよく成長した．

には，それぞれ特殊な菌根があり，ツチアケビやギンリョウソウのように，葉緑素をもたず菌根菌のみから栄養摂取している腐生（菌寄生）植物もある．日本の森林では，マツ科やブナ科，カバノキ科などの樹木が優占するが，いずれも外生菌根菌と共生する樹種である．アカマツ芽生えを用いた実験では，菌根の数と地上部の成長とのあいだには高い相関があり，菌根菌が十分に感染しなかった芽生えは枯死してしまった（図2.12）．

　日本では，菌根菌の生態については，朝田（1937），堀越ら（1986），藤田（1989），Iwabuchi et al.（1994）などによる子実体の遷移現象の観察や，菌類の生活形をフェアリーリング型，不定形マット型，分散コロニー型に類別した小川（1981）など，先駆的な研究の蓄積がある．マツタケなどはマツの細根にそって円を描くようにシロとよばれる菌糸の密な層が形成し，そこから子実体を発生させる．フウセンタケ属では，腐植層に白色の厚い菌糸マットを形成し，そのなかに多数の菌糸束をまとった菌根ができる．ベニタケ属（Russula）では菌糸体のマットは存在せず，菌糸束や菌鞘も発達しない．こうした菌糸束や菌鞘の発達程度，菌糸の親水性，疎水性などの性質は，土壌水分や腐植層の養分環境などと関係があると考えられており，どの菌が共生するかにより，樹木の生理状態も影響を受ける．したがって，森林群落の発達過程や植生遷移において，土壌中の菌類群集と地上部の植物群落とは互いに影響を及ぼし合っていると考えられる．

　植物群落には，1年生草本→多年生草本→低木→陽樹→陰樹という遷移が

みられる．この数十〜数百年の時間スケールの変化に伴って，草本・木本に共生するアーバスキュラー菌根菌から木本にのみ共生する外生菌根菌という菌類相の遷移が土壌中で生じている（Allen, 1987 ; Watling, 1981 など）．一方，樹木の成長過程という数〜数十年の時間スケールにおいても，菌根菌の遷移は生じる．Mason *et al.* (1982) や Fleming (1983)，Deacon *et al.* (1983) などは，稚樹段階と成木段階で発生する菌根菌子実体の違いから，若い林に出現するキツネタケ属（*Laccaria*）やワカフサタケ属（*Hebeloma*）などの early stage fungi と，成熟林のテングタケ属（*Amanita*）やフウセンタケ属（*Cortinarius*）などの late stage fungi を区別した．

その後，Agerer (1987-)，Ingleby *et al.* (1990) などによって，菌根の分枝型や菌糸形態から菌根の種（形態タイプ）を識別したり，Gardes and Bruns (1996) のように DNA を用いた菌根の同定が行われるようになり，子実体を作らないが土壌中では優占している菌根菌も同定できるようになってきた．現在では，土壌中の菌根菌の群集構造や動態を知るためには，菌根の顕微鏡による観察や分子生物学的技術が不可欠であることが認識されている．こうした方法によって，土壌中の菌根菌や腐生菌の生態が明らかにされれば，地球環境のさまざまな変化が森林生態系に及ぼす影響やそのメカニズムが，より具体的に明らかにできるであろう．

2.4 まとめ

生物圏は，多くの生態系から構成されている．生態系は，太陽エネルギーを受け取って植物（生産者）が固定した有機物を，動物（消費者），微生物（分解者）へと循環させながらエネルギーを生物活動のための化学エネルギーと熱エネルギーとして利用する系（システム）である．

地球上のバイオマスのほとんどを占める森林生態系は，樹木の幹と土壌有機物という形で大量の炭素を貯留しており，森林の保全，土壌の保全，材料やエネルギー源としての木材やバイオマスの持続的利用は，今後，地球温暖化防止の鍵となる．

生態系をささえる土壌は岩石が風化した粘土鉱物と樹木や動物の遺体が分解した腐植などからなり，分解者の活動の場であると同時に植物の成長に必

2.4 まとめ

要な窒素やリン，カリウムなどの無機養分の生成・貯蔵場所である．土壌の物理性，化学性，生物性は気候や地質，植生によって異なり，そうしてできた土壌がまた植生に影響を与える．酸性雨や施肥などの人為は，土壌生態系に影響を与える．

生態系における物質循環の出発点である植物の成長は，光条件に応じた光合成特性，低温や高温，積雪などへの耐性，乾燥適応としての吸水能力や幹の通水能力，葉の蒸散特性などのさまざまな生理的特性によって影響を受ける．それぞれの生物種はその環境適応能力に応じてそれぞれの分布域をもち，植生帯や生態系を形成する．それらの生態系の内部でも，微環境への適応として，尾根と谷などへの棲み分けが生じたり，樹木個体の樹冠上部の陽葉と下枝の陰葉における生理的・形態的な分化が起こったりしている．このような生理生態的な仕組みを知ることにより，樹木の生理状態や年輪に刻まれた生育履歴からその場所の環境変化を知ることもできる．

生態系は複雑な生物間の相互作用が営まれる場であり，特に微生物をめぐる寄生や共生は生態系において重要な役割を果たしている．人為によって北米の病原体がアジアの森林生態系にもちこまれたために起こったマツ枯れなど，生態系を攪乱したことによる予想外の変化は，人間生活にも多大な影響を与えている．また，樹木の根と菌類（キノコやカビ）との共生現象である菌根は，樹木の成長や更新と密接な関係があり，生態系の動態を規定する重要な要因であることが明らかにされつつあるが，そのようなことがわかってきたのは最近のことである．

このように，生態系はきわめて多数の生物種の複雑な相互作用の場であり，一見，悠久の自然として静的にみえる森林生態系といえども，樹木の成長，森林の更新，群落の遷移など常時ダイナミックに変化している存在である．さらにそれらの微妙なバランスが崩れると，マツ枯れのように病原微生物や害虫が蔓延して，生態系全体がカタストロフィックに変化してしまうことがある．

したがって，農林業や都市開発など，人類による生態系への働きかけを行うにあたって，われわれ人類は複雑な生態系の構造と機能のごく一部しか理解できていないということを肝に銘じなければならない．また，地球環境変動や人為活動によって生態系にどのような変化が現れているのかを知るため

には，どのような大型のコンピュータを使った最新のモデルであってもそれだけでは不十分であり，モデルの正確さを決定するのは，地道な野外調査データの蓄積であるということを再認識する必要がある．

参考文献

Agerer, R. (1987-) *Colour Atlas of Ectomycorrhizae*, Einhorn-Verlag.
Allen, M. F. (1987) Re-establishment of mycorrhizas on Mount St. Helens: migration vectors. *Trans. Br. Mycol. Soc.*, **88**, 413-417.
朝田　盛 (1937) 松茸の増殖について(II)．茸類の研究，**3**, 96-104.
Deacon, J. W. *et al.* (1983) Sequensces and interactions of mycorrhizal fungi on birch. *Plant Soil*, **71**, 257-262.
Fleming, L. V. (1983) Succession of ectomycorrhizal fungi on birch: inflection of seedlings planted around mature trees. *Plant and Soil*, **71**, 263-267.
Frank, A. B. (1885) Über die auf Wurzelsymbiosen beruhende Ernährung gewisser Bäume durch unterirdische Pilze, *Ber. Deutsch. Botan. Gesell.*, **3**, 128-145.
藤田博美 (1989) アカマツ林に発生する高等菌類の遷移．日菌報，**30**, 125-147.
福田健二他 (2001) 中国黄土高原の樹木年輪の炭素同位体比と降水量との関係．日林学術講，**112**, 470-471.
二井一禎・肘井直樹(編著) (2000) 森林微生物生態学，朝倉書店，322p.
Gardes, M. and Bruns, T. D. (1996) Community structure of ectomycorrhizal fungi in a *Pinus muricata* forest: above- and below-ground views. *Can., J. Bot.*, **74**, 1572-1583.
堀越孝雄他 (1986) アカマツ林火災跡地の菌類相について．日菌報，**27**, 283-295.
Ingleby, K., Mason, P. A., Last, F. T. and Fleming, L. V. (1990) Identification of ectomycorrhizas. *ITE Res. Publ.*, **5**, HMSO, London.
IPCC (1996) Clinate Change 1995: *The Science of Climate Change*, Cambridge Univ. Press, p.572.
Iwabuchi, S., Sakai, S. and Yamaguchi, O. (1994) Analysis of muchroom diversity in successional young forests and equilibrium evergreen broad-leaved forests. *Mycoscience*, **35**, 1-14.
金子　繁・佐橋憲生(編) (1998) ブナ林をはぐくむ菌類，文一総合出版，229p.
Kozlowski, T. *et al.* (1991) *Physiological ecology of woody plants*, Academic Press.
吸収源対策研究会編 (2003) 温暖化対策交渉と森林　林業改良普及叢書，林業改良普及協会．
Larcher, W. (2001) *Ökophysiologie der Pflanzen* 6, Auflage.（佐伯敏郎・舘野正樹監訳 (2004) 植物生態生理学　第2版，シュプリンガーフェアラーク東京，350p.）
丸田恵美子・中野隆志 (1999) 中部山岳地域の亜高山帯針葉樹と環境ストレス．日生態誌，**49**, 293-300.
Mason, P. A. *et al.* (1982) Ecology of some fungi associated with an ageing stand of birches (*Betula pendula* and *B. pubescens*). *For. Ecol. Mange*, **4**, 19-39.

参考文献

松本陽介他（1992a）スギの水分生理特性と関東平野における近年の気象変動——樹木の衰退要因に関連して．森林立地，**34**, 2-13.

松本陽介他（1992b）人工酸性雨（霧）およびオゾンがスギに及ぼす影響と近年の汚染状況の変動——樹木の衰退現象に関連して．森林立地，**34**, 85-97.

森川　靖・池田武文（2002）水環境への適応．佐々木恵彦・永田　洋（編）樹木環境生理学，157-199，文永堂.

Odum, E. P. (1983) *Basic Ecology*, Sounders College Pub.（三島次郎（訳）（1991）基礎生態学，培風館，456pp.）

小川　真（1981）菌根菌の生態的性質とその菌根．XVII IUFRO 論，170-175.

大熊幹章（2003）地球環境保全と木材利用，林業改良普及協会，156p.

Smith, S. E. and Read, D. J. (1997) *Mycorrhizal Symbiosis 2nd ed.*, Academic Press, 605p.

鈴木和夫（編著）（2004）森林保護学，朝倉書店，299p.

高橋郁雄（1991）エゾマツの生育過程と菌類相の遷移——特に天然更新に対する菌類の役割．東京大学演習林報告，**86**, 201-273.

高橋啓二他（1987）関東甲信地方におけるスギの衰退と大気二次汚染物質の分布．98回日林論，177-180.

谷本丈夫他（1996）奥日光・足尾・赤城山地における森林衰退と立地環境．森林立地，**38**, 1-12.

Tansley, A. G. (1935) The use and abuse of vegetational concepts and terms. *Ecology*, **16**, 284-307.

田崎忠良編著（1978）環境植物学，朝倉書店，270p.

徳増征二（1978）落葉分解と微小菌類の遷移．遺伝，**32**, 45-50.

Turner, N. C. and Begg, J. E. (1981) Plant-water relations and adaptation to stress. *Plant and Soil*, **58**, 97-131.

Vogt, K. A. *et al.* (1982) Mycorrhizal role in net primary production and nutrient cycling in *Abies amabilis* ecosystems in western Washington. *Ecology*, **63**, 370-380.

Watling, R. (1981) Relationships between macromycetes and the development of higher plant communities. (In : Wicklow, D. T. and Carrol, G. C. (eds.), *The fungal community*, 427-458, Marcel Dekker, Inc.)

Whittaker, R. H. (1974) *Communities and Ecosystems*, Macmillan.（宝月欣二（訳）（1974）生態学概説，培風館，167p.）

第3章 海洋生態系の構造

3.1 生物にとっての海洋環境

　生命が約40億年前に海で誕生してから，陸上に進出するまでの長いあいだ生物の進化は海で行われており，最初の大型生物が陸上に進出したのはいまから4億年前と考えられている．生物体を構成する大部分は水であり，動物の体液は海水の組成とよく似ていることも，生命と海との深い関係を示している．このように海洋は，長い地球の歴史のあいだ，生命の多様な進化を育み，さらに，現在の植物プランクトン，バクテリアからクジラやジャイアントケルプまでさまざまな生物群集の生息する環境にいたっている．このような，いわば生命のふるさとである海洋が生物にとってどのような環境をもっているかについてまず考える．

(1) 海洋の地形と海水の組成
　海洋は地球表面の約7割を占めている．太陽系の中で地球が"水の惑星"とよばれているのはこの広大な海洋によるものである．海洋は地球上に存在する水の存在量の約97％を占めており，海洋の水が蒸発して雲などの水蒸気となり，その水蒸気が陸に運ばれることによって，河川や地下水といった陸の水系から海洋への水の流れが維持されている．また，水は大気に比べるとはるかに多くの熱を保持することができる特性をもつので，海流などの流れは熱の輸送にも大きな役割を果たしている．海洋が気候を支配する要因として重要な理由の1つがこの海水の熱容量の大きさであり，たとえばアメリカのフロリダから北ヨーロッパへ流れる暖流のメキシコ湾流のおかげでヨーロッパの沿岸は同緯度の他地域に比べて気温が数度以上も高くなっている．
　海の海水を全部取り除くと，そこにはきわめて複雑な海底地形が現れてくる．陸上の最高地点であるチョモランマ（8850 m）よりも深い海溝とよば

3.1 生物にとっての海洋環境

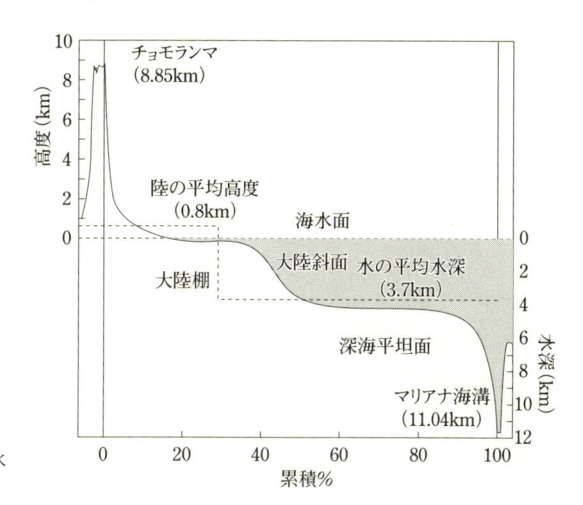

図3.1 地球上の高度（水深）の分布

れる多くの溝が太平洋の海底の周りを取り囲み，海山列とよばれる海面下の山脈も存在する．最近マルチビームとよばれる超音波を使った測器によって，きわめて詳細な海底地形が得られるようになった．図3.1は，地球表面の高さ（深さ）の累積％を示したものである．これによると陸域の平均高度が800 m であるのに対し，海洋の平均水深は約3700 m となっている．つまり陸を削って海を埋め立てると地球全体が平均水深で約3000 m の海になってしまうことになる．また海底面には大陸棚とよばれる水深200 m までの浅海部（大陸棚）と，平均水深が約4000 m の深海平坦面の2つの平坦面があり，そのあいだに大陸斜面とよばれるスロープがあることが示されている．大陸棚の面積は全海洋面積のわずか10 ％であるが，生物生産の高い海域として知られている．

海水を蒸発させると白い塩類が析出するが，その量は外洋表層ではほぼ32-35 g であり，その主な陽イオンにはナトリウム，カルシウム，カリウム，マグネシウム，陰イオンには塩素，硫酸，重炭酸が含まれる．これらのイオンの多くは岩石の風化により陸域の河川からもたらされ，海洋を循環しているうちに海底堆積物に取り込まれ深海底でのプレート運動によって陸域に戻っていく．しかし，主要成分の多くは1000万年から1億年にもわたって海洋を循環しているため，その濃度の比率は世界の海で驚くほど一定であるこ

とがわかっている．

　海水にこのような塩類が溶けていることで，その比重は淡水に比べると約0.02高くなる．このような淡水と海水との比重の異なりによって，湾に流入した河川の水は海水の表面を薄い層を作って沖合に広がっていく．比重の違いが大きいほど上下の水が混合しにくいので，海洋における海水の上下混合を考える場合，比重の違いは重要である．このような比重の違いは海水の温度によっても生じるので，海洋の研究者はCTDとよばれる測器で調査海域での表層から深層までの水温と塩分の鉛直分布を正確に測定し，その海域での鉛直的な水塊の安定性を検討する．淡水の供給の多い陸域に近い海域では，塩分の違いが表層と中層以下との混合を妨げている場合も多く，次節で説明する栄養塩などの循環にも大きく影響している．

(2) 海洋の環境と陸の環境の違い

　生物が生息する場としての陸と海を表3.1で比較してみよう．すでに述べたように高さ方向での広がりでは陸と海で大きな違いはない．しかし，生物をとりまく環境とすると海洋では海水という液体であるのに対して，陸域では大気という気体である点が生物には重要である．その1つは温度条件の違いであり，海の水温がほぼ-2-30℃のあいだに入るのに対し，陸域では-50-50℃と大きく変化し生物にとってはより厳しい環境といえる．また，海洋は平均水深が約4000 mあるにもかかわらず，海水が光合成に必要な太陽のエネルギーを吸収してしまうために，最大でも海面下150 mくらいまでに光合成を行う生物の生活の場は限定される．一方，陸域では数千mの高山でも植生は見られ，その1次生産に依存した生物群集が存在する．水のもつもう1つの特徴は，陸域の生育環境である大気に比べて約800倍もの粘性をもつことにある．このことが海洋に棲む生物と陸域を生活圏とする生物の形態に決定的な違いを与えている．

　海水は生物の活動にとって重要な大気成分に対しても大きな違いをもたらす．光合成の基質である二酸化炭素は弱アルカリ性の海水では溶解度が高く，その大部分が重炭酸イオンで約2.1 mMも溶けている．一方，大気中の二酸化炭素濃度は大気の0.036％であり，あるグループの植物にとってこの濃度は成長の律速因子となっている．これに対して好気生物の呼吸に必要な酸

表 3.1 陸域と海域での環境条件の違いのまとめ

	海域での環境	陸域での環境
生息域	海水中と堆積物	大気中と土壌
・生息域の高さ範囲	0-1万1000 m	0-8500 m
・生息域の温度条件	温度変化は少ない (-2-30℃)	温度変化は大きい (約-50-50℃)
・生息域の太陽エネルギー	減衰が大きい (水深100 mで1％)	ほとんど減衰しない
・生息域の粘性	大きい (大気中の800倍)	小さい
大気組成の濃度		
・酸素	水中の飽和条件 (約4-6 ml/L)	大気の約21％
・二酸化炭素	溶解度が大きい (表層で約2 mM)	大気の約0.036％

素は大気成分の21％を占め，陸では自立生活をしている生物にとって酸素の供給が律速することはほとんどありえない．しかし，海水中では酸素は飽和濃度でも約200 μm しか溶解できず，また，この海洋中の溶存酸素の供給のほとんどは大気中に存在する酸素の海面を通じての溶け込みに依存している．このことは，表層水中には溶存酸素が十分ある一方で，海水の鉛直混合が妨げられると，底層や海底に生活する生物は酸素不足に陥ることになる．温帯域であるわが国などの沿岸・内湾域では，夏の表層水温の上昇で表層と底層での密度差ができるため，表層から沈降した植物プランクトンなどの死骸の微生物分解による底層の貧酸素化はよくみられる現象である（小倉，1993）．

　このような陸と海での生育環境の違いは，この2つの環境に棲む生物の特性に大きな影響を与えている．この違いがもっとも顕著なのは光合成を行う植物なのでその例について考えよう．陸の植生は，コケ，シダから多年生の高木樹まで多様であるが，これらのほぼすべてが大地に固着して生活する植物である．また，陸の植物は根系を発達させることで，土壌中から水分，栄養塩を得ると同時に自分の体を固定している．事実，陸上植物の多くは根系，幹，葉といった分化した役割をもつ器官を発達させ，幹は光合成器官である

葉で太陽エネルギーを十分受けられるよう3次元的に配列する役割と同時に植物体の地上部を支えるための剛組織となっている．このようにそれぞれの機能を分けることで，体を大きくした陸の植物は，多くの有機物合成を行う必要があることから必然的に長寿命となり，数百年の寿命のものもよく存在する．

　一方，海洋での光合成の主役は浮遊生活を送る微細な単細胞の植物プランクトンである．これらの植物プランクトンの比重はほぼ1に近く，比重約1.02の海水中で浮遊状態を保ち，平均水深が4000 mの海洋の表層で生活することができる．また，窒素やリンなどの栄養塩は海水中に溶け込んでいるので，植物プランクトンは栄養塩をその細胞表面から直接取り込むのがもっとも効率のよい方法である．この場合，細胞は小さいほど表面積に対する細胞体積の割合が下がるので栄養塩の取り込みはより効率的になる．栄養塩の豊富な沿岸域での植物プランクトンに比べて栄養塩が乏しい外洋域，特に亜熱帯域での植物プランクトンの大きさが平均的に小さいことはよく知られており，ほとんどの生物量が2 μm以下である場合も報告されている（Azam and Hodson, 1977）．

3.2 海洋における物質循環の仕組み

　海の表層にある海流の存在は，航海者などによって古くから知られてきた．しかし，深層にも世界の海をとりまくようなきわめてゆっくりした流れがあり，その流れが，世界の海に溶けている溶存酸素や栄養塩の分布と関係していることが理解されたのはこのわずか数十年のことである．このような地球規模での海洋循環を模式化して示したのがアメリカの海洋学者Broeckerであり，コンベアーベルト循環とよばれている（図3.2：Broecker *et al.*, 1985）．生物を構成する元素（生元素とよぶ）である炭素，窒素，リンなどの海洋における循環は，このような海水の物理的な流れの場の中で生育・分布するさまざまな生物と海水中との物質のやりとりによって動いている．ここでは，まず海洋での物質循環を考えるうえで必要な考え方を紹介し，次に炭素，窒素，リンなどの循環像とそれを支配している生物活動を含むプロセスについて考える．

図3.2 深層水の流れ（コンベアーベルト構造）

(1) 物質循環の考え方

地球に存在する元素はそれぞれの化学的特性に従って反応し，安定な化合物を作って気圏，水圏，岩石圏を構成している．地表部に存在する元素の重量比いわゆるクラーク数はよく知られているが，酸素やケイ素を除くと，炭素，窒素，リンなどの主要な生元素の存在比は上から13-16くらいであり，決して高くない．しかし，われわれの生命が海洋で生まれたことが，このような元素が構成要素として選ばれた一因となっている．これらの生元素は，生物の代謝活性によってその化合物としての存在形態を変え，また捕食などの生物間の相互作用によって生物どうし，生物と非生物のあいだを移動していく．しかし，これらの元素は一定方向への反応が進み蓄積されることなく，生物と非生物のあいだを循環しており，これを生元素の生物地球化学的循環とよんでいる．

はじめに物質の循環を調べる場合に役に立つ基本的な考え方について，生物の殻の1つを構成する元素であるカルシウムを例として紹介する．カルシウムなどの元素の循環を考えるときの基礎的な概念の1つは，地球表層をいくつかのボックスに区分することである．このボックスの設定は，どのような目的で循環の研究を行うかによって決まり，たとえば陸域からどれくらいのカルシウムが海洋に供給されるかを評価するためには，海洋全体を1つのボックスとしてカルシウムの海洋への供給と海洋からの除去がどのようなプロセスで行われており，またそれぞれの速度はどのくらいであるかを解析する．さらに，海洋全体で，どのような形態のカルシウムがどのくらい存在す

るかを調べなくてはならない．海洋へのカルシウムの輸送は主に大陸からの河川によって運ばれるが，その一部は大気からの微粒子として海洋に運ばれる．一方，海洋からの除去のプロセスは，プランクトンである円石藻や有孔虫による海水中のカルシウムから炭酸カルシウムの殻の形成と海底への堆積が主である．また，カルシウムの海洋での存在量のほとんどは，海水中の溶存態であり 0.41 g/kg が溶けている．

このようなカルシウムの海洋での収支がわかると，平均滞留時間というもう1つの概念を使うことができる．海洋という大きな1つのボックスにおけるカルシウムの供給量と除去される量がつりあっていると仮定すると，カルシウムの海洋での現存量を1年当たりの流入量あるいは除去量で割った価が，海洋へカルシウムが流入してから除去されるまで平均的に何年くらいかかるかを示す時間となる．カルシウムの場合，平均滞留時間は約 100 万年と計算され，これは他の主要元素である塩素やナトリウムの1億年以上に比べると短い時間であり，カルシウムに対する生物の作用が循環速度を速めるのに大きく働いていることを示している．

(2) 海洋を中心とした炭素循環

現在，地球の温暖化は世界的な関心事であるが，その大きな要因が大気中での二酸化炭素の蓄積による温室効果であると考えられている．大気中の二酸化炭素は大気組成ガスのわずか 0.04 ％しかないが，地球の大気圏から逃散していく赤外線を吸収することによってその赤外線が熱に変わり，地球を温めていることから温室効果気体とよばれている．同様の効果をもつ大気中の成分には水蒸気，メタン，一酸化二窒素などがあるが，そのなかで二酸化炭素による効果は水蒸気を除いた全体の約6割を占めて最大である．この大気中の二酸化炭素の増加が人間活動によることは，南極大陸の氷の中に閉じこめられた過去10万年以上にわたる大気組成の解析からも明らかになっている (Barnola et al., 1987)．海洋がこの増加する大気中の二酸化炭素の主要な吸収源であることから，海洋における炭素循環は近年の海洋研究の中心課題の1つとなってきた．

現在，推定されている海洋を中心とした炭素循環を図3.3に示した (IPCC, 1996)．この図では，大気はそのほとんどが二酸化炭素である1ボッ

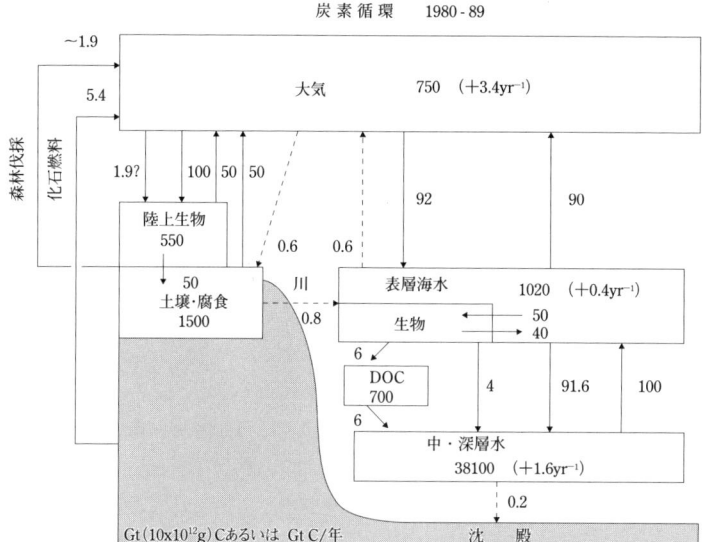

3.2 海洋における物質循環の仕組み

炭素循環　1980-89

図3.3　海洋における炭素循環のあらまし（IPCC, 1996）

クス，陸域は生物と土壌・腐食炭素の2つの有機炭素のボックスを設定しているのに対して，海洋では，表層域の生物と無機炭酸系，中・深層の無機炭酸系に加えて溶存有機炭素（DOC）の4つのボックスを設定している．そして，これらのボックスにおける現存量およびそのボックスへの炭素の出入りがそれぞれ矢印で示されている．海洋での炭素化合物としてもっとも豊富に存在するのは中・深層水に含まれる無機炭酸系であり，この量は3万8100 GtCで大気中の二酸化炭素の約50倍となっている．また，海水中に溶存しているさまざまな形の溶存有機態炭素（DOC）は約700 GtCと無機炭酸に比べるとはるかに少ないが，生物体炭素より2桁高い現存量である．従来は，この溶存有機炭素は生物的に不活性で反応性に乏しいものと考えられてきた．しかし最近，その一部は生物活動により変動する循環に関与しているものであることを示すデータが得られている（小川，2000）．

　海洋での炭素循環は，3 GtCと現存量ではもっとも小さい表層の植物プランクトンを主体とする生物ボックスが，年間約50 GtCの無機炭酸を植物プランクトンという有機炭素に変えることで回りはじめる．単細胞の植物プランクトンは条件がよければ1日に1回以上分裂して増殖し，少ない生物量で

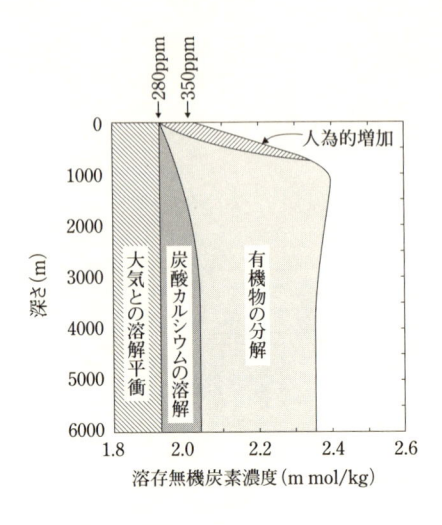

図3.4 北太平洋における溶存無機炭酸の鉛直分布とその濃度を支配する因子

も大きな有機物生産速度を示すことができる．有機化された炭素のうち，約80％は表層で呼吸などによりふたたび無機炭酸に戻される．残りの年間6 GtC が溶存有機炭素のボックスに移行し，これが中・深層で微生物などにより無機化されて，中・深層の無機炭酸系のボックスにさらに移行する．また，表層の生物からの 4 GtC が年間，マリンスノーなどの有機態の沈降物として中・深層へ輸送され，その大部分は深層あるいは堆積物の表層で分解・無機化される．したがって，堆積物中の有機物として海洋から除去される有機炭素はわずか年間 0.2 GtC である．

このような海洋表層と深層での生物活動による有機物の生産と分解のプロセスを総称して生物ポンプとよんでいる．これは，表層の植物プランクトンの働きによって大気中の二酸化炭素が吸収され有機物に変わり，その一部が溶存や沈降性の有機炭素になって中・深層へと輸送され深層で分解を受けてふたたび無機炭酸として貯蔵されるプロセスを指している．深層水には，海水と大気での二酸化炭素の溶解平衡で溶けることができる二酸化炭素の約15％も過剰の溶存の無機炭酸をこの生物の働きによって現在貯蔵している（図3.4；野崎，1994）．無機炭酸の表層での取り込みと中・深層での溶解は，炭酸カルシウムの殻をもつ円石藻や有孔虫の働きでも起き，それによる中・深層での無機炭酸の蓄積も図3.4に示してある．海洋の中・深層での循環は

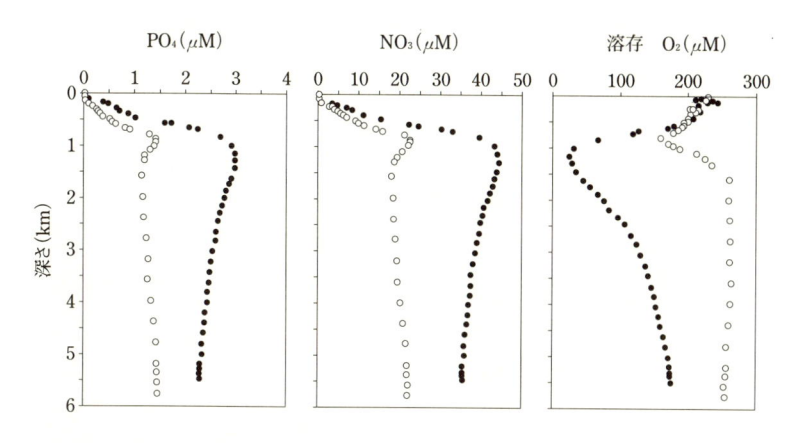

図3.5 太平洋（●）と大西洋（○）の中緯度の全層にわたる硝酸イオン，無機リン酸，溶存酸素の濃度分布

数百年から数千年といったゆっくりしたものなので，中・深層に運ばれた二酸化炭素は物理的な循環で表層に戻されるまで大気から隔離されることになる．現在，海洋の深層が人間活動で排出された二酸化炭素の貯蔵場所として検討されているのも，この海洋でのゆっくりした物理的な混合が評価されているからである．

また，このような海洋での溶存無機炭素の濃度勾配は表層での生物活動により維持されていることも重要なポイントである．逆に考えると生物活動がなくなると，現在深層に過剰に溶けている二酸化炭素は徐々に大気に放出され，最終的には大気中の二酸化炭素は現在の約3倍になると計算される．このように海洋での炭素循環は，海が数千mの深さをもっていることから，海水の物理的な循環と生物活動が相互に作用して現在の炭素循環のパターンを作っていることが特徴である．

(3) 炭素，窒素，リンの海洋での循環における相互作用

海洋表層中の植物プランクトンの増殖には，無機炭酸の他に，タンパクや核酸といった生体高分子を作る元素も必要であり，植物プランクトンは硝酸イオン，アンモニア，無機リン酸といった栄養塩の形でこれらを取り込んでいる．海水中での主な栄養塩の表層から深層までの濃度分布は，これまで繰

り返し測定されており，図3.5に太平洋と大西洋の中緯度の全層にわたる硝酸イオン，無機リン酸の濃度分布を溶存酸素の分布とあわせたものを示した．表層の硝酸イオン，無機リン酸は植物プランクトンの取り込みによりほとんど枯渇しており，深度が増すと急速に増加するのは沈降してくる有機物が分解され，無機栄養塩が再生されることによる．また太平洋と大西洋でいずれも深さ約1000 m くらいで栄養塩濃度のピークがみられるのは，各深度における海水の年代（海表面から沈降により隔離されているあいだの時間）と有機物の分解による栄養塩の増加とのバランスによると考えられている．図3.5に示した溶存酸素も1000 m付近で最小値となっているのは，沈降してくる有機物の分解による溶存酸素の消費を示している．

このように海洋での栄養塩や溶存酸素の分布には，有機物の生成とその分解とが密接に関係していることがこの図からうかがえるが，このあいだの定量的な関係を導き出したのがアメリカの海洋学者 Redfield である．彼は海洋表層の植物プランクトンの炭素・窒素・リンの組成は平均すると以下の比率になり，その完全分解によってどれだけの溶存酸素が消費され，栄養塩が再生されるかを簡単な式で表すことに成功した（Redfield *et al.*, 1963）．

$$(CH_2O)_{106}(NH_3)_{16}(H_3PO_4)_1 + 138O_2 \rightarrow 106CO_2 + 16HNO_3 + H_3PO_4 + 122H_2O$$

すなわち，表層から沈降してくる有機物の酸素による分解で138 mol の溶存酸素が使われ，それに伴って16 mol の硝酸イオン，1 mol の無機リン酸が再生されることをこの式は示している．この関係式は多くの海域でのプランクトンの元素組成も含めて観測データとよく一致することがわかり，106C：16N：P と $138O_2$ の関係はレッドフィールド比とよばれるようになった．このように，広い海洋中の多様な種組成をもつプランクトンの平均組成が比較的一定であり，海洋中の栄養塩濃度がその取り込みと，分解で規定されているという発見は驚くべきものであり，海洋の環境が生物の代謝に許容している範囲が比較的狭いことを示唆しているようにも思われる．また，有機物のほぼ完全酸化が起きていることは，十分な溶存酸素のもとで長い時間をかけた有機物の微生物分解が進行している結果をこのような海洋での観測で見ていることも忘れてはならない．

さらに，太平洋と大西洋での栄養塩および溶存酸素の濃度に大きな違いが

あることも図3.5は示している．この違いには，本節のはじめで紹介したBroecker のコンベアーベルト構造（図3.2）が関与している．地球規模での深層循環は北大西洋の高緯度域で冷やされた高塩分の表層水が深層まで一気に沈み込むことで始まり，途中南極周辺でも表層水の沈み込みを受けて，インド洋，太平洋で少しずつ表層まで上昇してきている．この流れの原動力は塩分と熱の変化であり，このような循環を熱塩循環とよんでいる．海水中に溶けている無機炭酸の年代測定によれば，大西洋で沈んでから太平洋で上昇するまで約2000年と推定されている．したがって，大西洋では中・深層水も太平洋に比べて若い年代であり，そのことが，図3.5での栄養塩，溶存酸素の中・深層での鉛直分布の違いに反映されている．すなわち，太平洋の中・深層水の方がより多くの表層からの有機物の供給を受け，有機物の分解により溶存酸素は減少し，栄養塩は再生されて増加することになる．

3.3 海洋生態系の特徴

　生態系では，生物の群集とそれをとりまく環境とを合わせて1つのまとまりと考えるが，これは前節で紹介した物質循環におけるボックスの考え方とは少し違っている．たとえば，大きな意味で海洋は地球システムの1つのボックスあるいは生態系であるが，物質循環では，海洋からの物質の出入りがその興味の中心となるのに対し，生態系ではそのなかにおける生物と環境との相互作用に注目する．海洋は環境的にも大きく異なった領域をもっており，生態系の基盤となる1次生産者の違いに着目していくつかの生態系に区分するのがわかりやすい．ここでは，代表的な3つの海洋の生態系を取り上げて，多様な海洋生態系におけるその違いと共通点について検討する．

(1) 浅海域の底生生態系

　太陽エネルギーなどを使って無機炭酸を有機物にする代謝系をもつ生物は，有機物を他の生物に依存しないので独立栄養生物とよばれ，他の生物に有機物を供給する機能をもつことから生態系の中では1次生産者（基礎生産者）とよばれる．太陽光が十分にとどく浅海域に広がるサンゴ礁や，海藻群落，海草藻場などでは，1次生産者が海底で生活する底生生物であることがその

特徴である．また，サンゴ礁ではサンゴの共生藻，海藻林では多細胞植物である海藻，海草藻場では被子植物である海草といった，進化的にも多様な1次生産者が生態系の基盤を支えている．

　これらの浅海の生態系を構成する植物たちは，その海洋における存在基盤で棲み分けを行っている．海草藻場を構成する海草は地下茎および根をもち，その生育には堆積物を必要とする．一方，海藻は岩などの付着基盤を必要とするので岩礁域の浅海にその分布を広げている．海草は熱帯から寒帯の海まで広く生育域を広げているが，波浪などの外的営力から守られた内湾の堆積性の浅海に適応しており，根および葉からも栄養を吸収できるので，栄養の乏しい砂質堆積物でも生育できる．透明度の高い海域（熱帯など）では100 m近くまで光合成を行い分布が可能である．

　一方，海藻群落の分布も寒帯から熱帯まで広いが大型のものは水温の低い海域に多い．これは主に熱帯域では表層での栄養塩が乏しく大型の海藻を保持することはできないためとも考えられ，熱帯域でも涌昇などで表層の栄養塩が高い海域では褐藻などの大きな群落が報告されている．海草藻場と海藻群落は浅海中で比較的類似した外観を示すが，生態系の1次生産者としてその有機物の質が異なる．すなわち，海藻のC/N（有機炭素：窒素）比は15前後であり，植物プランクトンと種子植物である海草の中間の値をとる．このことは捕食者には海藻のほうが海草より栄養に富んだ餌であることを意味する．事実，海藻は，多くの底生動物によって摂餌され，北米西岸のラッコとウニとケルプの話はよく知られている．これはラッコの捕獲によってその餌であるウニが増加し，ケルプ林がウニの摂餌によって減少したことをさす．海藻は，わが国を始めとする多くの国で食用にされ，その資源が保護されているが，一方で海苔などのように内湾での養殖が盛んな藻類の場合は，この養殖と内湾域の汚染が相互に関連してさまざまな問題が生じている．しかし，海藻は1次生産者なので無機栄養塩を除去する機能をもち，多くの内湾の浄化には一石二鳥である．

　海草を直接食べることが知られている大型海産動物でもっとも有名なのがジュゴンで，またアオウミガメや草食性の魚類，ウニの仲間も海草を食べることが知られている．しかし海草の大部分は陸上の草原のように枯死して藻場の中で分解されるか，あるいは切れて海面に浮上し流れ藻となる．海草藻

3.3 海洋生態系の特徴　　　　　　　　69

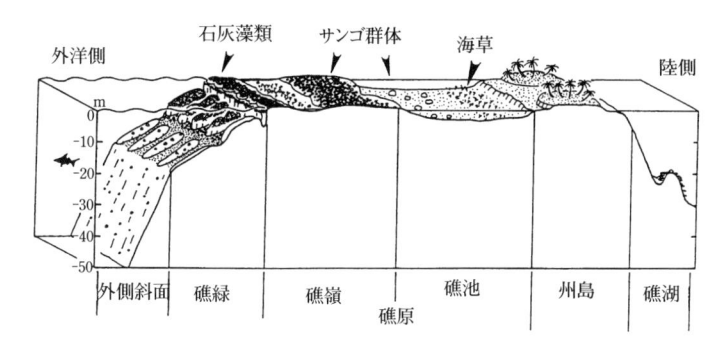

図3.6　サンゴ礁の地形と主な1次生産者の分布

場の生態系としての機能の1つとして魚の稚魚を含む多様な生物群集の生活域であることが挙げられ，たとえばオーストラリアの北部浅海域に広がる海草藻場はエビの幼生の生育場所としてその役割が広く認められている．

　最後にサンゴ礁についてその生態系としての機能にふれる．サンゴ礁は造礁サンゴが作った熱帯・亜熱帯域の海岸に隣接する地形であり，その形状によって裾礁，保礁，環礁に分けることができる．わが国にあるサンゴ礁のほとんどは島の周りに広がる裾礁であるがそのなかには，海草藻場も海藻群落も含まれておりより複合的な生態系となっている（図3.6）．その特徴はサンゴ礁という限られた海洋での空間の中に，きわめて多様な生物に対する環境を提供していることである．数十mまでの浅海で，サンゴ，海藻，海草が複雑な3次元的な微細環境を作りながら有機物生産を行うことで，豊かな種組成をもつ海域を構成している．

(2) 海洋の表層生態系における2つの食物連鎖

　ここでは海洋表層で機能している2つの食物連鎖について説明する（図3.7；Beers, 1986）．すでに示したように海洋の表層生態系における1次生産者は，植物プランクトンであり，このサイズは，栄養塩の豊かな沿岸域での $100\,\mu m$ を超す珪藻から，亜熱帯の貧栄養海域での原始緑藻のように $1\,\mu m$ に満たないものまで実に多様である．これらの1次生産者を基盤として，植物プランクトンを捕食する動物プランクトンなどの2次生産者があり，さらにその上位の3次，4次の生産者にはイワシやサケ・マスといった水産資

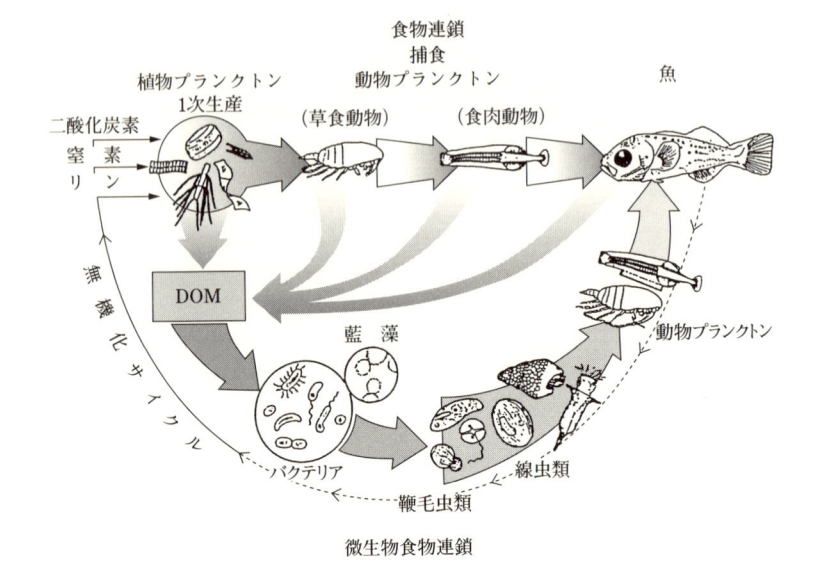

図3.7 海洋表層における2つの食物連鎖

源となる魚類が入ってくるものを捕食食物連鎖とよんでいる．このような海洋の食うと食われるの関係でつながる食物連鎖の特徴は，基本的に生物のサイズにその関係が依存していることである．海洋の生物群集はウイルスを除くと大きさが $0.2\,\mu m$ 以上とされる細菌群集から，大きさが数十mまでの海産哺乳類まで，その大きさは7-8桁の幅をもっている．そして一般的にそのあいだに約1桁の大きさの違いの生物どうしで捕食・被捕食の関係があると考えられ，1970年代に確立されたこの考え方は海洋での生物の大きさの重要性を示す1つの根拠となった．

一方，生物の死骸や生産された細胞外有機物から始まるデトリタス食物連鎖は，陸上の生態系では古くから知られていたが，海洋ではこの食物連鎖が重要であることが認識されたのは70年代の後半になってからである．蛍光顕微鏡の観察により細菌群集が海洋表層での1つの卓越した生物群集であることがまず明らかにされ，ついでこのデトリタス食物連鎖が細菌の増殖を支える溶存有機物の供給源として再評価を受けた経緯がある．海洋生態系の特徴の1つは，植物プランクトンが細胞外に出す有機物，植物プランクトンが動物プランクトンに摂餌される際に失われる有機物など，生物群集が海水中

に生活していることで体外に漏れた有機物のすべてが海水中に蓄積されることである．そして，これら有機物を効率的に利用して増殖するのが細菌群集である．海水中の溶存有機物などがこの経路で細菌群集という微細生物に生まれ変わり，ふたたび食物連鎖に戻っていくことになる．この食物連鎖は微生物食物連鎖とよばれ，このなかで細菌群集はこれまでのような有機物の分解者としての機能だけでなく，有機物をもう1度食物連鎖に戻す"転換者"としての機能が評価されるようになった．

この2つの食物連鎖は，海洋表層の生態系の中でどのようにその役割を果たしているのだろうか．図3.8は，食物連鎖を通じての有機物の流れと，その過程での呼吸などによる有機物の分解・無機化と栄養塩の再生の流れを模式的に示したものである（Azam *et al.*, 1983）．この図に示したように食物連鎖の出発点が小さい生物であるほど，動物食の動物プランクトンや魚に達するまでに多くの食物連鎖を経由することになる．食物段階を1段上がるときの有機炭素の移行の効率は多くても約50％と考えられるから，食物連鎖が複雑になるほど食物連鎖の上位の生物へ達する有機物は少なくなる．たとえばバクテリアや藍藻から動物プランクトンに達する有機物はもとの8分の1になり，このことは逆にバクテリアや藍藻の有機物の8分の7は無機化され，窒素やリンなどの栄養塩が水中に戻される可能性を示している．したがって微生物食物連鎖が卓越するような系では，栄養塩の再生産が活発で生態系としてはより内部循環が卓越した閉鎖系であるといえる．

次に海洋での1次生産を新生産と再生産に区分する考え方について説明する．アメリカのDugdaleとGoeringは1967年に植物プランクトンによる窒素の取り込みを硝酸イオンとアンモニアに分けて測定して，海洋の1次生産を次の2つに区分することを提唱した（Dugdale and Gooering, 1967）．表層での食物連鎖で再生される栄養塩のアンモニアによって維持されている1次生産を再生産とよび，下層から混合によって新たに供給された栄養塩の硝酸イオンによって維持されている生産を新生産とよんだのである．多くの海域では窒素の循環・供給が1次生産を律速しているので次の考え方を当てはめることができる．すなわち1次生産が起きている表層から生産有機物の一部が有機態窒素として中・深層に沈降していき，そこで再生された硝酸イオンが表層に物理的に供給されるループを1つのシステムと考える．これらの

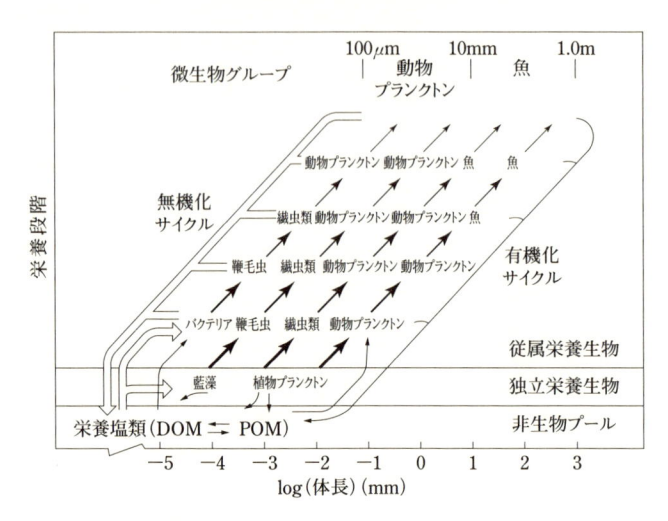

図3.8 食物連鎖における有機物の転移と栄養塩の再生

フラックスが時間的に変化しないと仮定すると，表層での新生産は各海域での中・深層への有機物の輸送のフラックスと考えることができる．

このような比較的容易な実験的手法で世界の海でどれくらいの有機物が中・深層に輸送されるかをおおまかに見積もることができるようになったのである．実際の海洋でこのような有機物の鉛直輸送に寄与しているプロセスとして重要なのは，1）動物プランクトンの糞粒など小さい植物プランクトンをパックにして沈降させるもの，2）マリンスノーのような微細生物を含む有機物の凝集物，3）春の大増殖のとき，植物プランクトンどうしが付着して浮力を失い急速に沈降するものなどがある．

(3) 深海底における生態系

深海底にも多くの微生物をはじめとする底生生物が生育しており，これらは表層から沈降してくる有機物にその代謝が依存していると考えられてきた．しかし，平均水深4000 mもある深海底に到達する有機物の量は表層での1次生産の数％以下であると見積もられており，深海底の生物は厳しい餌環境にあると考えられていた．この意味で，いまから約30年前水深2500-3000 mの海底で潜航艇が発見した大型のエビ，二枚貝などの密集大群集は，こ

れまでの常識をはるかに超えるものであった（Corliss et al., 1979）．これらの生物群集がはじめに発見されたのは大洋底が拡大し，マグマからの熱水活動が盛んな海域であったが，やがて同じような生物群集が海洋プレートが沈み込むいわゆる海溝域でも見つかり，表層からの有機物の供給に依存しない深海での生態系が広く存在していることがわかってきた．

　熱水域では，海水の白い濁りがよく観察されるが，それは熱水噴出孔からの硫化水素が海水と混合してイオウを析出していることが化学分析で示された．また，このような海域での二枚貝などの体内から多くの細菌群集が見つかり，これらの菌は硫化水素の酸化により炭酸固定を行ういわゆる化学合成の独立栄養生物であることが，その代謝酵素などの解析から明らかになった（Karl et al., 1980）．したがって，この二枚貝は化学合成の細菌を体内に共生させその有機物を得ることで生育しており，これはサンゴが共生藻である褐虫藻を体内において，その光合成産物を得て生育しているのと類似した生活様式である．同じようにメタンを使って化学合成する細菌を体内にもった二枚貝もこのような環境から見つかっており，これらは，地球の内部からのエネルギーが，メタンや硫化水素といった還元性有機物を通じて細菌による1次生産が行われ，その生産を基盤とした密度の高い生態系が維持されている点できわめて興味深いシステムである．

3.4 海洋環境に及ぼす人間活動の影響

　現在陸上における人間利用に限界が見え始めたこともあって，海洋での生物資源，海洋鉱物資源等開発，海洋エネルギー利用，海洋空間利用などさまざまな海洋の利用についての多くのプランが発表されている．外洋域における生物資源および鉱物資源の利用を除くとこれらの海洋利用の大部分は，人間の主な活動領域である内湾・沿岸を考えている．しかし一方では現在，地球環境の一部としての沿岸域，特にその生態系の保全が注目されており，陸域での人間活動の影響によって沿岸域のシステムが，その機能の基本を損なうことなく維持できる限界を評価しようとする試みもなされている．ここでは，生元素の中で人間活動による物質循環の攪乱が著しい窒素の循環に注目して，陸域での人間活動と海洋の沿岸環境との関係について考える．

(1) 陸域での人間活動による窒素循環と沿岸域の生態系への陸源窒素の影響

すでに陸域での人間活動によって，地球上での窒素循環にすでに大きな影響を与えていることがいわれている．表3.2は現在，陸域で多くの生物が利用可能な形態の窒素（たとえば，アンモニアや硝酸イオン）がどのようなプロセスで供給されるかをまとめたものである（Brown et al., 1998）．人間活動でもっとも大きいのは農業によるもので肥料用の空中窒素の固定と豆科の栽培植物で全窒素固定量の37％にも達している．このうち，窒素肥料は今後も大きく増加し2020年には1990年の1.7倍と予測されている．さらに化石燃料の燃焼や土地利用によって，これまで土壌あるいは化石中に隔離され循環に加わっていなかった固定型の窒素が陸域での循環系の中に放出されており，その全体への割合は合わせて27％と推定される．したがってこれらを合わせると，じつに年間の窒素供給量の約3分の2が人間活動によることになり，根粒菌や藍藻，バクテリアといった窒素固定酵素をもった一群の生物による自然界での窒素固定の寄与はすでに約3分の1に下がってしまっている．このように，陸上で増加している化学肥料などの窒素の供給によりさまざまな問題が生じており，その顕著なものは地下水の硝酸イオン汚染であろう．これは，高濃度の硝酸イオンは生物の体内で毒性のある亜硝酸イオンに変わるため，飲料水としての安全濃度が定められているが，化学肥料や有機物中の窒素が土壌の微生物の代謝によって硝酸イオンとなり，水系を通じて地下水に蓄積してくることから起こる．世界の多くの地域では，地下水を人あるいは家畜の飲料水としており，わが国でも同様の問題が生じている．

現在考えられているシナリオでは人間活動で固定され陸域に残った窒素は陸域での窒素循環（土壌，地下水，植物体，枯死した植物体）を異なる循環速度で回っており，その過程で一部は微生物による脱窒素反応によってふたたび大気に戻され，また，河川水や地下水中のものは海洋にも流出する．最近の大気中の二酸化炭素の放出源と吸収源の見積もりにおいても，陸域での二酸化炭素の吸収源の30％が人的窒素供給による植物の二酸化炭素の取り込み促進と推定されていることも，窒素と炭素の循環が密接に関連していることの一例である．一方，これまでの研究によれば，人間活動で作られた生物利用の可能な窒素の内約30％は河川あるいは地下水由来で沿岸域に流入する．また13％の窒素が大気由来の降下物として海洋に運ばれている．し

表 3.2 地表における生物利用可能な窒素の生産と人間活動

窒素固定のソース	生産量 (Tg/年)	窒素固定全体に占める割合 (%)
自然界における窒素固定		
カミナリ	<10	3
微生物活動	90-140	34
人間活動による窒素固定		
窒素肥料	80	24
窒素固定作物	32-53	13
過去に固定された窒素の放出		
化石燃料の燃焼	20	6
湿地の乾燥化，森林伐採	70	21
人間活動による窒素の固定と放出	213	63

たがって，陸域で生産された窒素の半分近くが，最終的には海洋に運ばれてさまざまな問題を引き起こしている．また，海洋への河川あるいは地下水由来の流入が沿岸域からしか起こりえないのに対して，大気降下物による窒素の海洋への付加は，現在では北大西洋全域を含む外洋域に広がっており，その影響範囲ははるかに大きくなる．

　沿岸域に水系から放出された窒素化合物の行方には次の 3 つが考えられる．1 つは沿岸堆積物への蓄積であり，もう 1 つは沿岸域での脱窒素による大気への移行であり，この 2 つのプロセスで水中から除去されなかった窒素が外洋域へ輸送される．このなかで脱窒素による除去は溶存の形で沿岸に入ってきた窒素化合物の約 40-50 ％に及ぶと考えられているが，これは限られた沿岸域の推定値である．しかし，河川由来の窒素化合物のほとんどは大陸斜面よりも内側でトラップされるか脱窒素され，広い大洋域に達する窒素化合物の大部分は大気降下物由来であると現在では考えられている．

(2) 陸からの窒素負荷に対する沿岸域の緩衝容量の大きさ

　沿岸域での緩衝容量という言葉をまず定義する必要がある．海洋はさまざまな環境変化に対して，その生態系としてのその本質的な機能を維持できるなんらかの緩衝力をもっている．しかし，変化の限界を超えるとその機能を失ってしまうという考え方がこの根底に存在する．たとえば，栄養塩の負荷に対する沿岸域の緩衝力とは，沿岸域の生態系の働きにより栄養塩の負荷を

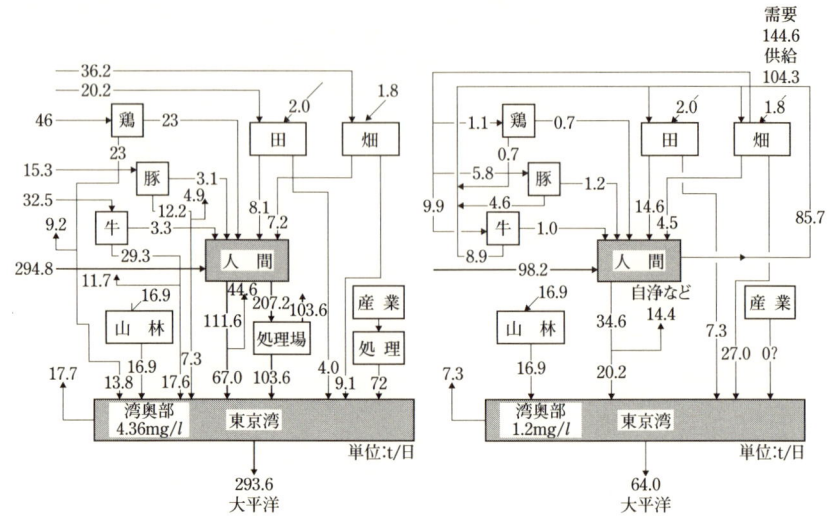

図 3.9 東京湾をとりまく河川流域における窒素循環の 55 年間における遷移

取り除く自浄作用がどこまで働きうるかということである．また，この生態系としての緩衝力にあわせて重要なのは各内湾，沿岸域での物理的特性であり，この 2 つの要因によって沿岸域の緩衝容量は決まってくると考えられる．この沿岸域の物理的特性を端的に表すのは，河川などから内湾に流入した栄養塩が栄養塩の低い沿岸水と混合する速度であり，湾口の開いた開放的な湾では数日で湾全体の海水が交換してしまうのに対し，東京湾などでの閉鎖的な湾では平均的には 1 ヵ月もかかることになる．この場合，生態系の機能が 2 つの湾で同じなら，東京湾のほうがより緩衝容量は小さいことになる．

前節でまとめた陸域からの窒素負荷における海洋での緩衝容量を考える場合，沿岸域特に窒素の流入が集中する都市近辺の内湾域がその評価の対象としては重要であろう．図 3.9 は東京湾の流域における窒素収支が 1935 年と 1990 年のあいだの 55 年間にどのように変わったかを推定したものである（小倉，1993）．1935 年には流域の人口は約 1000 万人だったのが，1990 年には 2600 万人に増加している．一方，東京湾に対する窒素負荷は 1935 年には 1 日当たり 71 t であったのが，1990 年には 300 t を超えている．この増加に大きく寄与しているのが産業からの負荷の 72 t，汚水処理場からの 104 t，人間からの 67 t などである．この多量の窒素負荷の東京湾に対する流入は，

赤潮などの有害プランクトンの大増殖，夏季の貧酸素水塊の形成や青潮による被害を東京湾にもたらしている。東京湾の水の平均滞留時間は約1ヵ月と計算されており，内湾性の比較的強い湾である。それにもかかわらず，東京湾では沿岸域での窒素の自浄作用として重要な脱窒素が窒素の流入負荷の約5％しか機能していない。この値は，これまで調査が行われている世界のいくつかの内湾・沿岸域での数十％という自浄作用に比べてはるかに低く，このことは，現在の東京湾における窒素負荷は，その緩衝容量を大きく超えていることを示唆している。

さらに人為汚染の少ない河川からの栄養塩は窒素やリンの他に多量のシリカを含むので，沿岸の主要な植物プランクトンの1つである珪藻の増殖を促す。しかし，このシリカのほとんどは自然由来であり，しかも上流でのダムなどの設置があると減少する傾向を示す。それに対して栄養塩としての窒素化合物の供給は増加する一方なので沿岸・内湾水中のシリカと無機態窒素の比（シリカ/窒素）は4:1以上から1:1，さらにはそれ以下に減少する。その結果，沿岸の植物プランクトンの組成は，珪藻からシリカを要求しない鞭毛藻や有毒植物プランクトンを多く含む渦鞭毛藻へと変わっていくことになる。つまり，相対的に窒素分を多く含む河川水の沿岸への流入は植物プランクトンの組成を変え，毒性のある赤潮の増殖を促進する効果をもつことになるのである。このように栄養塩の流入負荷に対する沿岸域の緩衝容量を考える場合の生態的な要因として栄養塩の絶対量とともにその組成比も重要である。

参考文献

Azam, F. and Hodson, R. E. (1977) Size distribution and activity of marine microheterotrophs. *Limnology and Oceanography*, **22**, 492-501.

Azam, F. *et al.* (1983) The ecological role of water column microbes in the sea. *Marine Ecology Progress Series*, **10**, 257-263.

Barnola, J. M. *et al.* (1987) Vostok ice core provides 160,000 year record of atmospheric CO_2. *Nature*, **329**, 408-414.

Beers, J. R. (1986) Organisms and the food web In : R. W. Eppley (ed.) *Lectures Notes on Coastal and Estuarine Studies 15*, 84-175, New York, Springer-Verlag.

Broecker, W. S. *et al.* (1985) Does the ocean-atmosphere system have more than one

stable mode of operation. *Nature*, **315**, 21-26.
Brown, L. R. *et al.* (1998) *Vital Signs 1998-The environmental trends that are shaping our future-*, W. W. Norton & Company, pp. 207.
Corliss, J. B. *et al.* (1979) Submarine thermal springs on the Galapagos Rift. *Science*, **203**, 1073-1083.
Dugdale, R. C. and Goering, J. J. (1967) Uptake of new and regenerated forms of nitrogen in primary production. *Limnology and Oceanography*, **12**, 196-206.
Karl, D. M. *et al.* (1980) Deep-sea primary production at the Galapagos hydrothermal vents. *Science*, **207**, 1345-1347.
小倉紀雄（編）（1993）東京湾——100年の環境変遷，恒星社厚生閣，193 p.
IPCC (1996) *Climate Change 1995 : The Science of Climate Change*. Houghton, J. T. ed. Cambridge Univ. Press. 572pp.
小川浩史（2000）地球上の炭素循環における海洋の溶存有機物の役割，ぶんせき．
野崎義行（1994）地球温暖化と海——炭素循環から探る，東京大学出版会，196 p.
Redfield, A. C., Kechtchnum, B. W. and Richards, F. A. (1963) The influence of organisms on the composition of seawater. In : Hill, M. N. (ed.) *The Sea Vol. 2*, pp. 26-87, New York, Interscience Publishers.

第4章 生態系区分と環境要因

4.1 生物と環境

　生物は外界との物質とエネルギーのやりとりによって，その生命を維持している．これが自然環境を構成する他の無機的環境要素との基本的な相違である．その機能を維持するために外界にみずからを適応させたり，外界を改変したり，あるいは適切な生育地を求めて移動する．このような生物と外界との動的な関係は構造的である．すなわち，外界はすべて一様ではなく，当該の生物と直接的に物質やエネルギーをやりとりする部分と，そうした関係をもたない部分とに便宜上区別することができる．直接，生物とかかわりをもっている環境や生育の場は漠然と生育地，生息地などとよぶ．英語ではハビタット（habitat）やニッチ（niche），ドイツ語ではビオトープ（Biotop）が対応する．しかしこれらの用語はきちんと定義されずに，ばく然と使われることが多い．それに対して Whittaker et al. (1973) はこの2つの概念，すなわち群集内における種の生態的地位や生態的役割に着目したニッチと，種や群集がそれぞれ異なる無機的生育地条件を利用しているときのハビタット（生育地）とをはっきりと区別する必要があると述べている．この2つの概念は，生物多様性にかかわる群集構造の要素としてみると明らかに異なっている．ニッチは一定の無機環境要因で定義される均質な棲み場所内部での種多様性，すなわち α 多様性（群集内多様性）を構成し，生育地はある地域内での棲み場所（無機環境）の多様性，すなわち β 多様性（群集間多様性）の要素である．さらに，このニッチと生育地を含めた，ある生物をとりまくすべての環境条件を意味する場合には，ヨーロッパで主に使われてきたエコトープ（ecotope）という概念を用いるのが適当であるとしている．

　多様な種のニッチや生育地は相互に重なり合う部分をもってはいるが総体としては利用する資源を分け合う意味もあって，何らかの点でそれぞれ異な

っている．このエコトープは，特にその種に力点をおいたとき主体—環境系とよばれる（沼田，1953）．生物の生存，また保護・保全にとって，この主体とそれをとりまく種間関係や無機的環境をエコトープとして統合的に認識することが基本的に重要である．

あらゆる生物はこうして多様化し，環境に適応し，また環境を創出しながら進化してきたので，生物圏はさまざまな生物を主体としたエコトープの複合系といえる．そして，このエコトープはそれぞれの生物によってスケールが異なり，一般的には大きな生物ほど大きなスケールの環境に依存して生きているといえるが，同時にそれぞれの生物種の歴史性や生理的機能を反映して，その生育を制御している要因や環境とのかかわりが異なっている．

同じことはもちろん生物の一種としての人間にも成り立つ．環境学といったときには人間を主体とした人間—環境系を対象とする学問であり，本書で扱われるように生物学，生態学，地理学から始まって，さまざまな人間の営みとのかかわりの中で，人間が自然をより有効かつ持続的に利用するための応用科学としての農学，林学，工学などの学問領域の統合・融合のうえにはじめて成り立つものである．本章ではそうした環境学の基礎となる生態学の立場から，生物と環境との関係についてまず基礎的知見を述べ，人間と生物的自然とのよりよい共存の前提となる生態的自然についての認識を，ここではとくに広域的な植生パターンを中心に深めてみたい．

4.2 生態的レベルと環境要因のスケール

生物と環境とのかかわりは種によって異なるだけでなく，主体と考える生物の生態的レベルによっても異なる．個体（individual），個体群（population，種個体群：species p.），群落（community，群集），生態系（ecosystem，極相生態系：climax e.，群系：formation），景観（landscape）という5つが生態学で扱う基本的レベルであるが（表4.1），各レベルに応じて生存に影響を与え，分布を制御する環境要因の時間・空間スケールは異なる．生物の側については，それぞれの生態的レベルによって表4.1に示すように把握する生物の構造的，機能的属性は異なっており，これらヒエラルキーレベルを通じて生態系の構造や機能を統合的に認識することができる．

4.2 生態的レベルと環境要因のスケール

表 4.1 生態的レベルと各レベルを特徴づける構造的，機能的属性（大澤，2001）

植物的自然のレベル	構造	機能	対応する植生分類単位	
景観	景観要素のタイプ・サイズ・形 景観要素の配置	攪乱様式 エネルギー・物質・生物の流れ 安定性 連動性	群系群 （大群系）	同じ生活型をもつ群系の集まり
生態系	現存量 空間構造 構成要素 機能群	エネルギー・物質の流れ・循環 生産力 抵抗力 回復力	群系	同じ生活型，類似の生育地をもつ群落の集まり
群落	階層構造 平面構造 種組成 優占種 多様性	相互作用（競争・相利作用） 発達段階	群集	いろいろな種の集まり
個体群	密度 構造(齢構成・雌雄比・サイズ分布) 遺伝的多様性			
個体	サイズ（生物量）	生理生態 成長速度 発達段階 寿命		

(1) 個体，個体群

　個体や個体群レベルでは，植物の生育は，方向性をもち空間的に偏在する資源である地上部の光と地下部の水と栄養塩によって生理生態的に規定される（環境作用：action）ので，植物は個体サイズを大きくしたり，形態をコントロールして獲得する資源量を多くする．個体群レベルでは隣り合う個体間での，これら資源のとり合いによる相互作用，あるいは群として集まることで形成される周辺環境（環境形成作用：reaction）が，密度や個体群構造を通じて構成個体の生活や繁殖・更新に影響を与える．

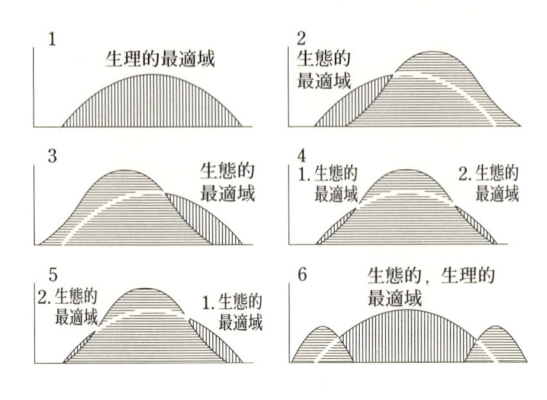

図 4.1 生物の生育環境の生理的最適域と他種の存在によって生態的最適域がずれるパターン (Walter, 1960)

(2) 群集（群落）

群集（群落）レベルになると個体群としての相互作用（種内関係）だけでなく，複数の群集構成種の相互作用（coaction）が加わり，種と環境を1対1の関係としてみるだけでは理解できなくなる．他の種が存在することによって，ある種類の生物が利用できる環境の範囲そのものが変化することもある．ある種が単独で生育するときにもっとも生育がよい環境のレンジは生理的最適域（physiological optimum）とよぶ．野外の自然では，しばしば他種の存在によって本来の最適域からずれることがあり，これを生態的最適域とよぶ（ecological optimum）（図4.1）．これは他種との競争関係によって本来の最適域から排除され（競争的排除：competitive exclusion），生理的には不適な環境に耐えながらも生育地を確保する結果として起こる．よく知られた例としては，アカマツは尾根に生える乾燥耐性をもった種類であるが，同時に湿原の中にも出現する．これは，適湿な中生的な立地は他の植物に占められて，仕方なく乾湿両極の立地を選んでいると考えられている．こうした植物の種間相互作用は大きく競争（competition）と共生（相利作用：facilitation）とに分けられ，両者の相対的な重要性は環境傾度に応じて変化する．一般的に，好適な環境下では競争的な関係が強く支配するが，不適な環境に向かうにつれて共生的関係が強くなる（図4.2）．厳しい環境条件下にある高山帯の上部と下部に生育する植物で，どちらの相互作用がより強く働いているかを，世界各地で比較した例によると（図4.3），低地に比べて高地では有意に正の相互作用が働いていた（Callaway *et al.*, 2002）．すな

図 4.2 植物の種間相互作用 (Kikvidze, 2002)
環境傾度軸での競争と相利作用．穏やかな環境下では種間競争が強く作用する．高山帯や海岸など厳しい環境になると相利作用が強く働く．

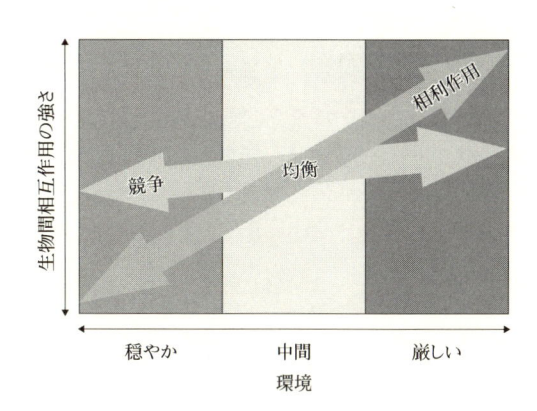

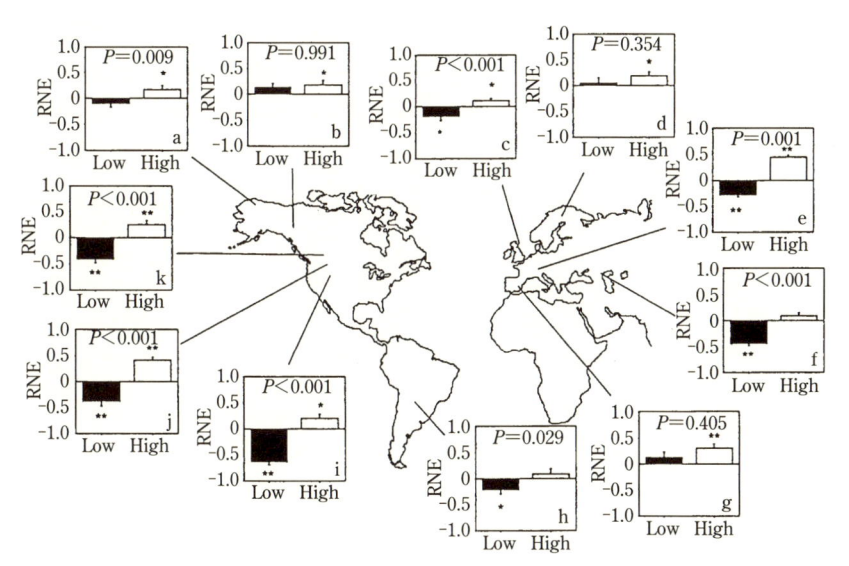

図 4.3 世界 11 ヵ所の高山実験サイトで調べた相対的な隣接植物効果（RNE：Relative Neighbour Effect）(Callaway *et al.*, 2002)
各サイトで隣接植物を除去し（X_t），コントロール（X_c）と現存量，葉数，などを比較した [relative neighbour effect $= (X_t - X_c)/X$, ここで X は X_t, X_c の大きいほうの値]．高標高のストレスが強い環境ほど正の相利作用が働き，低標高の穏やかな環境では負の相利作用，すなわち競争的な関係が働く．

わち，厳しい高山環境では隣接個体があることによって生育がよくなるという結果になった．

(3) 群系，生態系

　さらに高次の群系，生態系レベルになるとその成立やグローバル・スケールの分布は大気候要因の気温，降水量，乾湿度に支配されている．また系としてのシステム的属性が発達し，動物や菌類を含めた機能群が系内部の物質循環・エネルギー代謝などを担うようになるが，これらの機能は系の発達段階，すなわち遷移（succession）によって大きく異なる．遷移の初期は開放系（open system）で物質は系自身によって生産されるが，外部との物質の出入りが大きく，徐々に構造が発達する．遷移に伴って，系はより閉鎖系（closed system）に近づき，極相（climax）では生産と消費がつりあって系としての自律性が強くなる．この遷移段階と最終的に到達する動的平衡系である極相ではこうしたシステム特性だけでなく，種多様性，安定性などについても大きく異なる．先駆相は物質循環が早く，種の多様性，安定性は低いが遷移につれて，より現存量が蓄積し，構造が発達し，多様性，安定性も増す．

　このような生態系レベルの特性は自然生態系だけでなく，人間―環境系としてヒトが作り出した生態系である都市においても，典型的にみられる．ヒトが優占する都市生態系は，他栄養的な開放系であり，他の生態系に対する依存度は極端に高い．浅海のカキ礁にもたとえられる都市では，食糧は何も生産できず，すべて都市外から搬入され，またその結果生ずる廃棄物は，都市の外に持ち出さなければ処理できないほど多量である．このような例を持ち出すまでもなく生物としてのヒトの生活は食料，水，医薬品，燃料（化石燃料も含めて）などすべてをさまざまな自然生態系からのフローとして得ている．それら資源を枯渇させないためには常に資源の持続的利用という考え方が必須である．

(4) 生態的レベルと環境のスケール

　このように生物と環境との関係をレベルごとにみていくと，同じ環境要因であってもレベルによって異なった意味と機能をもっている場合がある．たとえば，老齢な巨木が風害によって倒壊することは，個体にとっては死であるが，極相林群落としてはむしろ新たな個体の発生を促し，群落の維持・更新にとっては重要な機能の1つである．個体や個体群レベルではその生存・

存続を阻害するノイズと考えられてきたさまざまな攪乱 (disturbance) が，生態系レベルではむしろ系を特徴づけて，その維持・再生を通じて，存続を可能にしている重要な要因となっているのである (Pickett and White, 1985). 攪乱要因はその生起頻度，強度，スケールなどが問題となるが，構成種はそれぞれの攪乱要因に適応的な属性を有している．また，生態系レベルでは台風，山火事，斜面崩壊などの攪乱の生起頻度に応じて，その後の再生のきっかけとなる先駆種を林内，河畔，開放地などの不安定立地に一定の割合で保有している (Van Steenis, 1958). 1個の森林はその部分的破壊に対してマイクロサクセッション (Forcier, 1975), サイクリックサクセッション (循環遷移) とよばれる林分内部での小規模遷移によって自律的に再生・修復を担う種群をあらかじめ組み込んでいる．それぞれのレベルで攪乱に対して適応的な属性を兼ね備えている．

さまざまな生態的レベルの生態現象とその制御要因としての攪乱要因はそれぞれ対応する時空間スケールをもっている．大陸ごとに固有の生物群の出現を促した進化的時間に対応するプレートテクトニクスから，森林の再生を促すギャップ形成を引き起こす老大木の倒木まで，時間，空間スケールは10^{10}年以上のスケール幅を有している．現生の地球生態系の分化・多様性は攪乱要因に対して生物やその複合系が，それぞれのスケールで，さまざまな生態適応的進化をしながら対応してきた結果として生まれ，維持されているといえる．

4.3 生態系のグローバル分化

地球スケールでの最大規模の生態系は，群系やバイオームという単位でとらえられる．群系は極相群系ともよばれるように地球上のそれぞれの気候条件下で最大の生物体量を実現し，持続的に維持されている生態系である．群系分類はさまざまなものが提案されているが，Walter and Lieth (1967) は気温と降水量のエネルギーバランスを月平均気温1°C＝月平均降水量2mmという概算ルールに基づいて，水・熱バランスを表現した気候図 (climate diagram) を考案し，この気候図の世界各地の分布パターンに基づいて，世界を9個の成帯的バイオーム (Zonobiome) に分けた．気候図は植物の生

表4.2 地球上の主要な成帯的バイオームと気候要因(Walter and Breckle, 1985；大澤, 2001)

	成帯的バイオーム；気候	成帯土壌型	成帯植生
I	赤道；日変化気候，恒湿	赤道褐色粘土質，鉄・アルミナ土壌—ラトゾル	常緑熱帯多雨林；季節性なし
II	熱帯；夏雨と涼乾季（湿潤—乾燥）	赤粘土，赤色土—サバンナ土壌	熱帯落葉樹林／サバンナ
III	亜熱帯；乾燥砂漠気候，少雨	灰色土／固結岩屑土（未風化砂漠土壌），塩類土壌	亜熱帯砂漠植生；岩質景観
IV	地中海性；冬雨と夏乾燥（乾燥—湿潤）	地中海性褐色土；化石テラロッサ	硬葉樹林；遅霜感受性
V	暖温帯；夏多雨／温和海洋性気候	赤色／黄色森林土，弱ポドソル化	温帯性常緑広葉樹林；弱霜感受性
VI	ネモラル；冷温帯，短い降霜期間	褐色森林土，灰色森林土，弱ポドソル化	ネモラル落葉広葉樹林；冬季落葉，耐凍性
VII	大陸性；冬季寒冷乾燥温帯	チェルノーゼム，栗色土，ブロゼム，灰色土	ステップ／冬季寒冷砂漠；耐凍性
VIII	北方；冷涼夏と長い冬季の寒温帯	ポドソル（粗腐植—漂白土）	北方針葉樹林（タイガ）；強い耐凍性
IX	極；北極と南極	ツンドラ腐植土	樹木のないツンドラ植生

成帯土壌型，成帯植生が対応する．なお図4.4は旧大陸の範囲についての分布図．

育にとって重要な季節的乾湿条件を視覚的に読み取れる点で優れている．図4.4にこの群系の旧大陸での分布を，それぞれの成帯的バイオームに対応した気候図とともに示す．同時にそれぞれの群系の相観を決めている植物群落の特性と，そのもとで発達する土壌特性を表4.2に示す．この表を用いると図4.4のバイオームマップは同時に，土壌図，植生図としても読み替えることができる．

一方，Holdridge (1967) は群系の分布を規定している温度と降水量に，この2要因から求める乾湿度を加えて，3つの要因軸を用いた三角座標で各群系を定義し，これを生活帯 (life zone) とよんだ（図4.5）．この図式は現実の生態系（生活帯）の特性をよく類型化でき，感覚的にもそれぞれの気候景観とよく一致するので広く用いられている．各生活帯が成立する気候領

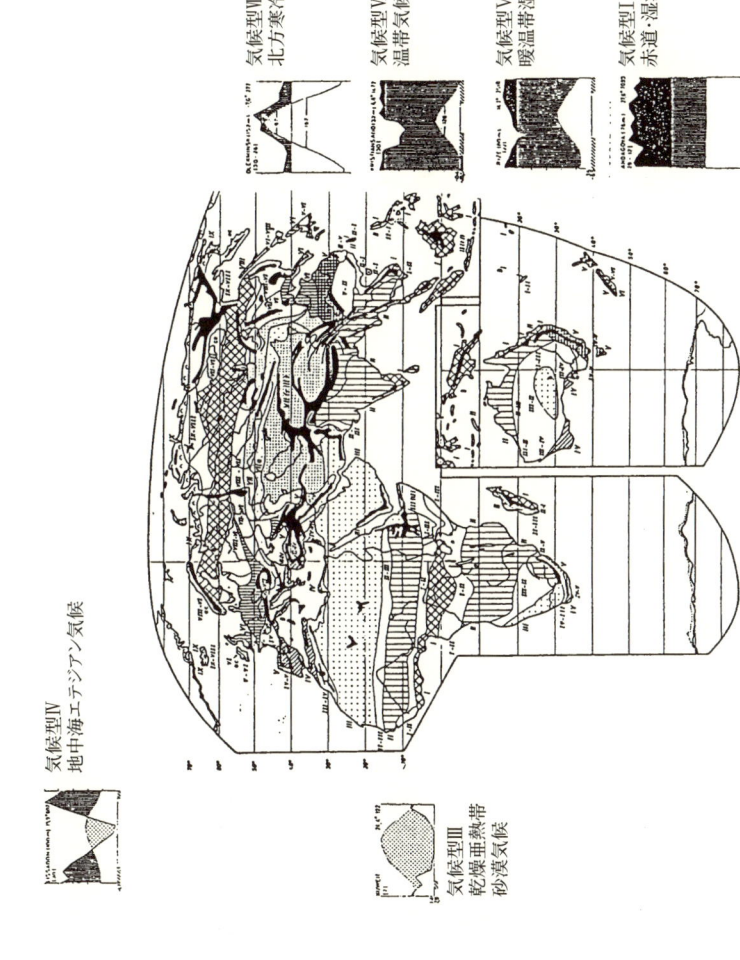

4.3 生態系のグローバル分化　　　　　　　87

気候型IV　　気候型VIII
地中海エテシアン気候　　北方寒冷気候

気候型VI
温帯気候

気候型V
暖温帯湿潤気候

気候型I
赤道・湿潤気候

気候型III
乾燥亜熱帯
砂漠気候

図4.4 旧大陸における成帯的バイオームの分布 (Walter and Breckle, 1985)
I–IVタイプまで区別され，それぞれのあいだに移行帯 (zono-ecotone) が区別されている．典型タイプについては代表的な地点の気候図が示してある．表2の成帯土壌型，植生帯が対応する．

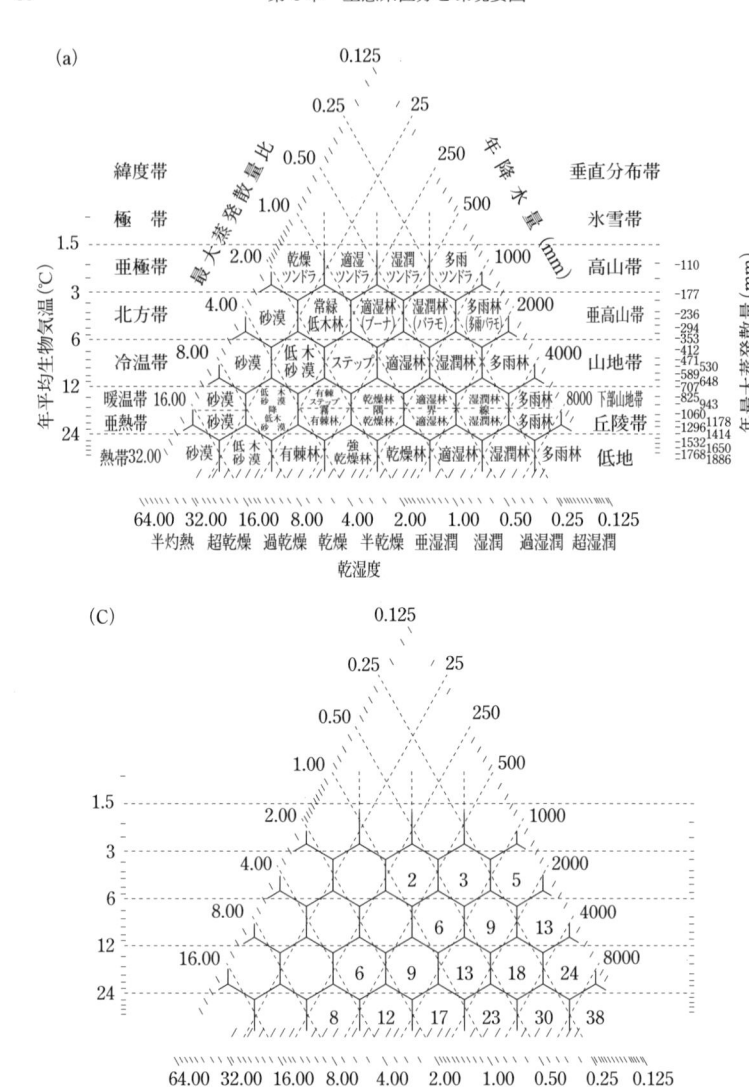

図 4.5 Holdridge の三角座標，生物気温，降水量，乾湿度をオクターブで目盛りをふることによって各群系の領域が正六角形で示される(a)（Holdridge, 1967），日本各地の位置をプロットするとすべての地点が最大蒸発散量比 1 以下の森林の領域に含まれることが示される(b)（大澤，2001），三角座標に各生活帯属性をプロットした例（Lugo and Brown, 1991），コスタリカ

4.3 生態系のグローバル分化　　　　　　　　　　　　89

(b)

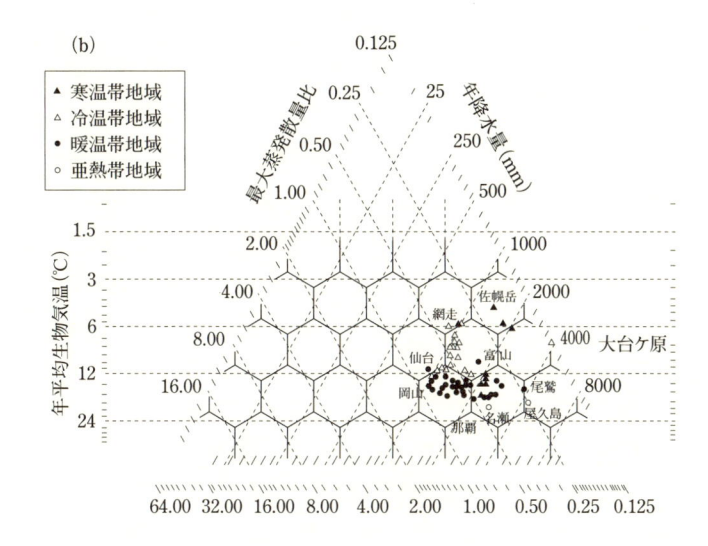

▲ 寒温帯地域
△ 冷温帯地域
● 暖温帯地域
○ 亜熱帯地域

年平均生物気温 (℃) / 最大蒸発散量比 / 年降水量 (mm)

0.125 / 0.25 / 25 / 0.50 / 250 / 1.00 / 500 / 1.5 / 2.00 / 1000 / 3 / 4.00 / 2000 / 6 / 8.00 / 4000 / 大台ケ原 / 12 / 16.00 / 8000 / 24

佐幌岳、網走、仙台、高山、岡山、尾鷲、那覇、屋久島、名瀬

64.00　32.00　16.00　8.00　4.00　2.00　1.00　0.50　0.25　0.125

(d)

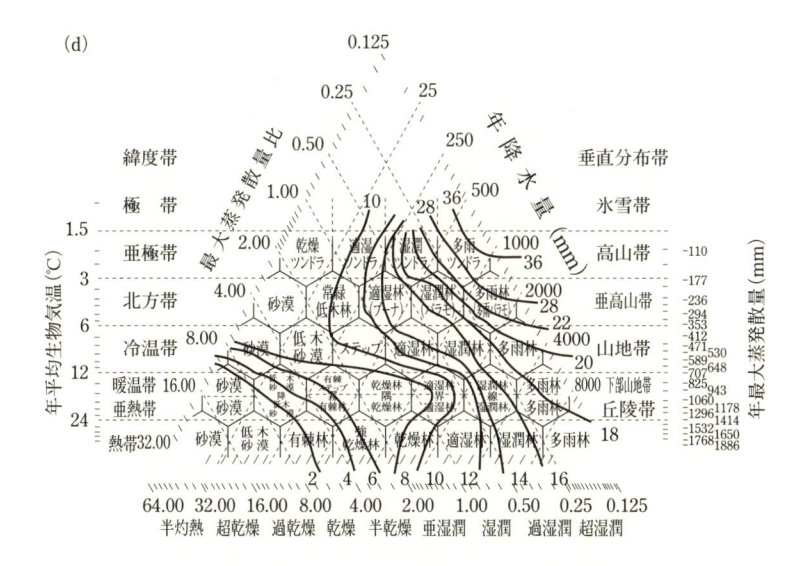

緯度帯 / 最大蒸発散量比 / 年降水量 (mm) / 垂直分布帯 / 年最大蒸発散量 (mm)

極帯 — 氷雪帯
亜極帯 — 高山帯　-110
北方帯 — 亜高山帯　-177, -236, -294, -353
冷温帯 — 山地帯　-412, -530, -471, -589, -707, -648
暖温帯 — 下部山地帯　-825, -1060, -943, -1178
亜熱帯 — 丘陵帯　-1296, -1532, -1414, -1650
熱帯 — 　-1768, -1886

乾燥ツンドラ、湿潤ツンドラ、多雨ツンドラ、砂漠、乾燥低木林(ヒース)、湿潤低木林、低木砂漠、ステップ、適潤林、湿潤林、多雨林、乾燥林（隔）、適潤林、湿潤林、多雨林、砂漠、低木砂漠、有棘林、乾燥林、適潤林、湿潤林、多雨林

10, 28, 36, 36, 28, 22, 20, 18
2, 4, 6, 8, 10, 12, 14, 16

64.00　32.00　16.00　8.00　4.00　2.00　1.00　0.50　0.25　0.125
半灼熱　超乾燥　過乾燥　乾燥　半乾燥　亜湿潤　湿潤　過湿潤　超湿潤

の生活帯について一定面積（0.1 ha）当たりの胸高直径 10 cm 以上の樹木種数は水分傾度に比べて，温度傾度での減少が著しい(c)，同様に土壌中の炭素密度をプロットすると，湿潤域では熱帯を除けば緯度にかかわらず高い蓄積が見られる(d)．

域は年平均生物気温（BT, biotemperature），年平均降水量（P），乾湿度（PER，最大蒸発散比）という3つの無機環境要因によって区分する．生物気温は生物的活性がみられる0-30℃の範囲の日ないし月平均気温の積算値を年平均気温として表現したもので，日本の中南部のように，平均気温がこの範囲内に収まる地域では年平均気温そのものに等しい．年平均降水量は気候値そのもので，これと生物気温とから乾湿度を求める．乾湿度は蒸発散位（PE）＝生物気温×58.93を求め，それとPの比として求める（$PER = PE/P$）．うっ閉した森林とステップなど乾燥によって出現する草原との境界は$PER=1$の値となる（図4.5）．ただし，熱帯などでは強度に乾燥していても特殊な適応形態を獲得した樹木が生えている場合があるのでこの値が樹木という生活型の限界とは必ずしも一致しないこともある．このHoldridgeのシステムによれば気温，降水量と乾湿度という傾度軸の中で，世界は30個（亜熱帯・暖温帯を区別すれば37）の群系に区分できる（図4.5(a)）．日本各地の気候条件からこの三角座標上にそれぞれの位置をプロットしてみると，湿潤森林気候下にある日本の生態系の範囲がよくわかる（図4.5(b)）．図のうち亜熱帯・暖温帯の成帯的バイオームの範囲でみると，水分条件の変化に応じて，屋久島や尾鷲のスギ林は多雨林，瀬戸内岡山のマツ林などかなりの地点はやや水分の少ない適湿林の領域に含まれ，それ以外の常緑広葉樹林は湿潤林に相当する．このHoldridgeの図式のように環境要因の枠組みから，さまざまな生態系属性に関する位置づけを与える座標系をテンプレートとよぶ（大澤，1995(a)）．図4.5(c), (d)はHoldridgeのテンプレートに生態的属性に関する数値を入れて比較した例である．たとえば，一定面積（0.1 ha）当たりの樹木種数は水分の軸に比べて温度方向での低下が著しい（図4.5(c)）．土壌中の炭素量は湿潤な場合には温度の影響はあまり受けないが，乾燥地域の草原生態系では亜熱帯と暖温帯の境界の降霜限界を越え，冬季の低温条件を受けるようになると多くの炭素を貯留するようになる（図4.5(d)）といったパターンを読みとれる．最近では，Holdridgeの生活帯を地図化し，これをポテンシャルな生態系分布地図として，二酸化炭素濃度が2倍になったときに生活帯がどのように移動するかを予測した地図も作られ，公表されている（GRIDデータ）．

このようにテンプレートは，さまざまな生態系属性をオーバーレイしてい

くことによって世界の群系ごとの特性をグローバル・スケールで比較したり，生態学的研究があまり行われていない地域についても，無機的環境要因に基づいて，生態系の特性についてある程度の予測的な知見を得ることができ，生態系アセスメント・保全・管理などに適用できる．

4.4 攪乱要因と生態系の時空間配列

(1) 生態系の成立

一定の気候条件のもとで成立する個々の成帯的バイオームの内部では，下位のレベルにあたる多くの個別生態系が成立する．この個別生態系の分化を規定する要因は，大きく自然的要因と人為的要因に分けられる．自然的要因は地形・土壌要因と種々の攪乱要因である．人為的要因は主に攪乱要因として作用するが，一部，大気環境を介してストレス要因として働くものもある．いずれにおいても，時間要因は生態系発達・退行の主動因子である．具体的にわれわれの周囲でみられる生態系は，こうしたさまざまな要因に対応して短期的には遷移的変化をし，さらに長い時間をかけて適応分化してきたものである．表4.3は地球上の主要群系について，Clements (1916) が定式化した遷移の各プロセスを制御する主要な生物的，無機的要因を最近の研究成果に基づいてマトリックスの形で表現したものである (MacMahon, 1981)．これによって生態系の復元や再生にとって，どのようなキーファクターが問題なのか，あらかじめ予測することができる．遷移開始のトリガーになる裸地化の要因は，たとえば砂漠では乾燥である．裸地に植物が侵入する手段は新たにどこかから種子が散布されるというよりは，土壌中に待機していた短命なエフェメラル植物などの埋土種子から始まる．競争は主として水分の奪い合いであり，群落が形成されたことによる環境形成作用は弱い，といった属性が特徴として挙げられる．それ以外のツンドラ，草原，針葉樹林，落葉樹林，多雨林などについての特徴もマトリックスにあるようにそれぞれの気候条件と優占種の特性に応じて特徴的である．

遷移の過程を通じて形成される森林生態系は，極相林にいたるまで，その成立に数百年を要するから，ある時間断面で，一定の地域にはさまざまな遷移段階にあると同時に，上述した地形・土壌要因によって異なる多様な生態

表 4.3 地球上の 6 個の成帯的バイオームでみられる遷移過程の特性に関するマトリックス（MacMahon, 1981）

	砂漠	ツンドラ	草原	針葉樹林	落葉樹林	熱帯多雨林
裸地化	乾燥	クリオプラネーション	火事	火事／風	風／寿命	寿命／風
侵入	埋土種子	栄養繁殖	種子／栄養繁殖	種子	種子	種子
定着	周期的	遅〜周期的	中速	中速(多様)	速	急速
競争	水	水	水／光	光／水	光	光
環境形成作用	弱	稍弱	中間	稍強	強	頗強
安定化	速	速	中速	遅	遅	稍遅
相観と種のターンオーバー	相観なし 種なし	相観なし 種なし	相観稍変 種大	相観 大 種大	相観 大 種大	相観 大 種大

遷移過程は：「裸地化」は攪乱を引き起こすもっとも重要な要因，「侵入」は裸地からの植生回復の際の侵入植物の繁殖子，「定着」は繁殖子から，植物の定着が起こる頻度や速度，「競争」は定着した植物間での土壌中の水分と光という 2 大競争要因の相対的な重要性，「環境形成作用」は植物群落による場の物理・化学的な環境改変の程度，「安定化」は植物群落が極相を形成し，安定化（相観的，組成的に）するまでの速さ，「相観と種のターンオーバー」は遷移の過程における，相観と種の交代の程度．

系が並存している．次にこのような生態系分化のパターンを一般的な法則性に基づいてとらえようとする試みについてみてみよう．

(2) 生態系の配列パターン

一例として，まず，生態系の遠心的群落配置モデルをみてみよう（図 4.6）．このモデルは同一の群系に属するさまざまな生態系相互の関係を地形・土壌要因とのかかわりで理解しようとするものである．同じ群系という意味は，生態系を特徴づける優占種の生活型が同じということである．たとえば高木林生態系，低木林生態系，草原生態系は，それぞれ高木種，低木種，草本種が優占して相観を決めているのでそれぞれ別々の群系ということになる．この遠心的群落配置モデルは，同じ群系に属する一群の生態系の分化・配置を決定する要因として 2 つの仮説に基づいている．まず，第 1 は，同じ生活型（群系）に属する生態系で優占する種（たとえばブナ，サトウカエデなど）が第一義的に好む環境条件は共通している，というものである．たとえば，森林生態系が成立する地域では基本的には，どの種が優占する生態系

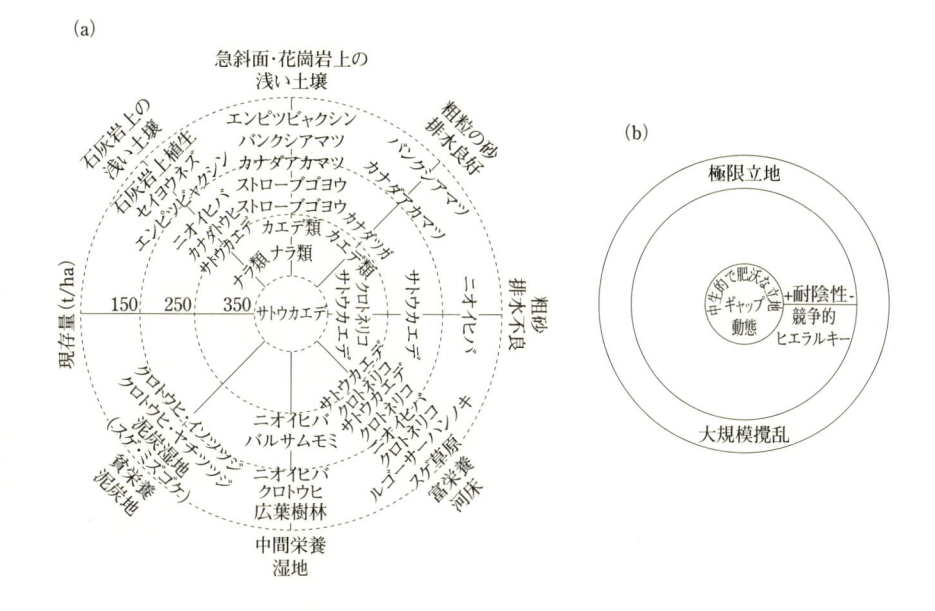

図 4.6 遠心的群落配置モデルを5大湖地方の森林に適用した例(a) (Keddy and MacLellan, 1990) とモデルの読み取り模式図(b)
　　中心部は中生的, 肥沃な生育地, 攪乱要因としてはギャップ形成, それに対して, 辺縁部は極限生育地で大規模攪乱が支配する. 中心から辺縁に向かう傾度軸は, 現存量が減少するのと対応して耐陰性 (shade tolerance) が外側に向かって弱くなる, 競争的ヒエラルキー (competitive hierarchy) は中心ほど強い.

も土壌がよく発達し, 湿潤で水はけがよく, 栄養塩の豊富な生育地 (中生的立地) を好む. 次に, この好適な立地をある生態系 (普通は地域に卓越する極相生態系) が占めてしまうと, 他の生態系は別の生育地を選択しなければならなくなる. そのときに, それぞれが, 第二義的に選択する生育地条件は, 互いの競争を避ける意味もあって多様化する. こうして第一義的な環境を選択できなかった生態系は, それぞれ独自の生育地を選ぶようになり多様化する.

　どの生態系にとっても好適な第一義的な環境は, 上述したように中生的な環境であるから, これは極相生態系の生育立地を想定すればよい. 遠心的群落配置ではこれを中心におき, 多様化する第二義的な立地をその周辺に配置し, 図4.6(a)のように放射状に多様化していくパターンが描ける. この図で

は，上側は花崗岩急斜面の土壌が浅い乾燥立地，下側は中栄養的な湿地，右側には粗粒で排水不良の立地，左側に貧栄養な泥炭地，という配置に描いてあるが，方向は基本的には任意である．大事な点は同心円の外側に向かうほど，環境要因が中生的なものから，それぞれの軸上で極端なものへと変化するという点である．円の半径軸は，図の左側にあるように群落の生産力を現存量の軸として目盛をふってある．この軸上の生態系の序列は，中心に近いほどより好適な立地で，生産力も大きく，競争的により強く，遷移的にはより後期に相当する生態系である．つまり，この序列を決めている要因は構成種の耐陰性や最大サイズで測ることができるような遷移軸に対応する競争的ヒエラルキーである（図4.6(b)）．

　この極相が占める中心と多様化する辺縁という植生分化の図式は，1つの成帯的極相地域で出現するさまざまな生態系の相互関係をとらえるテンプレートとして有用である．たとえば地形による植生変化，湖岸，湿地と陸域の植生成帯分布など実際に野外で直接観察できる連続傾度的なものもあるが，植生が分断されてしまったような，農耕・都市的景観地域などでは断片化した植生相互の関係を，この図式を想定して，個々の植生断片を位置づけることで理解しやすくなる．なお，この遠心的群落配置のうまり具合は当該群系の内部における生態系のβ多様性を示している．

(3) 環境傾度と生態系分化

　この遠心的群落配置の半径方向の環境軸のうちのいずれか1つをとりだせば，これまで，一般的な直接環境傾度分析で扱ってきた，特定の環境要因の傾度にそった生態系の分化をみることになる．たとえば，地形傾度に伴う植生変化は重力による水とそれに溶解する栄養塩が斜面の下方に移動するのにつれて植物の生育地条件が変化して起こるもので，尾根は一般的には乾燥し，貧栄養に，斜面では水や物質の移動が平衡状態にあるので（中生的立地），その地域の気候条件に対応した生態系（卓越極相：prevailing climax）が発達する．さらに谷になるとこれらが集積し，富栄養的になる．ときには湧水などによって過湿になる場合もある．このような土壌条件の傾度によってもっとも影響を受けるのは樹木の場合，樹高成長なので，林学では一定の樹齢の樹高をその土地の生産力ポテンシャル（地位指数）として用いて，生育

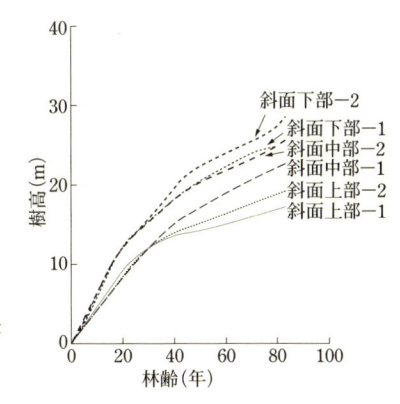

図4.7 尾根一谷傾度に伴うスギの樹高生長
(丹下ら, 1989)
東京大学千葉演習林.

地の生産力を評価する．このような場合，谷底のごく一部，過湿で攪乱を受ける部分を除いて樹高は尾根から斜面下部へと高くなる．図4.7は千葉県清澄山の東京大学演習林で尾根から谷まで，斜面にそって植林された約80年生のスギの樹高成長経過を比較したものである（丹下ら，1989）．図から明らかなように斜面下部ほど樹高成長が大きく，生育地の生産力が谷ほど大きいことを示している．われわれは，このようなスギ林が伐採された跡地に再生してきた草本群落について調査したが，草本植生でも群落高や現存量は斜面下部が大きい．同時に，植栽直後（1-5年）のスギの初期樹高生長や被度の変化についても，地形的位置によって同様の変化がみられる（図4.8；Ohtsuka *et al.*, 1993）．さらに，斜面下部では伐採直後から，一年生草本（ベニバナボロギク，ダンドボロギク），二年生草本（オオアレチノギク），多年生草本（ススキ）とすべての遷移段階が現れ，めまぐるしく群落が変化する．すなわち時間軸上での β 多様性が高い（図4.8(c)）．しかし，尾根では乾燥しがちで，貧栄養になるなどの条件で，いくつかの遷移段階が省略され，ごくはじめの段階から多年生草本のススキが侵入し，優占する．しかし，その後の遷移の進行は遅く，時間軸方向での β 多様性は低い．

このような現象はさらに大きなスケールで，遷移に伴う垂直植生帯の分化過程にもみることができる．富士山のように新しい火山では斜面を覆う噴出物の年代や安定度によって，異なる発達段階にある垂直分布帯の遷移過程をみることができる．初期段階では垂直分布帯は未分化で標高による変化はは

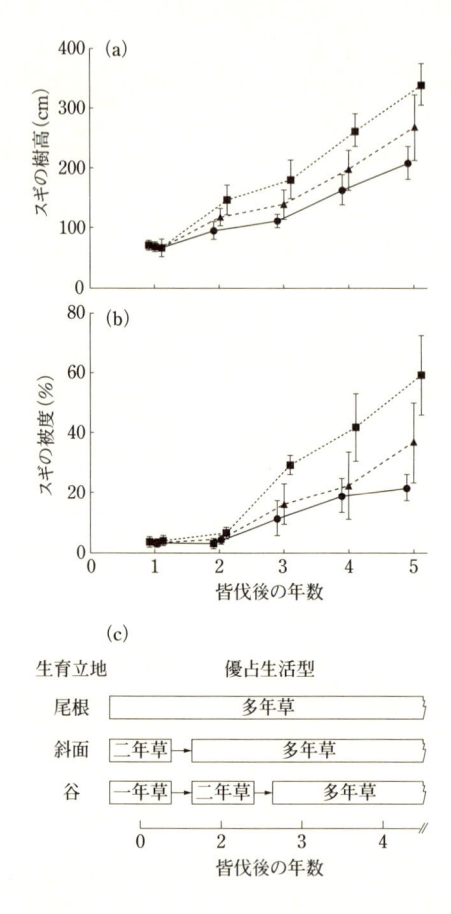

図4.8 尾根―谷傾度に伴う遷移初期再生草本群落の生活型の変化と植栽されているスギの地形位置による樹高と被度の変化 (Ohtsuka et al., 1993)

っきりしないが，極相段階になると成帯構造が明瞭になり，調査した標高1500m以上の亜高山帯の範囲で3〜4つの植生帯が区別できるようになる（図4.9(a)）．この場合も上でみたような生態系どうしの競争的ヒエラルキーによってパターンが支配されており，はじめ広い高度域に分布していた先駆的な森林は遷移に伴って低標高域から侵入する遷移後期種（シラビソ，コメツガ）に順次置き換えられ，結果的に上方へと追いやられてしまう（図4.9(d)）．その結果，森林限界から下方に向かって順次，先駆的なミヤマハンノキ群落，途中相的なダケカンバ林，そして極相のシラビソ林，コメツガ林へと配列する．これは新しい遷移が進行中の富士山の特徴で，次第に時間がた

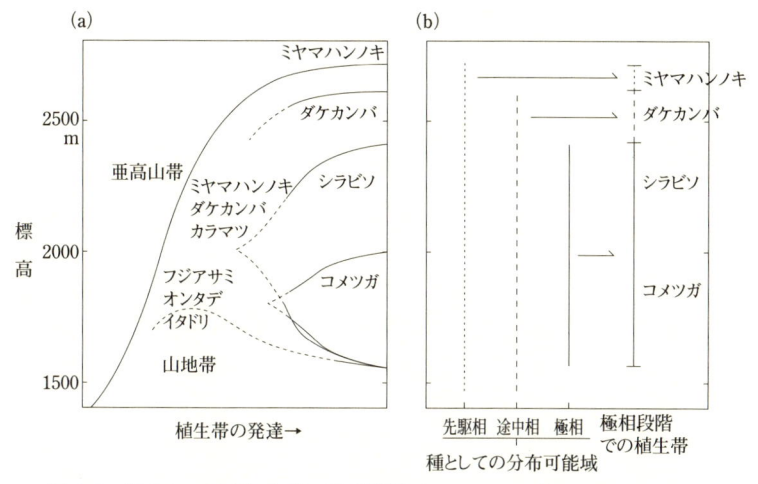

4.4 攪乱要因と生態系の時空間配列

図4.9 富士山の垂直分布帯の形成過程 (Ohsawa, 1984)

異なる発達段階での植生垂直分布帯を比較した図(a). 先駆段階では広く先駆性のミヤマハンノキ,ダケカンバ,カラマツなどが散生・混在しているが遷移が進み,群落がうっ閉してくると先駆種は林縁,森林限界などに限定され,さらに極相種のシラビソなどが侵入してくると途中相のダケカンバなどがそのあいだに生き残り,最終的に安定した植生では低地からコメツガ,シラビソ,ダケカンバ,ミヤマハンノキというパターンができあがる.

てば地質学的にもっと古い他の山岳のようにミヤマハンノキ群落はハイマツ群落などに置き換えられる.カナダの北方針葉樹林域では3つの1次遷移の主要な系列がみられる(Kimmins, 1987).この3つは①細粒の基質からできている氷河退行跡地などから始まる中生遷移系列,②溶岩流上などから始まる乾生遷移系列,③開放水面から始まる湿生遷移系列の3つの系列である.それぞれ遷移のパイオニア相はさまざまであるが,極相林生態系は最終的にアメリカツガの極相林になる.この遷移パターンを周囲は異なる3方向から始まるパイオニア相,中心を極相林とおいた同心円状に示せば,前に述べた遠心的群落配置と同じパターンに対応する(大沢,1995b).気候的極相に到達する時間はそれぞれの基質によって大きく異なり,開水面が1万年以上,次いで溶岩流などは風化に時間がかかり500-1000年,氷礫土などでは土壌の母材はできているので100-500年と,それぞれ1桁ぐらいずつの差がある.

多様な群落をもたらす群落分化のパターンは,時空間的に共通する競争的ヒエラルキー要因,すなわち優占種の耐陰性と植物個体サイズが作用して遷

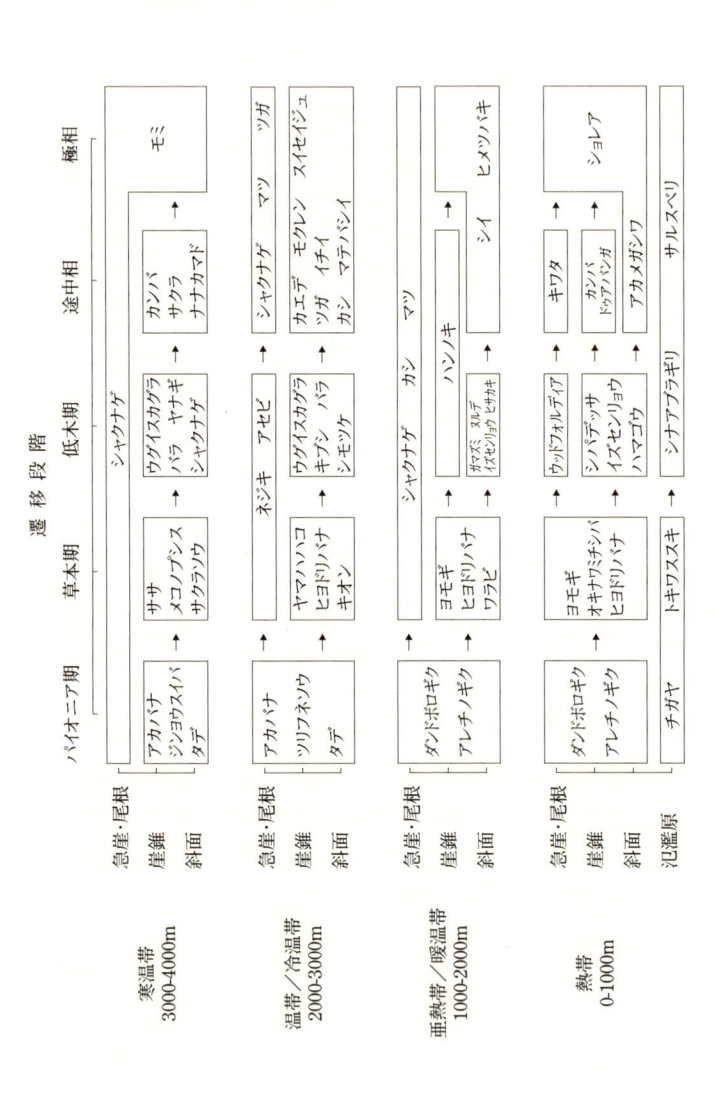

98　第4章　生態系区分と環境要因

図4.10　東ヒマラヤにおける地形―遷移マトリックス (Ohsawa, 1992)

東ネパールの4つの森林帯における遷移系列の優占種を各植生帯内部での地形単位ごとに示す．標高域と地形が与えられれば，そこでどのように遷移が進むかを知ることができる．

移的序列が形成されて成立することがわかる．

(4) 生態系の時空間的パターン

　不安定な斜面が卓越する山地では，そこに成立する植生の保全や，攪乱によって破壊された後の植生再生が防災上からも重要である．山地の多様な地形・土壌立地においては，それぞれの生育地の水分・栄養塩の状態，斜面を構成する地表物質の安定性などに応じて植生は大きく異なる．一般的には，空間的にモザイクを形成している多様な生態系は，遷移の各段階を構成する途中相の生態系であるから，上で見てきたような時空間的な群落配置モデルで相互に位置づけることによって相互関係がはっきりする．さらに山地では平地の 600-800 倍もある急激な温度傾度によって異なる生態系が隣接して分布することになり，平地における緯度的植物分布とは大きく異なる．山岳地域ではこの垂直植生帯を位置づける標高軸を加えて標高，地形・土壌，遷移という 3 つの軸によって山地における生態系相互の関係を表すことができる．山地生態系の地形―遷移マトリックス（topo-successional matrix）は，この 3 軸で山地における生態系分化を総体的にとらえ，位置づける一種のテンプレートである（Ohsawa, 1992）．図 4.10 は東ヒマラヤ地域の植生の地形―遷移マトリックスの例である．各植生帯の発達過程は地形的な立地ごとに区分し，各立地における遷移段階ごとの主要優占種で示してある．時間軸にそった遷移段階の分化は地形・土壌条件によって変化する．急崖・尾根では先に述べた清澄山の例と同様，遷移段階はあまり分化しておらず，ときには先駆相から極相まで同じ種が占めており，β 多様性は低い．また，標高軸における垂直分布帯の分化は，これも先に富士山の例で示したように遷移段階によって異なり，遷移が進行するにつれて細分化されていく．このようなマトリックスは生育地ごとに成立している植物群落や植物種から，斜面の安定性や植生の遷移段階を判定したり，今後の変化の方向を予測したり，復元の際の目標植生の設定に用いて山地保全の策定に役立てることができる．

4.5 生態系の利用と保全

　これまでみてきたように，極相群系は地域の気候条件と平衡状態に達して

おり，その分布域を地図化できる．そして同じ気候条件下では，ある時間断面で地域に存在する生態系は，さまざまな地形・土壌条件によって分化する生態系や時間的発達途上にあるさまざまな遷移的生態系のモザイク構造をしている．古く Watt (1947) は植生のパッチモザイク構造を極相林のパターンとプロセスとして成因論的にとらえるアプローチを提起した．森林に見られるパッチ構造は，生態系に加わる攪乱要因の結果として形成されるもので，各パッチは森林再生複合体の構成要素であり，森林の持続的維持を担っており，系の自律的機能にかかわる動的な構造属性である (Bray, 1956；Pickett and White, 1985)．よく発達した極相林は，内部にそれまで経てきた遷移段階のステージを種子，パッチモザイク構造などとして含んでおり，いわば時空間的複合体なのである．

　均質で，人間の影響ができるだけ加わっていない生態系を探して調査・研究していた 70 年代までの生態学研究は，人間活動の影響が次第に強くなるにつれて，人間活動をむしろ系の属性としてとらえないと，地域の生態系を理解できないとする見方に変化していった．それが前述した攪乱概念で，これまで系の特性を決める要因として自然的攪乱は取り込まれていたが，人間活動による攪乱も同様で，ある程度の広がりで地域を考えれば，こうした人為攪乱を排除することのほうが困難である．こうして，80 年代には人間活動を地域の特性を決めている生態学的要因の 1 つととらえて，生態系の空間的パターンと成立を理解しようとする，新しい景観生態学の発展へとつながった (Naveh and Liberman, 1984；Forman, 1995)．

　このように生態系分化を，自然的あるいは人為的攪乱が関与し，時系列的に進行するさまざまな遷移的変化ととらえることによって，全体を統合的にとらえることが可能になる．遷移的変化は，中生的な立地で進行する正常遷移，それが人為の影響で方向が曲げられた偏向遷移，人為の影響が排除されて正常遷移に復帰する過程の二次遷移，また，それぞれの過程において生態系の自律的発達よりも環境要因の営力（たとえば地形変動，温度変化，踏みつけ，その他）が大きければ退行的な遷移になったり，遷移が促進されるなど，さまざまな遷移系列が網目のように複合し遷移網 (successional web) を形成している．このようなモザイク構造をした複合系を解析するには，これまでみてきたような生態的なヒエラルキー構造と，それぞれのレベルにお

ける生態現象や機能を時系列的に解明していくアプローチや，時空間的構造を表現しうるテンプレートを用いることによって，成因論的に解明し，把握していくことが必要となる．

　自然生態系は，一般的には植物群落に基づいて定義されるが，その境界はさまざまな群落生態学的手法によって設定できる．こうした調査手法についてはここではスペースの関係で具体的にはふれないが，群落の時系列的な位置づけや群落相互の関係は，個々の群落の種類組成とサンプリング地点の生育地要因を2軸とした多変量解析によって解析することができる．こうした統計的解析をGIS手法と結びつけて地理統計的手法（geostatistics）がさまざまな保全上の場面で用いられる．さらに群落構造解析手法は階層構造やパッチモザイク構造などを調べて，群落構造を動的にとらえる精密群落構造解析，構成種個体群の成立と動態を解明するためのサイズ構造，年齢構造などの構造解析や，土壌中の埋土種子分析，さらに土壌断面や土壌の物理・化学性の調査などを併用することによって生態系としての発達過程を解明していくことができる．

　地球上にみられる多様な植生を人為とのかかわりに着目して分類したときには，自然植生，人間が利用して改変した半自然植生，人間が利用するために作り出した人工林，農耕地などを含む人工植生の3つに区分できる．このうち自然植生は人間が手を加えなければ自律的に機能する系である．2番目の半自然植生は人間の影響によって遷移の途中相に引き戻されている系であるから，それを維持するために遷移的管理手法が用いられる．3番目の利用を目的とする系は，実際には，人間の独創によって作り出したものではなくアグロフォレストリーのある種のシステムでは自然植生の構造を模したり，自然の自律的なメカニズムを利用して目的とする種類組成へ導く．人工林であっても，適地の選定，植栽後の管理などいずれも自然植生の分布，構造，遷移などの情報に基づいて行うものであり，その持続的利用（sustainable use）にとっては自然のメカニズムの理解が必須である．また，人類がみずからの進化的時間に匹敵する時間をかけて作り出してきた作物や家畜などは，むしろ人とともに進化してきた．これからの地球環境の変動を考えると，それに適した系を今後新たに作り出したり，既存のものを改変していく際に，自然の中からヒントを得なければならないことは無限である．そのような観点か

らも，単なる資源としてだけでなく，生物と環境との関係を研究し，理解する場として自然植生を保護区として確保したり，半自然植生や人間とともに進化してきた作物や家畜を中心とした人工林生態系，農耕地生態系などの維持・管理手法を文化財としての側面も考慮しながら，確保していくことも今後ますます必要となるであろう．

参考文献

Bray, J. R. (1956) Gap phase replacement in a maple-basswood forest. *Ecology*, **37**, 598-600.

Callaway, R. M. *et al*. (2002) Positive interactions among alpine plants increase with stress. *Nature*, **417**, 844-848.

Clements, F. E. (1916) *Plant Succession : Analysis of the Development of Vegetation*. (In reprinteded. (1928) *Plant Succession and Indicators*, Wilson. NY.)

Delcourt, H. R. and Delcourt, P. A. (1991) *Quaternary Ecology. A paleoecological perspective*. Chapman & Hall.

Forcier, L. K. (1975) Reproductive strategies and the cooccurence of climax tree species. *Science*, **189**, 808-810.

Forman, R. T. T. (1995) *Land Mosaics. The Ecology of Landscapes and Regions*. Cambridge.

Holdridge, L. R. (1967) *Life Zone Ecology* (rev. ed.). Tropical Science Center.

Keddy, P. and MacLellan, P. (1990) Centrifugal organization in forests. *Oikos*, **59**, 75-84.

Kikvidze, Z. (2002) Facilitation and competition in alpine plant communities. *Global Environmental Research*, **6**, 53-58.

Kimmins, J. P. (1987) *Forest Ecology*. Macmillan. NY. (大沢雅彦（1995）森林の多様性．樽谷　修（編）地球環境科学，50-58．朝倉書店収載から引用．)

Lugo, A. E. and Brown, S. (1991) Comparing tropical and temperate forests. In : Cole, J. *et al*. (eds.) *Comparative Analysis of Ecosystems. Patterns, Mechanisms, and Theories*, 319-330, Springer.

MacMahon, J. A. (1981) Successional processes : comparisons among biomes with special reference to probable roles of and influences on animals. In : West, D. C. *et al. Forest Succession. Concepts and Application*, 277-304, Springer.

Mueller-Dombois, D. and Ellenberg, H. (1974) *Aims and Methods of Vegetation Ecology*. John Wiley, NY. (大沢雅彦（1996）生物の分布と高度―植物，柴田　治（編）高地生物学，33-68．内田老鶴圃収載から引用．)

Naveh, Z. and Liberman, A. S. (1984) *Landscape Ecology. Theory and Application*, Springer.

沼田　眞（1953）生態学方法論，古今書院（グローバル・シリーズ（1967）再改稿 1979）．

Odum, E. P. (1969) The strategy of ecosystem development. *Science*, **164**, 262-270.
Odum, E. P. (1983) *Basic Ecology*, Holt-Saunders.（大澤雅彦（1998）都市の生態．吉野正敏・山下脩二（編）都市環境学事典，232-253，朝倉書店収載から引用．）
Ohsawa, M. (1984) Differentiation of vegetation zones and species strategies in the subalpine region of Mt. Fuji. *Vegetatio*, **57**, 15-52.
Ohsawa, M. (1992) Altitudinal zonation and succession of forests in the eastern Himalaya. *Braun-Blanquetia*, **8**, 92-98.
大沢雅彦（1995a）湿潤アジアの垂直分布帯と山地植生テンプレート．沼田 眞（編）現代生態学とその周辺，78-88．東海大学出版会．
大沢雅彦（1995b）森林の多様性．樽谷 修（編）地球環境科学，50-58，朝倉書店．
大澤雅彦（監修）（2001）生態学からみた身近な植物群落の保護，講談社サイエンティフィック．
Ohtsuka, T. et al. (1993) Early herbaceous succession along a topographical gradient on forest clear-felling sites in mountainous terrain, central Japan. *Ecological Research*, **8**, 329-340.
Pickett, S. T. A. and White, P. S. (1985) *The Ecology of Natural Disturbance and Patch Dynamics*. Academic Press.
丹下 健他（1989）斜面に生育するスギ造林木の樹高生長経過——東京大学千葉演習林における斜面上部，中部，下部間での比較，東京大学農学部演習林報告，**81**, 39—51.
Van Steenis, C. G. G. J. (1958) Rejuvenation as a factor for judging the status of vegetation types : The biological nomad theory. *Study of Tropical Vegetation*, 212-215. Paris UNESCO.
Walter, H. (1960) *Standortslehre. Phytologie*, vol. 3, part 1, 2nd ed. Verlag Eugen Ulmer, Stuttgart.（大沢雅彦（1996）生物の分布と高度―植物．柴田 治（編）高地生物学，33-68．内田老鶴圃収載から引用．）
Walter, H. and Breckle, S.-W. (1985) *Ecological Systems of the Geobiosphere. 1. Ecological Principles in Global Perspective*, Springer-Verlag.
Walter, H. and Lieth, H. (1967) *Klimmadiagramm-Weltatlas*. VEB Gustav Fischer. Jena.
Whittaker, R. H. et al. (1973) Niche, habitat, and ecotope. *American Naturalist*, **107**, 321-338.

コラム1　世界を主導する沿岸調査・研究体制の構築を目指して

はじめに

　沿岸海域にはさまざまな定義があるが，「沿岸海域とは海岸から大陸棚外縁にいたる水域」がもっとも妥当といえる．沿岸海域は地球表面の約18％を占め，総漁獲量の約90％を生産している．沿岸周辺域には世界の約60％の人々が生活していることから，沿岸域は次に示すさまざまな環境問題に直面している；(1)有害化学物質による海洋汚染，(2)漁業の乱獲，(3)過密な増養殖業による環境悪化，(4)津波などの被害，(5)観光事業による生態系の破壊，(6)富栄養化，(7)埋め立てによる海岸線の変化，(8)都市の生活排水の影響，(9)ごみ焼却による汚染．今後，世界の人口が増加していくことが予想されることから，沿岸域で人類が快適で，健康的な生活をしていくための都市計画などが必要である．また，地球の温暖化により沿岸の海岸線の形が変化するとともに，沿岸生態系の仕組みが変化していくことが予想されることから，将来の沿岸域の合理的利用と管理，および環境保全を考えた総合的な沿岸開発が不可欠である．本コラムでは，沿岸域の特徴を簡潔に述べ，直面している課題について言及する．

沿岸域の特徴と課題

海水の動き：沿岸域の海水の運動は浅くて複雑な形状の海岸・海底地形によって大きな影響を受ける．ここには，海面を通して風によるエネルギーが供給されるだけでなく，外洋からさまざまな流れや波動が入り込み，狭い海域にエネルギーが集まるために運動が激しくなり，ときに共振作用が生じる．外海に面した沿岸域では海流の影響を強く受けるとともに内部潮汐が発達しやすく，岸近くの砕波帯では波浪に伴って海浜流が存在し，周期的な潮流などと組み合わさってさまざまな時空間規模をもつ流れが形成される．したがって，津波はそれぞれの海岸・海底地形に応じた独特の挙動を示すことから，さまざまな場合を想定したシミュレーションをしておくことが大切である．

沿岸生物：このような複雑な海洋構造をもつ沿岸域には，さまざまな生物が生活し，生物多様性が保たれている．沿岸の浅い水域には，陸上起源の顕花植物であるアマモなどの海草群落が形成される．海岸の自然状態がよく保たれ，水質が良好で適量の栄養塩が陸域から供給され，太陽光による光合成が十分に行われることにより，健全な海草群落が維持される．この海草群落は，魚類などが産卵し，孵化した稚仔が育成する場である．回遊性の魚類であるマイワシやカタクチイワシは，沿岸性の種類であるヒラメ，タナゴなどと同様に初期生活を沿岸域の海草群落で送っていることから，沿岸域の環境保全が海洋生物の生物生産に大きな影響を及ぼしていると考えられる．沿岸生態系の保全に向けた包括的な対策が重要である．

漁業：沿岸域で生活している人々の多くは漁業か，漁業に関係した職についている．近代漁業では優れた漁船，漁具，魚探などを使用することにより，漁業関係者が省エネルギーで無差別に大量に捕獲することが可能になり，水産資源の乱獲を引き起こしてきた．しかしこのような状況を続けていく限り，漁獲対象の個体数が大幅に削減し，漁業自体が衰退することが予想される．そこで，漁獲を永続的に続けていくには，合

理的な資源の利用と管理システムを導入する必要が生じた．これまでは，MSY（最大持続生産量）を維持できるような漁獲制限を行ってきたが，必ずしも管理が成功してこなかった．健全な漁業を持続させていくには，対象種の生物学的情報を正確に収集し，きめ細かな管理システムを構築することが重要である．現在，主要魚種の管理にTAC法（海洋生物資源の保存及び管理に関する法律）などの管理システムが導入され，試行錯誤が繰り返されている．乱獲を防ぎ，将来にわたって永続的に水産資源を利用していくには，研究者や関連機関の協力はもちろんのこと，漁業関係者が水産資源を永続的に利用・管理していくという強い意志をもって行動していく必要がある．

増養殖業：日本沿岸海域ではハマチ，タイ，カキ，ホタテ，ワカメなどの増養殖業が盛んに行われており，商品価値の高い魚介類を安定して市場に供給している．最近ではクロマグロも人為的に管理することができるようになり，日本の高度な増養殖技術が世界的に認められている．増養殖業は日本人の食生活におおいに貢献してきたが問題が残されてきた．たとえば，儲かる魚介類の増養殖業は盛んに拡大され，高密度に営まれるようになってきた．その結果，魚病が発生するとともに，魚介類の排泄物が海底に堆積し，沿岸海洋環境を悪化させることになった．特に，閉鎖系で海水の循環の悪い海域ではこれが環境汚染問題になっている．湾内の海水交換を推進したり，浚渫や覆砂などによって改善を試みているところもあるが，コストパフォーマンス（費用対効果）が悪く，その成果が十分に見えてきていない．

海洋環境：海洋環境にも変化が生じていることがわかってきた．なかでも，温暖化などの物理環境や有害化学物質などによる汚染が進行することによって，海洋生態系の秩序が乱され，既存の管理システムでは予測することが難しい状況になってきた．特に沿岸海域は，これらの環境変化に直接影響を受けやすい状況にあることから，深刻な状況に置かれている．しかし，これまでの研究では，温暖化によって海洋生態系がどのような影響を受けるか十分にシミュレーションできていないし，それに対する有効な対応策を施すレベルまでには達していない．

私たちの研究チームは，沿岸海域における有機塩素系化合物（PCBs，DDTs，HCHs（BHCs），etc.），有機スズ化合物（TBT，DBT，MBT，etc.），重金属類（Hg，Cd，Pb，etc.）などの有害化学物質による汚染状況を調査し，沿岸海生生物が多大な影響を受けていることを明らかにしてきた．海洋汚染のような問題解決には，研究者はもちろんのこと，一般市民，漁業関係者，行政官，政策決定者などさまざまな分野の人々と共同してそれに対する対策を推進していく必要がある．

地震と津波

日本は地震頻発国で地震や津波に対する監視体制は他国に比較してよく整備されているが，それでも自然災害には十分に対応できない苦い経験を繰り返している．

津波は海域で起きた大きな地震による隆起・陥没によって引き起こされる．日本における津波の被害の歴史を眺めると，貴重な記録が残されている．1896年と1933年の三陸津波，1960年のチリ津波，1983年の日本海中部地震津波，1993年の奥尻島津波の被害が大きい．なかでも，チリ津波は，南米のチリで起きた地震が原因で，太平洋を渡ってきた津波が三陸地方に接近するにつれ周期が大きくなり，三陸地方を襲っ

た．特に，三陸沿岸はリアス式海岸でV字形湾であるため，湾口から湾奥に進むにつれて湾幅が狭くなりエネルギーが集中するため湾奥で津波が高くなる．当時は，地震情報や津波警報が整備されていなかったので，チリでの地震の後，多少時間があったにもかかわらず人々は津波に突然巻き込まれてしまった．それとは別に，奥尻島の津波は，地震発生後ただちに大きな津波に襲われたものであり，その対策が十分にとられる前に被害にあったケースである．地震が頻繁に起こっている三陸沿岸域では津波対策用の防潮堤が作られ，津波発生時には高台に避難する訓練が町をあげて実施されている．しかし，北海道南西沖地震のように震源地が近いところで発生した津波の場合には，住民は避難できず大きな被害を受けることになった．

2004年12月26日にインドネシア西部のスマトラ島沖の地震（M 9.0）で発生した津波によって，インドネシア，スリランカ，マレーシア，インドなどインド洋の沿岸，さらにはアフリカ諸国（ソマリア，ケニア，タンザニアなど）の沿岸に大規模な被害をもたらした．死者の数は14万人を超えるとの報道があり（朝日新聞2005年1月4日），今後，調査が進むに従って死者数は増えるものと予想される．この地震は，ユーラシアプレートの下にインド・オーストラリアプレートが沈み込んで引き起こされたものと推察されている．日本では，チリ地震，日本海中部地震，北海道南西沖地震によって引き起こされた津波によって，それぞれ約5700人，104人，230人の死者や行方不明者を出している．今回のスマトラ島沖地震の津波による被害は，これらの被害に比較してはるかに大きなもので，現地における詳細な調査が待たれる．スマトラ島沖地震による地球規模の津波被害を教訓に，国際的な情報ネットワークが整備されるとともに，住民に対する組織的な教育と避難訓練，さらには沿岸域の都市計画の再検討が行われることを期待したい．

有害化学物質による環境汚染と生物影響

産業革命以後，私たち人類は技術革新に伴い多くのものを作り出し，便利で能率のよい生活スタイルを追求してきた．その結果，1000万種を超える化学物質を生み出し，その多くをこの地球上に排出し，地球環境を乱すことになった．特に有機塩素系化合物，有機スズ化合物，重金属類，放射性核種などの有害化学物質による海洋汚染は深刻で，地球温暖化，砂漠化，フロンガスによるオゾン層の破壊，酸性雨による影響などとともに，地球規模で引き起こされる21世紀の国際的な最重要課題といえる．

近年，海棲哺乳動物の大量死が地中海，バルト海，北海，バイカル湖，カスピ海，セントローレンス川など世界各地で起きており，その要因がさまざまな角度から検討されている．有力な説として，内分泌攪乱物質などの有害化学物質による汚染が生物の免疫力を低下させたために，ディステンパーウイルスなどによる感染死が引き起こされているのではないかと考えられている．

本コラムでは，沿岸域における有害化学物質汚染の例として，インドネシアのマナドにおける水銀汚染，岩手県の大槌湾における有機スズ汚染，およびカスピ海における有機塩素系化合物汚染について紹介する．

重金属類：最近，インドネシアのスラウェシ島のマナドでは，アメリカの金鉱企業が金の精錬過程で無機水銀を使用したことから，使用済みの水銀が河川に運ばれて沿岸

域にたまり，沿岸に生息している魚介類に蓄積し，住民のあいだに水俣病に類似した症状が発生したとの報告があった（Daniel et al., 2003, 2004）．また，住民の飲料水である井戸水からは砒素が検出され，砒素中毒の症状を示す患者も見つかったと聞く．現在，日本とインドネシアの共同研究で，この河川と沿岸海域の共同調査が実施されている．魚類に有機水銀が多量に取り込まれることが予想されることから，日本は水俣病の苦い体験を生かして，インドネシア政府と協力して国際的な研究組織を立ち上げて，地域住民の健康を優先した環境保全対策を実施することが期待されている．

大槌湾生態系における有機スズ化合物汚染：船底塗料，定置網の塗料，プラスチック可塑剤に使用されている有機スズ化合物について，大槌湾をモデル海域として，（1）有機スズ化合物汚染の実態，（2）有機スズ化合物の挙動特性，（3）有機塩素系化合物の挙動の比較，（4）沿岸環境保全対策に焦点を合わせて研究を実施してきた．

大槌湾における詳細な有機スズ化合物汚染を明らかにするために，海水，プランクトン，底質，生物標本を採取し，生態系における汚染状況を調査した（Takahashi et al., 1999）．大槌湾で調査した生物のうちΣBTの値がもっとも高いのはプランクトンで，次にギンポなどの小型魚類や小型甲殻類ワレカラ類が続いている．イシイルカのΣBTの値は，海水の数万〜数十万倍であった．この蓄積特性は，食物連鎖によって生物濃縮する有機塩素系化合物の挙動とは異なっていることから，有機スズ化合物の生物体内での分解性や吸収特性が，有機塩素系化合物とは異なることを示唆している．

表面海水に存在している有機スズ化合物の濃度は造船所近くで20 ng/Lを超えており，そこから離れるに従って濃度が低下していることから，汚染源が造船所近くにあることが推定されている．しかも，組成を比較してみると，TBTの割合が高く，海水中のTBTの半減期が数日から数週間であることから，有機スズ化合物による負荷が現在でも造船所付近で連続して起きていることが推察される．アメリカの軍艦が寄港している沖縄の那覇港では200 ng/L，神奈川県の葉山のヨットハーバーでは242 ng/Lで，このような濃度の有機スズ化合物を小型甲殻類にワレカラ類の孵化後に暴露すると生残率や成長率の低下，脱皮遅延などが起こり，受精直後に暴露させると生残率の低下はもとより，形態異常やメス化が起きることが明らかになった（Ohji et al., 2002, 2003, 2004）．

底質のコアサンプルに蓄積している有機塩素系化合物濃度を年別に分析した結果，その毒性のために日本における有機スズ化合物の使用が禁止された1980年代に堆積した底質に有機スズ化合物の濃度がもっとも高く，その後，底質中の濃度が低下していることが明らかになった（Takahashi et al., 1999）．組成をみると，（MBT＋DBT）/ΣBTsの割合が低い．これは，底質中ではTBTの半減期が数年から数十年と長く，しかも大槌湾における海底部の水温が5-10°Cと低いので分解速度が遅いことによるものと推察されている．これまでに使用され底質に沈殿した有機スズ化合物はおそらく十分に分解されることなく底質から海水中に溶出しているものと推察される．

有害化学物質の生物影響と複合汚染：有害化学物質による生物影響についてさまざまな角度から研究が行われた．Subramanian et al. (1987) は，DDTsの分解物である

DDEの濃度と成熟オスの性ホルモンであるテストステロンの濃度のあいだに負の相関があることを示し，DDEによる汚染はオスの性活性を低下させる可能性があることを指摘した．

また，イシイルカ，バンドウイルカ，トド，およびヒトのリンパ細胞をさまざまな濃度のコプラナーPCBs (2.8-3400 pM) と有機スズ化合物 (3-3600 nM) に暴露させてその細胞増殖率の変化を調査した結果 (Nakata et al., 2002)，イシイルカ，バンドウイルカ，トドでは，自然界に見られる濃度範囲において，有機スズ化合物による毒性影響がコプラナーPCBsによるものより強いことが明らかになった．同様な傾向は，ヒトでも認められた．特に，TBTとDBTでは減少傾向が顕著であったが，MBTでは減少が見られなかったことから，MBTはTBTやDBTに比較すると毒性が低いことを示唆している．内分泌攪乱物質による毒性では，コプラナーPCBsなどが含まれるダイオキシン類やダイベンゾフラン類などの毒性影響が強いと考えられていたが，この研究を通じて有機スズ化合物による毒性影響もきわめて高いことが再認識された．また，単一化学物質による汚染では生物影響がない場合でも，複数の化学物質の汚染により，毒性影響が見られることが明らかになった．自然界において，海洋生物は常に複数の有害化学物質に暴露され続けていることから，今後は単一化学物質による毒性影響の調査だけではなく，複合汚染による毒性影響の調査を組織的に実施していくことが重要である．

カスピカイアザラシの危機

私たちの研究グループは，ロシアとの国際共同研究で，カスピ海北西部に位置するパールアイランドを拠点としてアザラシの調査を実施した．カスピカイアザラシに蓄積している有害化学物質の汚染状態を調査した結果，DDTsやPCBs濃度はバルト海やバイカル湖のアザラシに比較してほぼ同じか，やや低い値を示し，母親に蓄積したこれらの化学物質が出産や授乳を通じて，それぞれの胎児や子供に移行することが推察された (Watanabe et al., 1999 ; Kajiwara et al., 2002)．また，高年齢の非妊娠メスで，蓄積濃度が高い個体が多く認められることから，カスピカイアザラシには何らかの理由により子供を産めなくなったメスが出現しているのではないかと考えられている．カスピカイアザラシの妊娠率が20-30％ときわめて低く，衰弱個体，肝臓や膵臓に異常が認められる個体が観察されることから (Miyazaki, 2001)，カスピカイアザラシは生存の危機に瀕している．おそらく，有機塩素系化合物や原油起源の未知の有害化学物質などの蓄積がアザラシの免疫力低下を引き起こし，そのためにウイルスなどに感染しやすくなり，その結果，多くの個体が死亡し，異常個体が出現したのではないかと考えられる．

私たちはカスピカイアザラシを対象にディステンパーウイルスによる感染状況を調査したところ，1993年ではこのウイルスによる感染率が10％であったが，大量死が起きた1997-1998年では90％まで増加していることが明らかになった (Ohashi et al., 2001)．英国の研究者によれば，1997年と2000年に数千頭にもおよぶ大量死が起き，死亡したカスピカイアザラシから新しいタイプのディステンパーウイルスが検出されたことから，このウイルスがカスピカイアザラシの大量死の要因の1つとして考

えられると報告している（Forsyth et al., 1998；Kennedy et al., 2000）．
　これを受けて，私たちは他のウイルス感染が起きているのではないかと考え，2000年10月にふたたびパールアイランドに出掛け，野生のカスピカイアザラシから血清や組織を採取し，日本に持ち帰り，ELISA（enzyme-linked immunosorbent Assay）とウェスタンブロット法によって解析したところ，一部のカスピカイアザラシはインフルエンザウイルスAとBに感染していることが明らかになった．1998年の標本では42個体のうち11個体（26％）で，2000年の標本では，15個体のうち6個体（40％）で，インフルエンザウイルスAに対する強い抗体反応が確認された．北海道大学に保管されているレファレンス標本と対照実験を行ったところ，このインフルエンザウイルスAは1979年に世界中に広がったBangkok/1/79（H3N2）タイプであることが明らかになった（Ohishi et al., 2002）．このことは，約20年前にヒトに流行していたこのタイプが，ほとんど変異せずに長期間カスピカイアザラシの体内に存在していたことを示唆している．同様に，2000年に得られた42個体の血清をELISA法で調査したところ，2個体（4.8％）で，インフルエンザBに対する強い抗体反応が確認された．これらのインフルエンザウイルスはアザラシなどの野生動物に長期間潜在していて，突然，これらの動物からヒトに感染し，世界中に広がっていく可能性も十分考えられる．今後，インフルエンザウイルスやSARS（重症急性呼吸器症候群）などによる感染症の対策には，ヒト，野生動物，ウイルスとのあいだの相互関係を解明する研究が重要であり，その成果が期待される．

おわりに

　本コラムでは，沿岸海域における環境の実態とその問題点について概説した．ここで述べた課題は，日本のみならず国際的にも関心が高く，21世紀の重要課題であるといえる．これらの解決のためには，研究者はもちろんのこと，市民，漁業関係者，行政官，政策決定者などのさまざまな分野の人々と協力して解決していく必要がある．また，地球規模で起きている沿岸海域の問題については，国際ネットワークを整備して各分野の専門家の意見を取り入れて，都市計画も含めた総合的な沿岸海域の利用・管理および環境保全計画を立案し，人類が安全で，快適で，健康的な生活をしていくために必要な世界政策を実施していくことが重要である．
　日本は4面海に囲まれ，生物生産性の高いよい漁場に恵まれている．この恵まれた環境を生かして，日本人は昔から今日にいたるまで，長期間にわたって魚介類や海藻などの海の幸を利用してきた．その結果，日本人は沿岸域の海洋生物や環境に関して豊富で正確な知識を蓄積してきた．一方，日本人は，津波，水俣病，イタイイタイ病，PCBsによる油症などの問題に直面してきた歴史がある．これらの体験を通じて得られた情報を広く世界に向けて発信し，二度と同じ問題を引き起こさせない社会システムを確立する必要がある．沿岸環境保全や津波などの監視体制や国際的な調査・研究機関の設立に向けて，日本は世界でリーダーシップを発揮してはどうであろうか．

引用文献

Daniel, L. et al. (2003) Emissions and environmentalimplications of mercury from artisanal gold mining in north Sulawesi, Indonesia. 2003. *Science of the Total Environment*, **302**, 227-236.

Daniel, L. *et al.* (2004) Artisanal gold mining related mercury pollution in Ratatotok area of North Sulawesi, Indonesia. 2004. *Coastal Mar. Sci.*, **29**(1), 69-74. (x).

Forsyth, M. A. *et al.* (1998) Canine distemper virus in a Caspian seal. *Vet. Rec.*, **143**, 662-664.

Kajiwara, N. *et al.* (2002) Organochlorine and organotin compounds in Caspian seal (*Phoca caspica*) collected during an unusual mortality event in the Caspian Sea in 2000. *Environ. Pollut.*, **117**, 391-402.

Kennedy, S. *et al.* (2000) Mass die-off of Caspian seals caused by canine distemper virus. *Emerg. Infect. Dis.*, **6**, 637-639.

Miyazaki, N. (2001) A review of studies on the ringed, Caspian, and Baikal seals (*Pusa hispida*, *P. caspica*, and *P. sibirica*). *Otsuchi Mar. Sci.*, **26**, 1-6.

Nakata, H., A. *et al.* (2002) Evaluation of mitogen-induced responses in marine mammal and human lymphocytes by *in-vitro* exposure of butyltins and non-*ortho* coplanar PCBs. *Environ. Pollut.*, **120**, 245-253.

Ohashi, K., N. *et al.* (2001) Seroepidemiological survey of distemper virus infection in the Caspian Sea and in Lake Baikal. *Vet. Microbiol.*, **82**, 203-210.

Ohji, M. *et al.* (2002) Effects of tributyltin exposure in the embryonic stage on sex ratio and survival rate in the caprelid amphipod *Caprella danilevskii*. *Mar. Ecol. Prog. Ser.*, **235**, 171-176.

Ohji, M. *et al.* (2003) Biological effects of tributyltin exposure on the caprelid amphipod, *Caprella danilevskii*. *J. Mar. Biol. Ass. U. K.*, **83**(1), 111-117.

Ohji, M. *et al.* (2004) Effects of tributyltin on the survival in the caprelid amphipod, *Caprella danilevskii*. *J. Mar. Biol. Ass. U. K.*, **84**, 345-349.

Ohishi, K. *et al.* (2002) Serological evidence of transmission of human influenza A and B viruses to Caspian seals (*Phoca caspica*). *Microbiol. Immunol.*, **46**(9), 639-644.

Ohishi, K. *et al.* (2004) Antibodies to human-related H3 influenza A virus in Baikal seals (*Phoca sibirica*) and ringed seals (*Phoca hispida*) in Russia. *Microbiol. Immunol.*, **48**(11), 905-909.

Subramanian, An. *et al.* (1987) Age and size trends and male-female differences of PCBs and DDE in *dalli*-type Dall's porpoises, *Phocoenoides dalli* of northwestern North Pacific. *Proc. NIPR Symp. Polar Biol.*, **1**, 205-216.

Takahashi, S. *et al.* (1999) Distribution and specific accumulation of butyltin compounds in a marine ecosystem. *Arch. Environ. Contam. Toxicol.*, **37**, 50-61.

Watanabe, M. *et al.* (1999) Contamination levels and specific accumulation of persistent organochlorines in Caspian seal (*Phoca caspica*) from the Caspian Sea, Russia. *Environm. Contam. Toxicol.*, **37**, 396-407.

コラム2　黒潮の運ぶもの

はじめに

「日本は海洋国」といういい方がある．印象としては，以前ほど頻繁に目にすることはなくなった気もするが，最近でも安易に使われる場合がある．日本列島の周囲は海だという意味では，冒頭の言葉は批判するにあたらない．しかし，日本という国が海にどの程度目を向け，人々の海に対する関心や海に関する知識が高いといえるか，といった観点からは，きわめてお寒い状況であることに反論する人は少ないだろう．ここでは，日本をとりまく海における顕著な現象の1つで，日本の自然環境に大きな影響を与えている「黒潮」をとりあげる．

黒潮の流路

日本南岸沖を世界有数の海流である黒潮が流れていることはよく知られている．小学校でも，5年生で社会科の時間に学習する．しかし，どんなふうに流れているのか，その流路については正確な知識が定着しているとはいえない．地図帳などに示された黒潮は，黒潮系の海水がそのあたりに分布しているということでは誤りではないものの，実際の黒潮流路（流れの速い場所）はよりはっきりと示すことができる．すなわち，台湾と石垣島のあいだから東シナ海に入り，東シナ海の海底斜面の部分にそって北東に流れ，屋久島と奄美大島のあいだのトカラ海峡から太平洋に出る．その後本州南岸にそって流れ，犬吠埼の沖から黒潮続流として東に流れ去る．台湾の東から四国沖あたりまでの流路は比較的安定しているが，紀伊半島沖から東では，数百kmも南に蛇行して流れる場合と比較的まっすぐに流れる場合があって，数年程度の時間スケールで流路が変化することが知られている（図1）．

この流路はいくつかのパターンに分けられることがわかっている．黒潮流路の現況や変化の予測に関する情報を提供している海上保安庁では5種類に分類している．海洋物理学では，伊豆諸島の八丈島および三宅島の日平均潮位，紀伊半島の串本と浦神の潮位差を用いて3種類に分類する（Kawabe, 1985, 1995）ことが一般的となっている．「大蛇行」「非大蛇行離岸」「非大蛇行接岸」である（図2）．大蛇行の有無は串本と浦神の潮位差に明瞭に現れる．この2地点はいずれも和歌山県に属し，わずか十数kmしか離れていないが，その潮位は，黒潮が大蛇行流路であるか否かによって明らかに異なった様相を呈する．非大蛇行流路の接岸と離岸の2種類の区別は，流路が八丈島の北にあるか南にあるかによるが，このことは，八丈島の日平均潮位に明瞭に現れる．すなわち，黒潮が八丈島の北を流れている場合には八丈島の水位が相対的に高く，南を流れている場合は水位が低くなる．両者の水位差は約1mある．こうした現象が観測される理由は，黒潮を挟んで沖側は岸側よりも1mほど海面が高くなっているからである．

1950年代以降，黒潮大蛇行は，定義にもよるが6回発生した．短いもので数ヵ月，長いものは1975年半ばから1980年初めまで5年以上継続した．1990年末に消滅した大蛇行を最後に，このところ10年以上も非大蛇行流路が続いていたが，2004年夏，およそ14年ぶりとなる大蛇行が発生した．大蛇行を含む黒潮流路の変動の原因につ

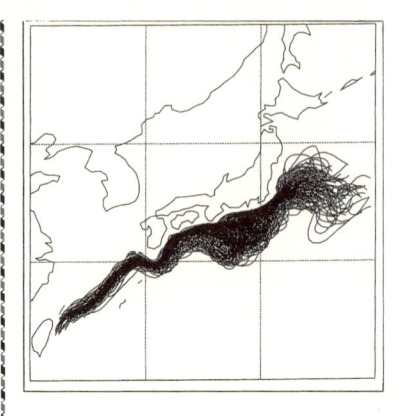

図1 1975-1990年まで15年間の黒潮流路
月に2回の流路をすべて重ねて描いたもの．台湾から四国沖までは比較的流路は安定しているが，紀伊半島よりも東では大きく変動していることがわかる．

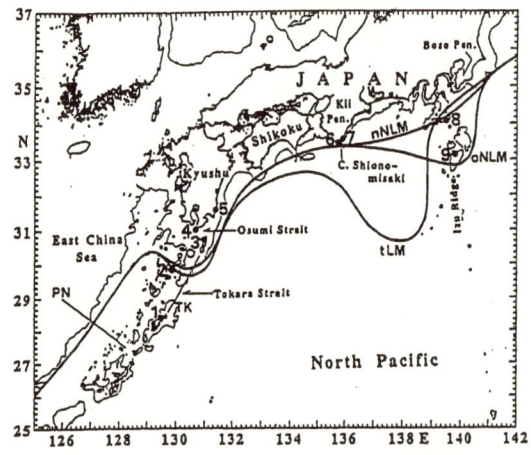

図2 Kawabe (1995) による黒潮流路の分類
本州南方で大きく南に蛇行して流れる「大蛇行流路」（図中 tLM と表示），大蛇行流路に比べて本州沿岸に接岸し八丈島の南を流れる「非大蛇行離岸流路」（図中 oNLM と表示）と八丈島の北を流れる「非大蛇行接岸流路」（図中 nNLM と表示）．

いては1960年代から盛んに研究が進められ，流量の変動が流路の決定に重要な役割を果たしていることは確実視されるにいたっている．最近では，黒潮流路をよく再現する有力な数値モデルも開発されており，流路変動に関する実用的な予測の実現が期待される．

黒潮のメカニズム

　黒潮は，北太平洋中緯度全体を時計回りにめぐる亜熱帯循環の一部である．亜熱帯

循環は，偏西風と貿易風によって維持された風成循環(ふうせいじゅんかん)で，循環の中央部では海面が盛り上がり，この海面の高い部分を右に見るように循環する．ちょうど大気の高気圧の周りでは高圧部を右に見るように風が吹くのと同様の現象といえる．なお，気圧や水位の高い方を右に見るように風が吹いたり海流が流れたりするのは北半球の場合で，南半球では逆にそうした部分を左に見るように流れる．

黒潮に限らず，大洋の西端には強い海流が存在する．これを西岸境界流という．北大西洋の湾流，南太平洋の東オーストラリア海流，南大西洋のブラジル海流などが黒潮と同様の機構で維持された西岸境界流である．西岸境界流の基本的な力学については1950年代に解明され，海流を駆動する風の強さの緯度変化と，地球自転効果の緯度変化が本質的であることがわかっている．黒潮の基本的な力学をきちんと理解するには，大学初年程度以上の数学と物理の知識を前提として，説明にあたっていくつかの準備を必要とするので，ここではその詳細を解説することはしない．関心のある向きは，保坂 (2003)，Pickard and Emery (1982)，Pond and Pickard (1983) などの文献を参照されたい．

太平洋の西の端を流れる黒潮は，日本の東沖から黒潮続流となって東に流れた後は，北米沖でカリフォルニア海流となって南向きに流れ，北緯10°から20°付近を西に流れる北赤道海流に連なる．太平洋を西向きに横断した北赤道海流はフィリピン沖で2つに分かれる．ミンダナオ海流となって南に向かう流れと，北向きに流れて黒潮の源流につながる流れである．これで北太平洋の亜寒帯循環を1周したことになる．1回りに要する時間は，これまでの観測の結果4-5年であるとされている（図3）．

定義にもよるが，黒潮の流路幅は100 km程度である．表面だけでなく，海面下数

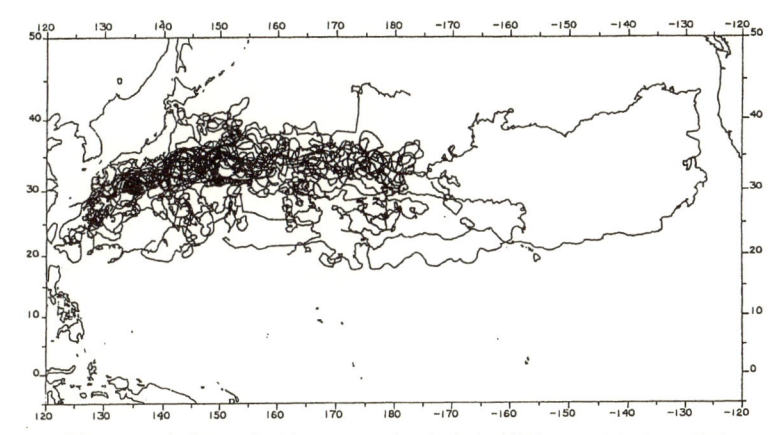

図3 1980年代に日本近海において海上保安庁が放流した漂流ブイの軌跡
　　海流に乗って移動するブイの位置を人工衛星で追跡した結果．多くは日付変更線付近までの漂流となっているが，1個は北米沖まで流れた後カリフォルニア海流に乗って南下し，北緯20°付近を西に流れる北赤道海流に乗って移動した様子がとらえられている．石井・伊藤 (1990) による．

百mまでは深さとともに徐々に流速が減少しながらも黒潮の流れと同じ方向に流れており、海面付近で観測される最大流速は2-3 m/sに達する。流れている海水の量は膨大で、平常時の利根川流量の数万倍にあたる。黒潮は、このように強大な海流であるため、地球規模の環境変動にも少なからず影響を及ぼしている。また、黒潮のわずかな変化が日本沿岸の海洋環境に対して大きな影響を与えることが知られている。

黒潮の運ぶもの

　北太平洋低緯度海域から日本近海まで北上する黒潮は、低緯度海域の温暖な海水を大量に運び、これに伴って大量の熱を日本など中緯度以北の海域に運んでいる。黒潮によって運ばれた暖かい海水は、海面上の空気を直接暖めたり（顕熱）、水の蒸発に伴って間接的に海水から大気に熱を運んだり（潜熱）する効果を及ぼす。「黒潮の暖かい海水が台風の勢力を維持する」などというのは、海面を通じて熱エネルギーが大気側に輸送されることを指している。

　熱ばかりでなく、塩分に代表される溶存物質も黒潮によって輸送される。太平洋の北緯20°付近は降水が少ないうえに強い日射による蒸発が盛んで、海面付近で塩分の高い水が形成される。高塩分（塩分35以上。塩分は単位のない量で表すが、だいたい千分率に一致すると考えて差し支えない。塩分35という場合、海水1 kgに約35 gの塩類が溶けている）で特徴づけられるこの海水は「熱帯水」あるいは「回帰線水」とよばれ、黒潮を含む亜熱帯循環の流れに乗って日本近海に運ばれてくる。黒潮は、日本近海の海水に対する塩分の供給源であるという見方もできる。

　また、黒潮に乗ってさまざまな動植物も運ばれる。島崎藤村作詞の唱歌「椰子の実」を引くまでもなく、日本各地の海岸に、南方から黒潮に乗って漂着した植物の種子が見られることはよく知られている。海水の塩分に耐え海水に浮く構造をもつ種子は、長期間の漂流に耐えて漂着した海岸で生育することがある。このように海流で生育範囲を拡大する植物は、「海流散布植物」とよばれる。熱帯地域で広く自生し、またよく栽培されているココヤシはその代表格といえる。ココヤシの果実（椰子の実）は、日本各地の海岸で漂着が観察されるが、北海道および東北の太平洋岸ではほとんど見られない（中西，1999）。このことは、日本周辺の海流分布と照らし合わせた場合、興味深い事実を物語る。すなわち、太平洋側の黒潮は、房総半島沖まで北上した後は黒潮続流となって東方に流れ去るため、東北や北海道の太平洋側に亜熱帯起源の椰子の実を運ぶ役割を果たさない。これに対して日本海側では、黒潮系の海水と中国大陸からの水が混ざって形成された海水が対馬海峡から対馬暖流となって日本海に流れ込み、日本列島にそって北海道まで北上している。この流れが椰子の実を北海道の日本海側まで運ぶ役割を果たしている。海流の分布からみても椰子の実の漂着分布は妥当なもので、ココヤシが黒潮などの海流によってその分布を広げていることを裏づけるものである。

　黒潮はさまざまな人工物も運ぶ。環境に対する影響という点で大きな問題となるのがプラスチックごみである。九州西岸などでは黒潮に乗って大量のプラスチック類が漂着することがある。多くは台湾や中国大陸起源と考えられる（藤枝，2003）。日本列島から流出したゴミ類は黒潮続流に乗って太平洋中央部に運ばれることとなる。海

鳥などの海洋生物による誤飲などの問題が顕在化している.

引用文献

藤枝　繁（2003）ディスポーザブルライターを指標とした海岸漂着散乱ゴミの流出地推定. 漂着物学会誌, **1**, 13-20.

保坂直紀（2003）謎解き・海洋と大気の物理, 講談社ブルーバックス, 282p.

石井春雄・伊藤敦史（1990）海流の広域観測研究. 太平洋における大気・海洋変動と気候変動に関する国際共同研究平成元年度成果報告書, 科学技術庁, 76-86.

Kawabe, M. (1985) Sea level variations at the Izu Islands and typical stable paths of the Kuroshio. *Journal of Oceanographic Society of Japan*, **41**, 307-326.

Kawabe, M. (1995) Variations of current path, velocity, and volume transport of the Kuroshio in relation with the large meander. *Journal of Physical Oceanography*, **25**, 3103-3117.

中西弘樹（1999）漂着物学入門, 平凡社新書, 211p.

Pickard, G. L. and W. J. Emery (1982) *Descriptive Physical Oceanography* (4th Edition), Pergamon Press, 249p.

Pond, S. and G. L. Pickard (1983) *Introductory Dynamical Oceanography* (2nd Edition), Pergamon Press, 329p.

第 2 部　環境を評価する

第5章 閾値と人間の活動可能領域

5.1 環境の計測と評価

　人は五感を通して周辺事象を知覚し，その内容や状況を判断する．五感を通して知覚することが「計測」に，内容や状況を判断することが「評価」に相当する．ところで，五感は優れた計測機能をもつが，個人差が大きい．同じ事象に対して人ごとに，計測値そのものが異なっては，評価の一致や相違について理解を深めることはできない．人々がある事象を対象に評価し，議論し，それに基づいて行動するためには，共通の物差で測り，共通の尺度で表現したデータを作成することが必要である．これが「計測」である．それゆえ，環境計測とは，「環境要素の性質や特徴，要素間の関係の強さ，人間の生存や生活に対する影響の種類や大きさを量的に評価するために，一定のルールに従って，環境要素の長さや面積，体積や重さ，速度や力の強さ，明るさや色相，あるいは環境要素間の相互作用の強さなどを測定すること」といえる．こうした計測作業を通して，1）環境要素の種類や性質・性格の区別や類型化，2）環境要素の絶対量（m, kg, ℃, m/s, ppm など）や相対量（大小，長短，軽重，高低，緩急，強弱，濃淡や組成比・割合など）の把握を行うことができる．そしてそれらに基づいて，3）環境要素間の相互作用や人類に与える影響の種類や性格や強さ，さらに，4）相互作用の中で生ずる環境変化の内容や方向を評価して，行動することができる．

5.2 自然環境の枠組みと計測・評価の視点

(1) 環境の枠組み

　環境は視点によってさまざまに類型化される（図5.1）．人間集団・非人間集団という視点からは，社会環境や自然環境に分類される．宗教や思想，

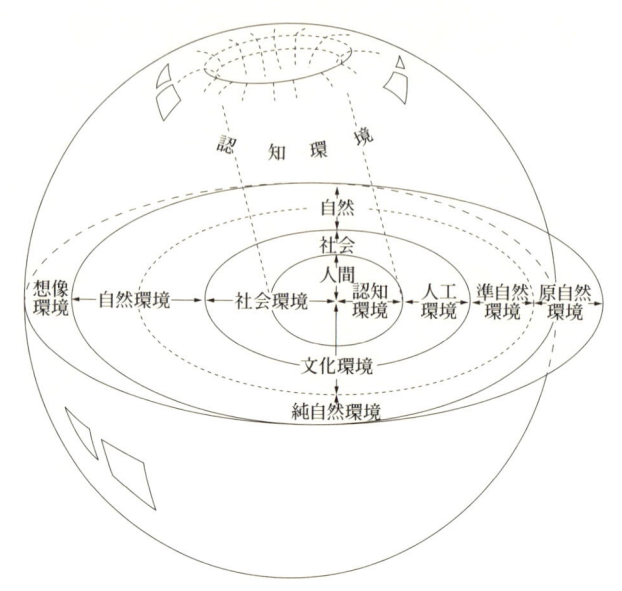

図 5.1 環境の枠組み
環境は目的に応じて社会環境や自然環境などに類型化されるが、それらは人間に認識されて認知環境となり、人々は認知環境の中で生存・生活していると考えられる。

　慣習は社会環境に含まれ、自然の未知の部分に対して創造される想像環境が自然環境の外縁をとりまく。人造物・非人造物という視点からは、人造物を主とする人工環境、人手の加わった自然を主とする準自然環境、人手の加わっていない原自然環境などに類型化される。内縁には、認識された事象に基づき頭脳内で創造される認知環境が存在し、外縁の原自然環境には、現在は人々が認識していないが、肉体的・生理的あるいは精神的に影響を受けているであろう未知の自然要素も含まれる。人造物や芸術、宗教をも含めた人間的事象と非人間的事象という視点からは、文化環境や純自然環境に類型化される。ここでは認知環境や準自然環境は文化環境に含まれ、想像環境も人々の内面に入り込み文化環境となる。さらに、人類・生物・非生物などの視点もあり、環境の類型は多様である。一方、内側にある環境は、人類の空間的拡大や文化の発展に伴って、自然環境を同化しながら拡大してきた。自然環境もまた、科学技術の進歩に伴って、未知なる自然が既知なる自然に繰り込

まれ，その外縁を広げてきた．それゆえ自然環境は，常に環境の外縁に位置するが，内側に位置するあらゆる環境の基層になっている環境である．

環境はいくつにも類型化されるが，個々の人間にとっては，時と場に応じて幾種類もの環境が錯綜し，重合して混在するため，どれが適切な類型であるかはいいがたい．いずれにしても，現実の人間は，すべての環境を包摂した認知環境を作り出し，そのなかで'喜怒哀楽'を感じ，行動し，生活する（鈴木，1976，1978；ベルグ（篠田訳），1991など）．しかし，この認知環境は，人間が勝手に作れるわけではない．好むと好まざるとにかかわらず，否定すると否定せざるとにかかわらず，現実の自然環境は五感を通して人間の知覚に入り込み，認知環境の土台を築きあげ，人々の心理や精神を制御する．それゆえ自然環境は，「物的な存在として，衣食住をはじめとする人類の生存や生活，肉体に避けがたい影響を与えるとともに，認知環境の基盤要素として，人々の心理や精神に多大な影響を及している」といえよう．

(2) 自然と生態系と自然環境

森羅万象からなる自然は独立した個々の事物の単なる集合体ではなく，すべての事物が相互関連をもつ有機的複合体である．そこでは物質やエネルギーが循環している．たとえば，あなたの身体を作っている炭素のいくつかは，昨日食べた羊の肉に含まれていた炭素である．その前は，野原の草の一部を作っていた．数万年前には，岩石の中にあったかもしれない．あなたの身体を作っている炭素は，やがて土に戻ったり，海に流れ込んだり，空中を浮遊して地球をめぐる．物質は原子や分子（化合物）としてさまざまに姿を変えながら，あるときは岩石や植物，動物の身体の一部として，特定の場所に長く滞在し，あるときは大気や水の構成物質として，浮遊・移動し，長期的にはすべての物質が地球をめぐって循環している．われわれが目の前に見ている現実の自然は，こうした物質循環のある瞬間（'現在'という瞬間）における物質の存在様式（物質がさまざまな事物を形作ったり，動いたりしている状態）にほかならない．

一方，たとえば，植物体内で形成され，植物体から動物体へ移動し，動物体内で分解される一連の炭水化物の循環過程をみてみると，以下のようなエネルギーの循環が行われている．すなわち，植物体内では光合成によって，

炭素（炭酸ガス）と水素（水）から炭水化物が合成される．この過程は太陽エネルギーから化学エネルギーが生成され，蓄積する過程である．動物による植物の摂取は植物から動物へのエネルギーの移動を意味する．動物体内では炭水化物は酸化され，ふたたび炭素（炭酸ガス）と水素（水）とに分解される．この過程で動物は生きるためのエネルギーを獲得するが，これは化学エネルギーが熱エネルギーや運動エネルギーに変わる過程を示している．このように，自然に見られる物質循環においては，原子や分子の化合や分解，移動という物質の離散集合が行われ，その過程でエネルギーの生成，変換，蓄積，移動，消費が行われている．それゆえ，「自然の中では物質やエネルギーが循環している」とか，あるいは，「自然は物質・エネルギー循環が事物（物体）や現象（音や流れなどの運動）という形に具現化したものである」と表現される．

　この自然の循環系は，現在では広く「生態系」とよばれている．しかし20世紀の初頭には，自然の循環系は食物連鎖などの生物群内での物質循環として語られることが多かったらしい．「生態系」はこの20世紀初頭の風潮を批判して，A. G. Tansley (1871-1955) が提示した概念 (Tansley, 1935) で，「生物と無機環境，およびそれらの相互変換からなる系」とか，「生物群とその生活に関与する無機環境をも含めた全体の系」とされる．そこでは，生物的要素は生産者，消費者，分解者に分けられ，人類は消費者として位置づけられる．各要素は環境作用（無機環境から受ける作用），環境形成作用（無機環境からの作用に生物が反応・変化し，結果として無機環境を変質させたり，作り変える作用），および，生物相互作用（生物の競合や共生，食物連鎖などの相互作用）によって「動的に結合された系」を形成している．系内では，無機物から有機物が形成され，ふたたび無機物に帰るという物質代謝が行われる．Tansleyの概念では生物循環や生化学循環，生物・無機環境循環が強く意識されている．

　ところで地球上では，海水中のナトリウムやカルシウム，炭素や酸素などの原子やその化合物が大気中に飛散・浮遊し，離散集合を繰り返しながら雨となって地表に降り，川を通って海に戻るといった無機化学循環や山から削られた岩石や土砂が川を流れ下り，やがて海底に堆積し，新しい鉱物や岩石に生まれ変わりながら造山運動によってふたたび山を形成するといった地質

図 5.2　自然環境の構造
　自然は地圏，気圏，水圏，および，生物圏とからなり，相互に作用しあい，物質・エネルギー循環を行っている．東京大学・新領域の環境学においては，人々の生存や生活，文化や産業に影響を与えるすべての事象を環境と考えている．

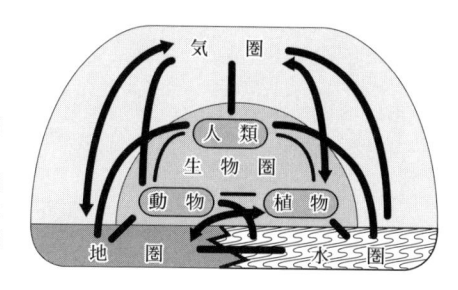

循環も行われている（大森，1993）．こうした無機物質の循環や無機環境要素間の相互作用は，Tansley の概念では強くは意識されていないように思われる．しかし自然の循環をより深く理解するためには，無機物質の循環や無機環境要素間の相互作用の理解も不可欠である．すなわち，自然は地圏や気圏，水圏からなる無機圏と植物や動物からなる生物圏とで構成され，無機圏と生物圏はそれぞれの圏内で，また圏間で物質やエネルギーの循環を行い，事物が生成され，運動し，生命活動が営まれている（図 5.2）．それゆえ現実には，Tansley の概念を拡張して，気圏，地圏，水圏の各圏内，および，圏間での物質・エネルギー循環や相互作用をも含めて，生物圏・無機圏の全体の循環系を「生態系」とよぶことが多い．

　無機圏（無機環境）と生物圏（生物環境）とからなる自然環境は，生態系という物質やエネルギー循環を通して人々の生存や生活に大きな影響を与えている（図 5.2）．それゆえ，自然環境の理解には生態系的理解が必要である．生態系は，構造（構成要素の種類や配列），機能（物質循環の経路や循環量，速度），および，制御過程（構造や機能を作ったり，変化させる仕組みとその作用過程）という側面から検討されるといわれる．環境の計測や評価においては，それらの内容をもう少し分解・再定義して，視点を明確化するのが得策である．すなわち，構造（構成要素の種類と分布形式，相互作用の様式），質（構成要素の属性と構成比，相互作用の内容），量（規模や負荷量，相互作用の強さ），動き（運動の様式や速度，相互作用の変化），および，機能（環境形成における役割，相互作用の仕組みと作用過程）の 5 つの視点から計測・評価する．なお，物理化学的・生物的（生理的）相互作用などの物質的視点からの計測・評価ばかりでなく，環境が人間に与える心理的・精

神的影響といった視点からの計測・評価が要求される場合も多い．

(3) 地域環境と環境の入れ子構造

　一般には人類を含めた森羅万象を「自然」とよぶが，自然環境を扱う場合には，「人類および人工物」を除いた集合体を「自然」とよぶことが多い．それは，'人類は自然の一員ではない'ということを主張しているのではなく，「人類」という主体と「人類の生存や生活に影響を与える自然環境」とを区別することが，自然環境を考察し，議論するときに混乱や誤解を招かないと考えるからである．この場合，生態系は，概念的には自然生態系と人間生態系とに分けて考える（図5.3）．自然環境の評価を行うためには，自然生態系の構造や機能，要素間の相互作用の強弱などの計測を行うとともに，自然生態系と人間生態系との相互作用の計測が要求される．

　一方，自然生態系と人間生態系は複合して，地域ごとに固有の「地域生態系」を展開している．「地域」には局地，広域，半球，全球，あるいは都市，近郊，郊外，田園など，ミクロスケールからマクロスケールにかけてさまざまな空間スケールがあり，スケールごとに異なった地域生態系が存在し，それらが重合して地球生態系を作っている（図5.3）．したがって，自然環境も地域ごとに固有の「地域環境」をもち，また，さまざまなスケールの地域環境が重合した「入れ子構造」になっている．

　入れ子構造（階層構造）になっている事象に関しては，スケールを取り違えて論ずると混乱や誤解を引き起こす．たとえば，赤道から極地方にかけては異なった作物が栽培されている．こうした作物は，人間が選んだものではあるが，その分布は主として気温の高低や降水量の多寡，および，それらの季節変化に依存している．一方，狭い地域でも，谷底か，山地の斜面か，尾根の上か，あるいは，日向か日陰かで異なった作物を見ることができる．こうした狭い地域の作物の違いには，たとえば，地形の傾斜や斜面方位などの局地的土地条件の違いが強く関係している．後者を根拠に，'作物の分布は地形の違いに規定されている'などと，広域的な作物の分布をも含めて一般化すると，誤解を招く．熱帯植物であるバナナは，'熱帯環境'という制約の中で'地形'を選ぶことができるが，寒帯では育たない．ある地域の自然環境を適切に理解するには，'どのスケールの地域環境を扱っているか'を

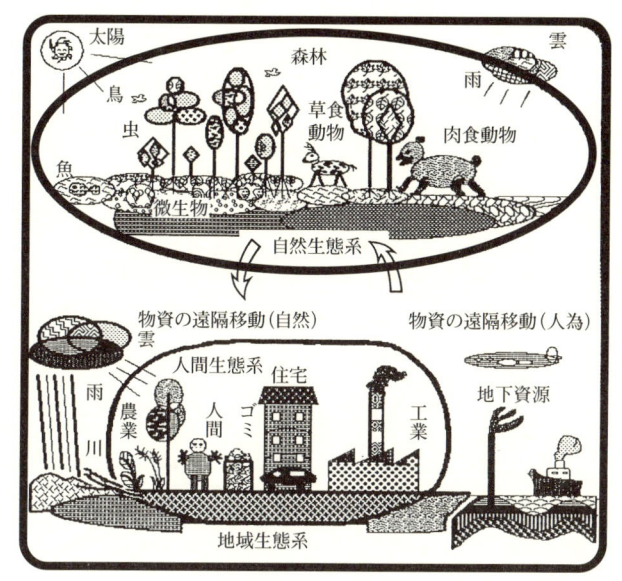

図5.3 地域生態系の構造
それぞれの地域において，自然生態系と人間生態系は相互作用を行う地域生態系を作る．さまざまなスケールの地域生態系が集合して地球生態系となる．

常に認識しておく必要がある．

5.3 閾値と人間の活動可能領域

(1) 環境の相変化と閾値

　人類の生活の場になっている自然は，太陽エネルギーという外部営力の変化と地殻変動などの内部営力の変化に伴って変化する．こうした自然自体の変化は，人間活動による変化とは区別して，「基層変動」とよぶことができる．自然の変化がほぼ一定の範囲に収まっている場合は，生態系における物質・エネルギー循環や相互作用は安定しており，自然は平衡状態を維持し，1つの「環境相」を形成しているとみなされる．しかし，たとえば地表に到達する太陽エネルギーが減少し，極地方の気温が低下すると，北極や南極で

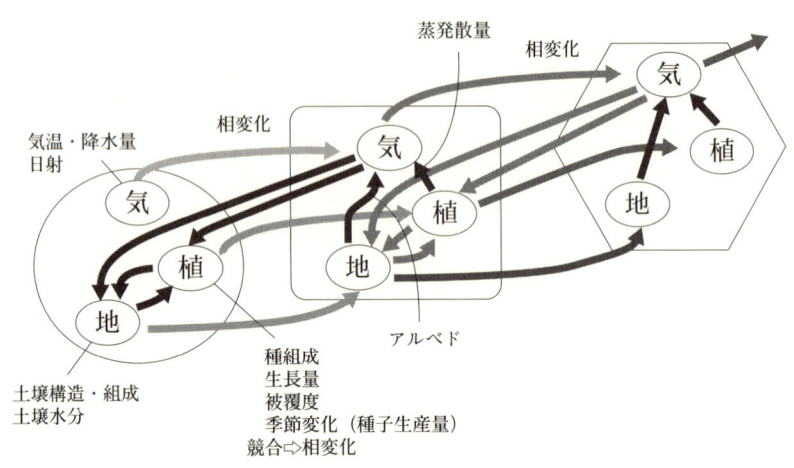

図 5.4 環境の相変化（大森, 2002a）
たとえば，気圏が変わるとその作用によって地圏や生物圏が変わり，古い環境相は全体として新しい環境相に変わる．そこでは環境要素間の新しい相互作用が始まる．

氷河が拡大し，海水量が減少する．それに伴って海面が低下し，海陸分布も変化し，そのこと自体が気候の変化を引き起こす．気温や降水量，海陸分布などの変化は植生や動物相，土壌の分布や土砂移動の速度などをも変化させ，それらは新たな相互作用を行い，新たな環境相を作り出す（図5.4，大森，2002a）．相変化は'状態が根本的に変化すること'を意味し，環境相の変化に伴って多くの生物種の絶滅が繰り返されてきた地球の自然史から推測すると，現在懸念されている環境の相変化は，人類の生存や生活にも破壊や滅亡といった深刻な事態を引き起こす可能性が高いと考えられる．

　ある環境相が維持されるのは，環境要素間の相互作用が一定の範囲に保たれているからである．それは変動する内外からの作用に対して，あるいは，その結果生じた要素間の相互作用の強さの変化に対して，それぞれの環境要素が機能を一定に保つような弾力性や耐性をもっているからである．弾力性や耐性は，'壊れやすさ'で表現すると，「脆弱性」ということになる．この弾力性や脆弱性の限界が「閾値（臨界値，臨界条件）」である．生態系は環境要素のつながりからなるが，「閾値の大きさ」は環境要素ごとに異なる．一連の環境要素のつながりの中でもっとも弱い要素の機能が壊れると，生態

系全体の循環が麻痺したり，破綻して，環境の相変化が発生する．それゆえ環境の相変化においては，「もっとも弱い要素」が鍵要素となる．「もっとも弱い要素」はどの要素か？や「閾値」はどのくらいか？は，地域生態系の構造や仕組み，内外からの作用の種類によって異なる．

(2) 人間の活動可能領域

　農牧業や漁業はもとより，人間による自然への働きかけは，「人為的インパクト」として生態系に作用する．人為的インパクトによる自然の変化は，「人為的付加変動」とよぶことができ，人為的インパクトが小さい場合には，自然の「弾力性」の中に吸収される．しかし，大規模で活発な人間の営みは，「もっとも弱い要素の閾値」を超えるインパクトを作り出し，生態系の構造破壊や機能麻痺を引き起こす．それは，人類が現在頼りとしている「現今の生態系の破綻」を意味し，温暖化や砂漠化，水質汚染などの環境悪化として現れている（茅，2002）．すなわち現在の環境悪化は，「人間活動によりもっとも弱い要素の閾値が破られて，当該要素の機能が低下したり破壊され，生態系が変化して，結果として，人類にとっては好ましくない方向へ環境の相変化が始まっている過程」とみることができる．

　ところで，「持続的発展（sustainable development）」という言葉は，現在では巷に流布しているが，1992年6月にリオディジャネイロで開催された「環境と開発に関する国連会議（the 1992 United Nations Conference on Environment and Development；地球（環境）サミット）」以降に市民権を得た言葉で，そう遠い昔のことではない（Saunier, 1999）．「持続的発展」とは，公式には，「将来における必要や要求に応えるための可能性を危うくすることなく現在の必要や要求に応えること（World Commission on Environment and Development, 1987）」とか，あるいは，「人類が蓄積してきた知識や認識，技術，人類が作り出した資産や自然資源，環境資源，そうした前の世代から受け継いだ'富'を損ねることなく次の世代に引き渡すこと（Pearce *et al.*, 1989）」といわれ，広い意味合いで使われている．自然環境の側面からその狙いどころを簡明に表現すると，「自然環境の相変化を引き起こすことなく，自然の生産性を維持・発展させること」ということができる．

一方，現在の人類は地球上のあらゆる所で生活できるといわれる．しかしそれは，人類が地球上のあらゆる環境に生態学的に適応できることを意味しているわけではない．人類が健全で健康な生活を営み，生き続けるためには，自然環境の相変化を引き起こすことなく，自然の生産性を維持・発展させることが必要である．本書でいう'人間の活動可能領域'とは，そうしたことのできる領域である．それはとりもなおさず，生態系との調和を保ちながら，生存・生活ができる領域をさし，自然への人為的インパクトが生態系を破壊しない範囲，すなわち，閾値内に限られる．したがって自然環境学では，生態系における環境要素のつながりの中で，「環境の相変化を引き起こすもっとも弱い要素（鍵要素）は何か」「閾値の大きさはどのくらいか」を探り出すことが重要な課題の1つだと思われる．

5.4 オーストラリアのマレー・マリーの砂漠化

(1) 砂漠化の閾値

　人類の生存や生活を維持・発展させるという観点からある地域（土地）の自然環境をみる場合は，広い意味での「生産性」や「居住性」が検討対象とされる．たとえば，気候や地形，土壌がよく，土地の生産性は高いか？水はきれいで，用水は確保できるか？景観が優れ，癒しの場として役に立つか？災害が発生せず，安全であるか？などである．人類に好ましい自然環境としては，高い生産性と優れた居住性が求められ，これらのいずれかが壊れていくとき，「持続的発展」もまた崩れていく．

　砂漠は「降水量が少ないため，あるいは土壌が乾燥しているために，植物がまばらにしか生えず，動物相も貧弱な生物生産性の低い土地」をさす．それゆえ，「砂漠化」は「土地の砂漠化に対する'脆弱性の限界'を超えて人為的インパクトが加わった場合に，'自然条件下で見られるものとは異なり，しかも生物生産性が低下するような生態系が出現する過程'」と定義されている（高村ら，1987；大森，1990，2002b；門村ら，1991）．すなわち，砂漠化は「人間活動によってある土地が生産性の低い土地に変化していく過程」であり，かつ，「生態系が変化し，環境の相変化が発生する不可逆的変化過程」である．いったん砂漠化が発生すると，砂漠化の程度（ひどさ）が

自乗的に進行し，同時に，次々と荒廃した土地が拡大する．それゆえ，自然復帰は困難となり，元の生態系に戻すには，多大な労力と資金，長い時間とが必要となる．したがって，砂漠化は「持続的発展」に対置する現象の1つである．「砂漠化に対する脆弱性の限界」が「砂漠化の閾値」となり，人々が健全で持続的な農業生活を営めるのは，「砂漠化の閾値」内に限られる．

　砂漠化は地球上のあらゆる地域で発生するといわれるが，水環境が厳しく，かつ，農耕の限界地域である半乾燥地域でもっとも顕著にみられる．そこでは砂漠化の3大現象とよばれる塩性化，土壌侵食，飛砂が広く発生し，土地の荒廃・植生の退行を引き起こし，農牧業に甚大な被害を与え，'人類移動'をも引き起こしてきた（大森，1992）．以下では，オーストラリア大陸のマレー・マリーの飛砂を事例に，砂漠化の閾値を考えてみる．

(2) マレー・マリーの砂漠化の背景

　オーストラリア大陸は，海岸から内陸にかけてほぼ同心円状に降水量が減少し，湿潤地域→半乾燥地域→乾燥地域へと変化している（図5.5，大森，1991）．このうち，大陸南部の年降水量250-500 mmの半乾燥地域は，偏西風帯に位置する冬雨地帯で，ユーカリ低木林が広がっている（図5.6）．1788年のヨーロッパ人の入植以降，1840年代頃までには海岸部の開拓は終わり，やがて内陸部の開発が始められた．大陸南部の半乾燥地域は，現在小麦畑が広がり，'オーストラリアの穀倉地帯'となっているが，この半乾燥地域が開拓されたのは1900年代に入ってからである．小麦地帯では，小麦（生育期間：冬季の6-9月）─休閑地─牧草地─羊の放牧，と数年ごとに作付けを変えるローテーション耕作が行われている．

　小麦地帯の農村は教会や学校，郵便局，商店，パブリックバー，駅などが集まった中心部と広く散在する農家とからなる．小麦地帯の何ヵ所かには，地方の行政・商業の中心地として都市が発達し，役所，自動車やトラクターなどの大型の商品を扱う商店，スーパーマーケット，ホテルなどがきれいな街並みを作っている．入植後100年ほどのあいだに，アボリジニーズの狩猟・採集に代わってヨーロッパの近代的農牧業が導入され，それまで維持されてきたオーストラリアの自然は劇的に変化した．それに伴って，塩性化，土壌侵食，飛砂などが各地で発生し，農牧生産量の減少，農牧地の放棄，過

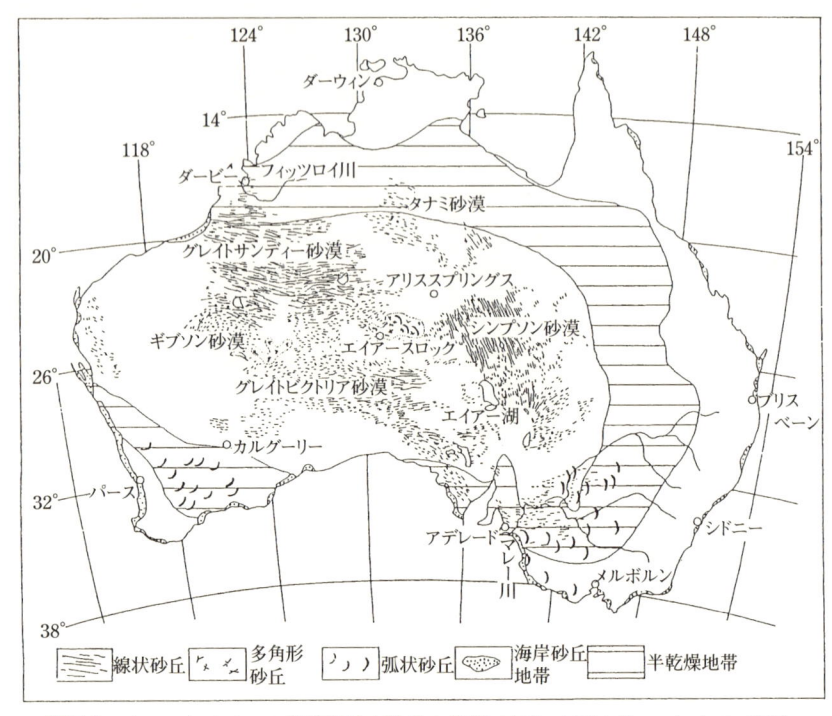

図5.5 オーストラリアの半乾燥地と砂丘の分布（大森, 1980；Ohmori et al., 1983）

図5.6 マレー・マリーのユーカリ林に覆われた砂丘と新しい開拓地（上方）
　線状砂丘の尾根，斜面，砂丘間低地でユーカリの樹種が異なるため，樹木の色合いも線状になっている．1本の砂丘は幅200-500 m，高さ5-20 m，長さは数-数十 km 以上になる．

疎，離村など大きな社会・経済・政治問題が引き起こされた（大森, 1980, 1986, 1990, 1992, 2002b；Mctainsh and Boughton, 1993）．オーストラリア大陸南東部のマレー川流域のマリー（ユーカリ低木林）に覆われた地域である'マレー・マリー'はその代表地域の1つである．オーストラリア科学

産業研究機構との共同研究で,砂漠化の調査を行っていた1970年代末期〜1980年代初頭の頃は以下のような状況であった.

「オーストラリアでは,農民からも研究者からも,"乾燥しているから,木を切れば砂丘は動くものだよ"とよく聞かされる.砂漠化防止のために,農地に植栽を進める.作付け回数を減少させる,家畜の頭数を制限するなど,農民に対してさまざまな制約が要求される.1戸当たりの土地所有面積が1033 haと大きいとはいえ,一家の収入確保を図り,経営を維持するためには,必然的に所有地の拡大が必要となり,行政府もこの方向を砂漠化対策の一方法として推進している.しかし,その結果,農村人口は減少し,農村の中心地の商業活動は衰退する.農民の日用品,農具その他の購買先は商品数の少ない農村の商店から地方中心都市へと向かうことになる.螺旋的に下降する農村の経済・社会活動はやがて,郵便,電話,道路管理,学校そして電力の供給などのサービスをも破壊していく.かくして,'Desertification of the physical landscape is prevented only at the cost of "desertification" of the human and social landscape(自然の砂漠化は人文・社会現象を"砂漠化"させることによってはじめて防止される)'(Williams, 1978)といわれることになる」(大森,1986)といわれていた時代である.農地を隣に売り払い,農村から出ていった農家の廃墟や格子状の道路と名前とだけが残った昔の農村の中心部の跡地を,いまでも各地に見ることができる.

(3) 砂丘の再活動に関する閾値

オーストラリアの半乾燥地は最終氷期(極相期は約1万8000年前)の頃,現在よりも乾燥した砂漠となっていて,多くの場所で砂丘が形成された.これらの砂丘は,現在はユーカリ低木林に覆われて固定砂丘となっている(図5.6).20世紀初頭以降に本格的に行われるようになった半乾燥地域の小麦畑の開墾は,このユーカリ林を伐採することから始められた.砂丘を覆っていた樹木が伐採されると,砂層の地表面は乾燥する.同時に風が地表を直接吹くことになり,飛砂が大規模に発生した.固定砂丘がふたたび活動するので,「砂丘の再活動」とよぶことが多い.新聞記事などによると,開墾が盛んに行われた1930年代には,強風によって砂嵐が頻発し,大量の砂が羊の毛の中に入り込み,その重みで動けなくなった羊が砂に埋もれて多数死んだ

こともある (Ohmori et al., 1983).

1粒1粒の砂粒が動くか動かないかは，砂粒の形や大きさ，重さや風の強さによって決まってくる．しかし実際の自然の中では，地表が乾いているか湿っているか，草が生えているか生えていないかなどの地表状態の違いによって砂の動きは大きく異なる．この地表の状態には降水量の多い少ないや砂層の透水性などが強く関係する．また，いったん活動を開始した砂丘の飛砂現象がすぐに治まってしまうか長く継続するかには，砂丘の砂の量や砂層の厚さが関係する．

ところで，開拓された土地ではどこでも砂丘が再活動を始めるかというと，そうではない．丹念に再活動砂丘の分布図を作ってみると，再活動砂丘は広大な農牧地帯の中に，一見でたらめに，1列あるいは数列が群となってパッチ状に分布している (図5.7；武内・大森，1988). もちろん1列といっても，砂丘の幅は200-300 m以上，長さは数-十数 km以上におよび，再活動砂丘の面積は10 haや20 haは小さい方で，100 ha以上にもなることが多いから，被害は甚大である (図5.8). どうして再活動砂丘はパッチ状の分布になるのだろうか？ どのような条件の場所で砂丘は再活動するのだろうか？

降水量の局地的差異は？ 砂丘の高さとの関係は？ 耕起の方法や回数は？ 作物の種類は？ 放牧との関係は？ いずれも明瞭な関係は認められなかった．

マレー・マリーに広がる砂丘の砂層は4つの活動期に堆積した砂層に分けられる．古い順に，更新世末期砂丘堆積物 (2万5000-1万3000年前)，完新世古期砂丘砂層 (6000-3000年前)，完新世新期砂丘砂層 (2000-700年前)，および，ここ100前後のあいだの砂丘の再活動によって堆積した現成砂丘砂層である (Suzuki et al., 1982; Ohmori et al., 1983). 砂丘は別々の時期に形成され，しかもそれらが上下，左右に複雑に重なり合っているため，砂層の厚さは場所ごとに異なる．

調査の結果，これらの砂丘砂層は石英質の砂層と石灰質の砂層とに大別できることがわかった．石英質砂層は未固結で粘土分が少なく，透水性が高く，乾くとさらさらする．石灰質砂層は粘土分が多く，透水性も低い．乾くと石灰分が固結して，モルタル状に弱い石灰岩となり，耕起すると比較的大きな

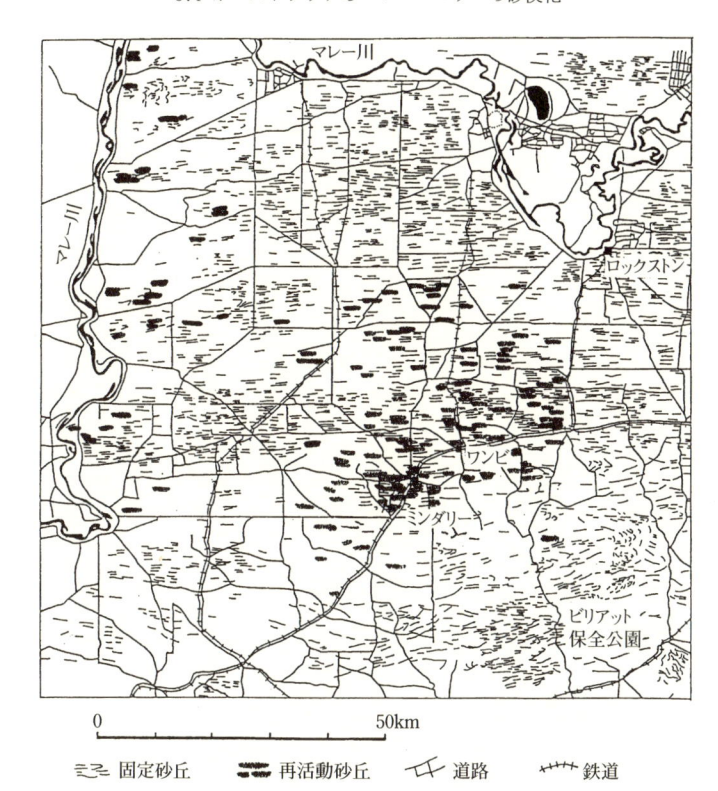

5.4 オーストラリアのマレー・マリーの砂漠化

≋≋ 固定砂丘　　■■ 再活動砂丘　　┤┤ 道路　　┤┤┤┤ 鉄道

図5.7　マレー・マリーの砂丘の分布
　再活動砂丘は局地的にかたまって，パッチ状分布を示し，ワンビやミンダリーの周辺に多くみられる．ロクストンはこの地方の中心都市．ワンビやミンダリーはかつては農村の中心部であったが，いまは名前と道路跡だけが残っている．

図5.8　マレー・マリーの農耕地内の再活動砂丘
　活動砂丘群の中には，より内陸の乾燥地でみられるアカシアが繁茂している．1つの再活動部分は，幅数百m，長さ数百m〜数km以上を示すことが多い．

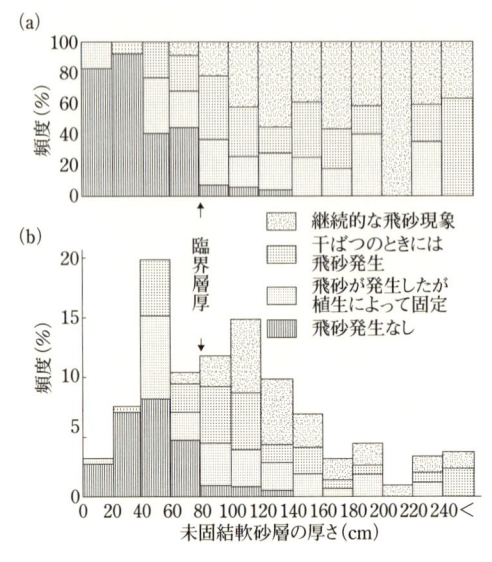

図5.9 未固結軟砂層の厚さと砂丘の活動度との関係（Ohmori and Wasson, 1985；大森, 1990）
(a)未固結軟砂層の厚さが80cmを超えると，再活動砂丘の割合が急激に増える．(b)砂丘全体の中では，未固結軟砂層が80cm以下の砂丘の占める割合が多い．

団粒を形成する．そして，飛砂を起こすのは主として完新世新期砂丘を作る石英質砂層であった．この石英質砂層は「未固結軟砂層」とよばれ，未固結軟砂層の厚さも砂丘ごとに異なる．

一方，再活動砂丘の活動形態をみると，以下の4タイプに分けられた．すなわち，Ⅰ：樹木を伐採しても飛砂が発生しなかった砂丘，Ⅱ：樹木伐採後飛砂が発生したが，その後植生によって固定されてしまった砂丘，Ⅲ：飛砂発生後に植生に覆われるが，干ばつのときにはふたたび飛砂が発生するということを繰り返す砂丘，Ⅳ：樹木の伐採後に飛砂が発生し，以後現在まで活動が継続している砂丘である．未固結軟砂層の厚さ別に，タイプⅠ～Ⅳの砂丘が占める割合をみると（図5.9(a)；大森, 1990），未固結軟砂層の厚さが40cm以下の場合は，タイプⅠの砂丘がほとんどを占め，農牧地を開いても飛砂が発生しないことを示している．未固結軟砂層の厚さが40cm以上，80cm以下の場合には，タイプⅠとⅡの砂丘が70％以上を占め，開拓しても飛砂が発生しないか，発生してもすぐ治まってしまう．しかし，未固結軟砂層の厚さが80cmを超えると，タイプⅠとⅡの砂丘の割合は急激に少なくなり，タイプⅢとⅣの砂丘が60％以上となる．特に，タイプⅠの'飛砂の発生しない砂丘'の割合は10％以下に減少し，タイプⅣの'長期間活動

が継続する砂丘'の割合が20％以上となる．また，未固結軟砂層の厚さが80 cmを超えると，厚くなればなるほど飛砂現象は激しくなる．すなわち，未固結軟砂層の厚さが80 cmを超える砂丘では，開拓するとそのほとんどで飛砂が発生し，しかも，継続的に活動したり，干ばつのたびごとに活動を再開する砂丘が多い．それゆえ，砂丘の再活動の閾値は「未固結軟砂層の厚さが80 cm」と判断される．

調査地域の砂丘全体について，未固結軟砂層の厚さごとに砂丘の数の割合や厚さ別にそれぞれのタイプの砂丘が占める割合を調べると，未固結軟砂層の厚さが80 cm以下の砂丘の割合が多い（図5.9(b)；大森, 1990）．ユーカリ林に覆われた未開拓の砂丘地帯においても，未固結軟砂層の厚さが80 cm以下の砂丘が全体の70％を占めていた（Ohmori and Wasson, 1985）．それゆえマレー・マリーでは，未固結軟砂層の厚さが80 cm以下の砂丘を開拓すべきであり，そうすることによって，砂丘の再活動の発生を防止でき，また，1戸当たりの農地も十分に確保でき，健全な農業生活を営むことができるといえる．

(4) 砂漠化した土地がユーカリ林に復帰する閾値

砂漠化が起きてしまった場合の植生の変化は，ユーカリ林の残存地と開拓地とでは異なる（図5.10；Ohmori, 1993）．開拓地では，未固結軟砂層が80 cm以下の場合は，飛砂が生じないので農牧業を継続できる．未固結軟砂層が80 cm以上の土地では，継続的あるいは間欠的に活発な飛砂が発生するため，農地は放棄されることが多い．放棄された農地では植生の遷移が始まるが，まず外来種を含む草本植生が侵入し，10年前後でトリオディアの草地やドドナエア，アカシアの低木林に変化する．トリオディアやドドナエア，アカシアはオーストラリア内陸の乾燥地域に優占する植生である．ドドナエアやアカシアの低木林は偏向遷移上の妨害極相として，通常30-50年間維持される．砂丘がこれらの植生に占められているあいだは，遷移はそれ以上には進まず，退行遷移によってふたたび裸地に戻ったり，干ばつのときには飛砂が発生する．また，これらの草地や低木林が長期間放置され，自然林に向かって進行遷移が始まる場合でも，土壌層の発達が必要であるから，ユーカリ林への復帰は千年オーダーの時間を要すると推定される（武内・大森，

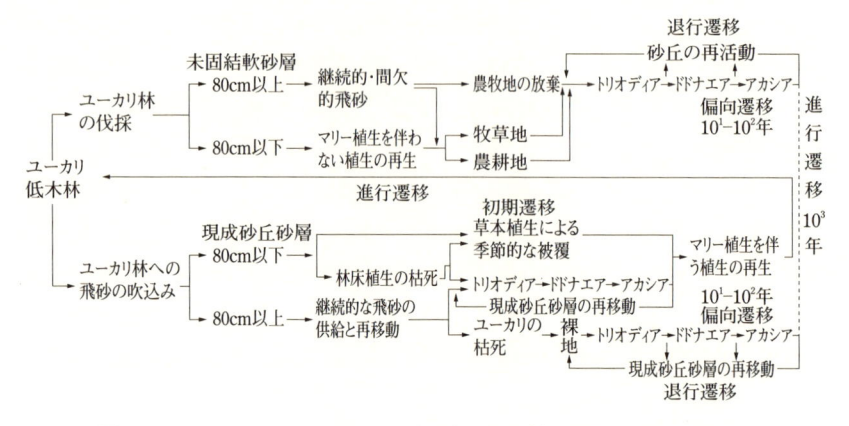

図5.10 マレー・マリーにおける砂漠化に伴う植生変化（Ohmori, 1993）

1988)．

　ユーカリ林の残存地においても，風上側の再活動砂丘から吹き込んできた砂（現成砂丘砂層）の厚さがその後の植生変化に大きな影響を及ぼす．ユーカリ林はユーカリが優占する林であるが，低木層にはカジュアリナ，カリトリス，ハケアなどが分布している．現成砂丘砂層の厚さが80 cm以下の場合には，これらの低木層や林床植生が砂層に埋没し，枯死することがあっても，ユーカリは枯死せず，やがては元のユーカリ林へと短期間で自然復帰する．しかし，現成砂丘砂層が80 cm以上になると，低木層はもとより，ユーカリの枯死をも引き起こす．ユーカリが枯死した後には，トリオディアの草地やドドナエア，アカシアの低木林が成立し，これらの植生が長期間維持される．偏向遷移が幾度となく繰り返されてユーカリ林に戻るのは，やはり千年オーダーの時間を要すると推定される．

　ユーカリ林内の現成砂丘砂層は，未固結軟砂層が飛砂としてユーカリ林に吹き込み，堆積したものである．風上側の未固結軟砂層が厚ければ厚いほど，ユーカリ林に堆積する現成砂丘砂層も厚くなる．結局，未固結軟砂層が80 cm以上の砂丘の開発は，開発した土地ばかりでなく，予期しなかった自然のユーカリ林をも巻き添えにして，広範囲の生態系の破壊を引き起こすことになる．いわれてみれば，当たり前かもしれない．

　なお，ドドナエアの低木林はアカシア低木林よりも先に再活動砂丘に侵入

図 5.11 飛砂活動を繰り返すドドナエア林
1920-1940 年代に活動した砂丘砂層上に生育し，1960-1970 年代の飛砂に埋没・枯死したドドナエア．1960-1970 年代に活動した砂層は林齢 10 年未満，樹高 1-2 m の新しいドドナエア林に覆われている．

し，再活動砂丘を'緑化'する．しかし，農民はこのドドナエアを「悪い木 (bad trees)」という．速やかに緑で覆い，一見砂漠化を治めたかにみえるが，この木が入ると，次の干ばつ時に根元で風の擾乱が発生するため，飛砂の再発を促進させる（図 5.11）．また，この木が生えていると，植生は本来のユーカリ林へ戻る気配を示さないからである．'砂漠化が進行している'といわれる砂丘でも，降水の多い年には緑に覆われることがある．しかし，砂漠化された土地が緑で覆われているのを見ただけで，砂漠化は'治まった'と結論を出しては早計に陥ることがある．ドドナエアの生育と枯死とが何度も繰り返された後，砂漠化は終焉すると思われるが，'ユーカリ林への遷移が始まっているか'が，'砂漠化の終焉'を判断するうえでの一種の閾値となっている．

5.5 閾値を探りながら生きる

　豊富な降水や温暖な気候は高い農業生産性を保証し，人々の暮らしを豊かにするが，日照りや低温は人々を食糧危機においやる．火山灰の堆積や洪水によって運ばれた土砂は肥沃な土地を生み出すが，大規模な噴火や出水は人々の生命や財産を奪うことがある．高山の美しい風景や深い緑に覆われた森林は人々の心をなごませ，健やかな精神をはぐくむが，日常生活には不適であることも多い．人間は自然の恩恵のもとで生活しているが，同時に，人間の生活は自然に強く拘束され，ときには甚大な危害を加えられることもあ

る．

　一方，昨今の大規模な土地造成や宅地開発，発達した上下水道や灌漑施設，短時間で世界を結ぶ交通機関や通信網を見て，'人間は自然を無視して住めるようになった'といわれることがある．しかし，住みにくい土地を住みやすい土地に変えるには，多大な労力とエネルギー，長い時間，膨大な資金と高い技術とが要求される．現代の豊かな社会を支えている膨大なエネルギーも，元をただせば自然資源である．また，人工物に囲い込まれた生活には，多くの人々が'息苦しさ'をも感じていて，'手つかずの自然'に'癒し'を求める場合も少なくない．結局，人類は'自然の中から生まれ，育ち，生きている'生物で，自然の制約からは逃れることはできない．

　飢えや病気，災害を回避して生きていくために，人類は絶えず自然に働きかける．このとき，必然的に本来の自然の生態系を改変する．しかし自然への働きかけが'適切'であれば，人間活動と自然とのあいだには一定の平衡状態が出現し，持続可能な生業を営むことができる．'不適切'な働きかけが行われると，生物生産性が低下する方向へ生態系は変化し，環境の相変化が引き起こされ，人々の生存と生活が脅かされることになる．オーストラリアのマレー・マリーの砂丘地帯では，人々が健全に農業生活を持続できるのは「未固結軟砂層が 80 cm 以下」の地域に限られた．そうしなければ，結局は大きな犠牲を払わされる．閾値は，'適切'か'不適切'かを判断するための指標であり，健全な人間活動の可能領域の限界を示している．

　自然への働きかけが'適切'か'不適切'かの閾値は地域によって大きく異なっている．多くの環境問題に関しての，それぞれの地域の閾値はいまだ解明されていない場合が多い．われわれは，閾値を探りながら生きることになる．

　人類はいろいろな工夫をして自然に働きかけ，快適性や利便性を拡大し，自然の制約から解放されようとしてきた．それゆえ，人類の歴史は'自然の制約（自然環境）からの解放の歴史だ'ともいわれる．しかし，'制約からの解放の工夫'は常に功を奏してきたとは限らない．砂漠化に限らず，閾値を知らないまま自然に働きかけ，その結果引き起こされた環境悪化は多くの人々の生命を奪い，多くの人々の肉体や精神をも蝕んでいる．'あなたは本当に健康で，健全か？'と問われると不安になる．環境問題をまじめに考え

ると，人類の未来は明るくは思われず，憂鬱になる．しかし一方で，砂漠化し，砂だらけになった裸の土地に，わずかに芽を出した草木のあるのを見いだして，小さな命の自然復帰への懸命な努力を感ずることがある．自然のけなげさやしたたかさ，強い弾力性や巧みな回復機能にほっとさせられる．自然の潜在力を引き出して，人間の活動可能領域を維持し，さらに発展させるための自然環境の形成には，まだ工夫の余地があるように思われる．

　自然は複雑であり，人間との相互作用もまた複雑である．自然環境の計測・評価作業はそうした複雑さをひも解き，理解し，判断する作業といえる．しかし漫然と作業を行っていては，本質はなかなか見えてこない．見抜こうとする強い意志が必要だと思う．鍵要素は何か？閾値はどのくらいか？を探ることは目的意識の強い現れの1つである．環境を計測し，環境の保全や環境悪化を防止し，よりよい環境を形成するための環境評価は，本格的にはこれから始まるのだと思う．

参考文献

門村　浩他（1991）環境変動と地球砂漠化，朝倉書店．
茅　陽一（監修）（2002）環境ハンドブック，産業環境管理協会，1238p.
Mctainsh, G. H. and Boughton, W. C. (1993) *Land Degradation Processes in Australia*, Longman.
大森博雄（1980）オーストラリアにおける砂丘の再活動とその気候上の意義について．地学雑誌，**89**, 157-178.
大森博雄（1986）オーストラリアにおける砂漠化の現状と対策，国際農林業協力，**9**(3), 68-81.
大森博雄（1990）人間がひきおこす砂漠化．斉藤　功他（編），環境と生態，古今書院，156-185.
大森博雄（1991）オセアニアの自然．由比浜省吾（編）新訂オセアニア，大明堂，3-21.
大森博雄（1992）砂漠の現状と動向(1)——自然環境から．エネルギー・資源，**14**, 410-417.
Ohmori, H. (1993) Ecological and technical bases of landscape planning. Proc. Int. Conf. *Landscape Planning and Environmental Conservation*, 111-122.
大森博雄（1993）水は地球の命づな，岩波書店，146p.
大森博雄（2002a）環境変動．似田貝香門（編）第三世代の大学，東京大学出版会，88-89.
大森博雄（2002b）砂漠化．茅　陽一（監修）環境ハンドブック，産業環境管理協会，485-497.

Ohmori, H. and Wasson, R. J. (1985) Geomorphology and stratigraphy of dunes in the Murray-Mallee near Loxton, South Australia In : Toya, H. *et al.* (eds.) *Studies of Environmental Changes due to Human Activities in the Semi-arid Regions of Australia*, Dept. Geography, Tokyo Metropol. Univ., 220-265.

Ohmori, H. *et al.* (1983) Relationship between the recent dune activities and the rainfall fluctuation in the southern part of Australia. *Geographical Review of Japan*, **56**, 131-148.

Pearce, D. W. *et al.* (1989) *Blueprint for a Green Economy*, Earthscan Publications.

Saunier, R. E. (1999) Sustainable Development, Global Sustainability In : Alexander, D. E. and Fairbridge, R. W. (eds.) *Encyclopedia of Environmental Science*, 587-592, Kluwer Academic Publishers.

鈴木秀夫 (1976) 超越者と風土, 大明堂, 168p.

鈴木秀夫 (1978) 森林の思考・砂漠の思考, NHK ブックス, 222p.

Suzuki, H. *et al.* (1982) *Studies on the Holocene and Recent Climatic Fluctuations in Australia and New Zealand*, Department of Geography, the University of Tokyo.

高村弘毅他 (1987) 砂漠化の地理学――日本地理学会1986年度秋季学術大会シンポシウムI. 地理学評論, **60A**, 93-108.

武内和彦・大森博雄 (1988) 植生からみたオーストラリア半乾燥地域の「砂漠化」現象, 地理学評論, **61** (Ser. A), 124-142.

Tansley, A. G. (1935) The use and abuse of vegetational concepts and terms. *Ecology*, **16**, 284-304.

ベルグ・オギュスタン (Berque Augustin) (篠田勝英訳) (1991) 日本の風景・西欧の景観――そして造景の時代, 講談社, 190p.

World Commission on Environment and Development (1987) *Our Common Future*, Oxford University Press.

Williams, M. (1978) Desertification and technological adjustment in the Murray Mallee of South Australia. *Search*, **9**, 265-268.

第6章　環境の変動と人為改変

6.1 環境変動論への視座——東南アジアから考える

　1980年代に入ると，グローバルな環境変動に対しての社会的な関心はいままでにない高まりをみせている．世界の中でももっとも人口密度が高いアジア太平洋地域では，近年の異常気象で主要な農産物である米収量が落ち込み，食糧安全保障を求める声も上がった．その一方，人口圧力によって急速に進んだ耕地面積の拡大は土地利用を改変するばかりか社会環境にも影響を与え，東南アジアでは伝統的農業が喪失し，商業的焼畑が拡大することで，社会規範の1つである"アダット"が保護してきた自然環境は変化していった．その結果，山地斜面での焼畑のスプロール的展開が斜面崩壊，土壌侵食の引き金となり，土石流災害が発生し，下流平野では洪水の発生頻度が高まったために，「負の環境問題」への導火線となった（FAO, 1987）．

　伝統的社会が支えてきた「循環型資源社会」は自然環境の動的な平衡性を保たせてきたが，市場経済が浸透することでローカルな村落社会に経済効率優先がもち込まれ，環境共生型社会を変えようとしている．地球温暖化のシナリオを考えると，近未来的な予測のみではなく，遠い将来を見据えた環境変動が適切に計算されて，グローバルな変動予測，そして一方では，個別地域での環境影響負荷が評価されることが必要となる．画一的な環境計画でなく個別地域のもつ社会，組織，経済，政治，自然地理的な差異を位置づけること，環境変動への視座の確立も求められている．すなわち，開発によって失われた自然環境の後戻りが不可能になる「閾値」がどこにあったのかを知り，自然環境変化の継続性と変化様式，さらにはグローカルな人間活動と自然環境の相互作用を確認すべき時期にきているといえよう．

(1) モンスーンアジアにおける環境変動の諸相

　地学的時間スケール，地形学的時間軸を基調とする自然環境変化が長期的であり，比較的緩やかであるのに対し，数年間オーダーの人間活動が及ぼす影響は短期的な応答に特色がある．開発が与えた土地被覆変化は基層の長期軸変動のプロセスと比べると変化要素が複合的である．モンスーンアジアで顕在化している重要な環境問題の1つにプライメートシティーへの人口集中があるが，これに伴って生じた都市拡大とアーバンスプロールを挙げることができよう．短期的環境変動と長期的変動の総和で湿地・水域面積・緑地面積を減少させた土地被覆変化は河川流域の保水面積，洪水氾濫許容面積を減少させることになったために，水文環境が変化し，洪水が複雑化し，都市特有の都市災害を生み出すことになった．

　平野下流部に立地している都市での災害軽減のために，堤防・放水路・堰などの河川構造物が建設され，集水域に洪水防御，灌漑，発電用のダム湖が出現すると，河川の水文環境ばかりか，土砂流出プロセスにも影響がではじめた．流域変化は沿岸域では海岸侵食を顕在化させ，沿岸地域の稲作地域の塩類集積と土壌荒廃を招いた．長期的な基層環境変動に合わせて，地球規模の温暖化傾向と海水面上昇は沿岸地域における土地利用や産業構造・社会構造を徐々に変化させようとしている．最近20年間，モンスーンアジアでは共通の現象として認められるものであるが，北部ベトナムでも海岸侵食の結果，挙家離村という社会問題をきたしている．人間活動の1コマにしか過ぎないと考えられる土地利用変化は，じつは，自然環境の長期軸的視点にたつと自然環境変化プロセスを超えて「地形環境」「河川環境」を瞬時に，大規模に変貌させることになる．その結果，自然災害に対する脆弱性が高まり駆動力が加速化されている．

(2) 海水準変動と沿岸域の応答

　IPCC (2001) は，地球温暖化による影響で2100年までに海水面が9-88cm上昇すると予測している．この予測に従って沿岸域の水没面積を計算すると，世界でもっとも稠密な人口を保有するモンスーンアジア沿岸域は海水面上昇で農地・居住地域での居住環境は劣化する．経済の南北格差も伴い，治水インフラの整備が遅れる発展途上国では水没を免れたとしても0m地

帯では洪水被害，湛水被害のフェーズは異なる．ベトナム沿岸域を対象として自然環境の変動を調査したところ，北部ベトナム，南部ベトナムの2大デルタ沿岸部で海面上昇が過去20年間継続していることと，海岸侵食面積が拡大化していることを突き止めることができた．北部ベトナムのバクボー湾岸部を見てみると，漁業集落，農業集落ともに海岸侵食による欠け地が目立っている．農地・居住地が水没することで先祖から引き継いできた土地を捨てて，中部ベトナムのダックラック地方に移動してコーヒー農園を開拓したり，水田を開発したり，また，中国国境の島嶼部に漁民として移動することも多い．どちらにしても，沿岸部からの離村を余儀なくされた農民は増加している．

このような社会変動は北ベトナム農村が長い歴史のなかで培ってきた個別ローカルな伝統的な地域社会組織が変容し，自然災害に対する村落内部での相互補完体制，既存の社会構造・産業構造の崩壊が急速に進んでいることもわかった（春山，2002）．長期的気候変動に直接リンクする高潮災害，台風災害，河川洪水といった水関連災害はモンスーンアジアではどの地域でも増加傾向にある．また，ベトナムでは台風の発生時期の早期化傾向が顕著であり，かつては中部ベトナムから北部ベトナムのみが台風襲来地域であったのが，徐々に被災地域が南側へシフトしていることも注目されよう（Matsumoto, 2002）．

このように，沿岸域の環境変動と急激に変化する土地利用のなかで災害は多様化しつつある．そこで，ハザードアセスメント，リスクアセスメントを考えるために環境変動史を踏まえた地域計画の創造が望まれる．「構造物建設」を中心にする従来型の治水インフラ整備型防災計画から氾濫原管理や土地利用管理・土地利用誘導を考え，災害共生空間を創成することに重点を置く「ソフト面を重視した防災体制」へのリスクマネージメントへの転換期にある．画一的な地域計画手法ではない地域環境特性を反映したミティゲーションの概念を導入し，地域計画に地域住民の意見を位置づけて合意形成を図ることなどを踏まえた環境調和的な計画論が望まれている．

6.2 環境変動の諸相

　自然環境変動史を解明するための学問体系には地質学，地形学，土壌学，植生史，古生物学，気候・気象学，水文学などがあるが，人間活動史にかかわる学問分野としては考古学，歴史学，社会学などが隣接分野であり，環境変動を研究対象とする分野は自然・人文の広領域にわたっている．第四紀の180万年間は地球史の中では短い期間にすぎないが，氷期・間氷期を繰り返した寒暖の歴史の中で自然環境は常に変動し続けてきた．第四紀後半，グリーンランド氷床からはダンスガード・オシュガー・サイクルとよばれる数百年から数千年間隔の気候変動が見いだされ，日本海の海底コア分析からも同様な気候変動が認められるようになった（多田，1997）．南極やカナダの大陸氷河でのアイスコアの分析からは降水量・気温の日変化までが明らかにされることになった．

　人間活動の歴史を環境との相互関係からみると次のような3つの変革期がある．①環境変化が人間活動への活発化を促す一方，人間活動の阻害要因として自然環境が機能を果たした自然環境依存期，②人間の活動域が空間的に拡大することによって自然環境を受容し，環境調和的な人間活動へと向かっていった自然環境適応期，③土木技術が高度化し，高度文明化を迎えた自然環境改造期であり，技術力の進化と開発が自然環境の閾値を超えて自然環境改造へと向かい，人間活動のために都合のよい環境を創造するようになった．完新世の1万年間は自然環境依存期から環境創造期に向かう人間活動にとって重要な時間であった．地球の温暖化で海面上昇が続き，6000年前には海進により河成海岸平野に入海を作りだし，海退によって平野は扇状地，自然堤防，デルタといった現在の平野微地形システムを形成した．気候の冷涼化，リトルアイスエイジにおいては河成海岸平野での人間の居住空間が拡大し，農業地域が沿岸部に進展させる時期を迎える．気候変動と海面変動は平野の地形環境を人間の手で改造する時期でもあり，人間活動が自然環境に人為的インパクトを与える時期となる．

(1) 完新世と環境変化

　完新世の環境変化についての研究は増えているが，尾瀬ヶ原の泥炭層の分

析からSakaguchi (1983) は7600年間の気候変化を5871-4360年BCの最温暖期, 4360-2587年BCを温暖期, 2587-2409年BCの寒冷期, 2409-2142年BCの最温暖期, 2142-1608年BCの温暖期, 1608-1401年BCの温暖期, 1401-1056年BCの移行期, 1056-580年BCの寒冷期, 580-113年BCの温暖期, 113年BC-246年ADの移行期, 246-732年ADの古墳寒冷期, 432-1296年ADの奈良・平安鎌倉温暖期, 1296-1900年ADの小氷期を示し, 最終氷期以降の環境変動は南北格差のある日本では北海道と沖縄では文化期名称も異なっているが縄文文化の成立・展開, 弥生期への移行, 古墳時代の到来などの文化諸相として環境変化に呼応していることが示された. 河成海岸平野でのボーリング調査の件数が増えると, 6000年BP前後の温暖期, 弥生期の気候の冷涼化と小海退, 中世の温暖期と海進, 江戸時代の寒冷化と小氷期などは, 地域に共通する環境変化のイベントとして確認され, 気候変化と海面変動は平野の地形形成作用と深く結びついたことが明らかにされた (海津, 1994). 同様な自然環境の変化は, ヨーロッパではプレボレアル期 (10300-9100年BP), ボレアル期 (9100-7800年BP), アトランティック期 (7800-5000年BP), サブボレアル期 (5000-2500年BP), サブアトランティック期 (2500年BP-現在) として紹介されている. さらに, 水月湖を対象とした湖床堆積物調査から高分解能の年代測定を伴う分析結果から, 地層に残された縞模様に時間軸を読みこむことが可能になり, 100年, 10年刻みの詳細な環境変動史も明らかになりつつある (川上, 1995).

しかし, 日本や欧米での研究事例を除くと, モンスーンアジア, 特に東南アジアの研究事例は少ない. そこで, 1995年から5ヵ年, 北部ベトナム紅河デルタを対象として環境変動史を解明するためにオールコアボーリング調査を行った. その結果, 日本と同様に1万年前の海面低下期から完新世にかけて急激な海面上昇が確かめられ, 6000年前のクライマテックオプティマムの現象も見いだすことができた (Haruyama et al., 2000). 考古学的知見からは, 中期完新世の人間活動史へもリンク可能となり, 最近2000年以降の王朝史のなかで意図された河川開発の歴史との相互関係が河川地形にも見いだせることになった. ベトナム南部のメコンデルタでも, 完新世の環境変動は紅河デルタ同様の経過をとってきたことが認められているが (Nguyen Van Lap et al., 2000), 世界的にみても巨大デルタであるために, 一般に日

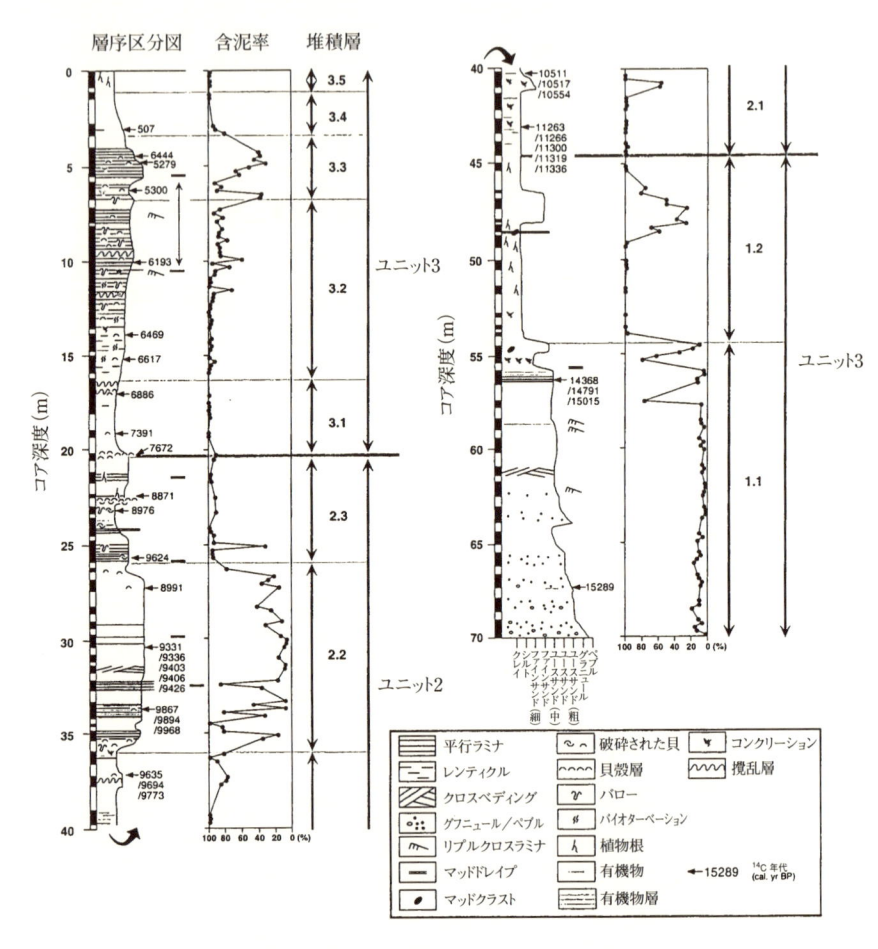

図 6.1 北ベトナムの完新世の層序(ナムディン省バッコク地点)(Tanabe et al., 2003)

本のデルタ形成と比べると海面変動の微変動よりは土砂の堆積力が大きく,リトルアイスエイジの影響をデルタに読みとるこができない.タイ中央平原でも8000年前以降の温暖化に伴い急激な海面上昇を継続したことと,その後の寒冷期に海退に向かったことが支持できるようになり,モンスーンアジア地域の環境変動は地域での応答は異なるもののグローバルな変動にリンク

6.2 環境変動の諸相

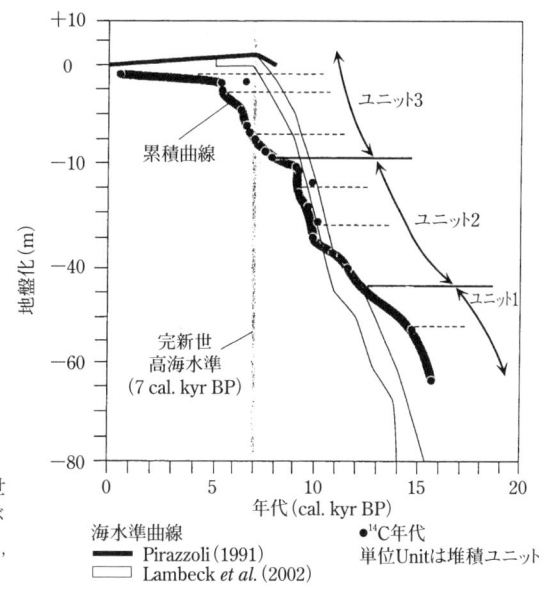

図6.2 北ベトナムの完新世の海面変動（ナムディン省バッコク地点）(Tanabe *et al.*, 2003 改変)

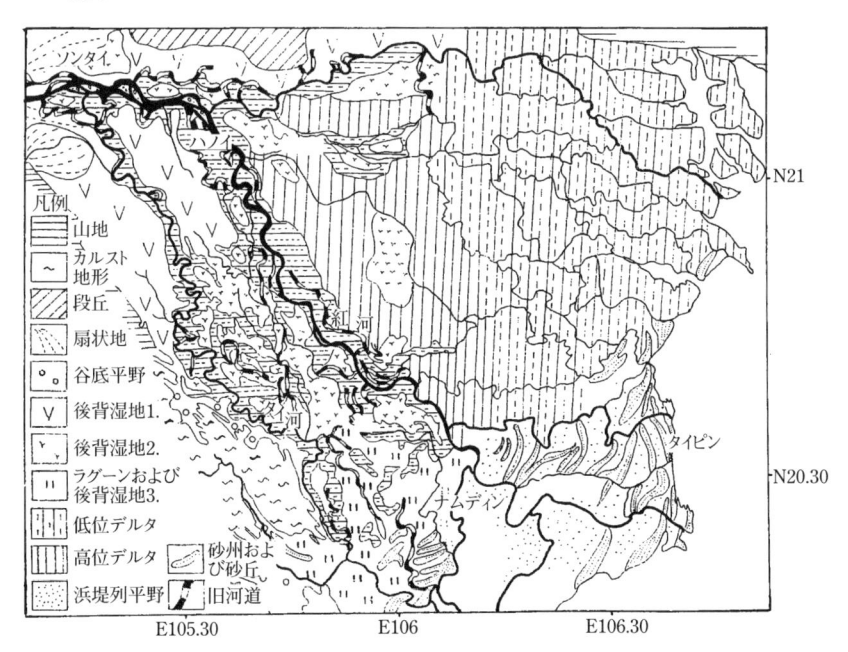

海水準曲線
― Pirazzoli (1991)
□ Lambeck *et al.* (2002)
● ^{14}C年代
単位Unitは堆積ユニット

図6.3 紅河デルタの地形

していることがわかる（春山，2000；図6.1，6.2，6.3）．

　このような環境変動史は人間活動，農耕開始にも便宜を与え，東南アジアでは王朝繁栄，水利社会を支える基礎ともなった．たとえば，メコンデルタ内奥部に位置しているトンレサップ湖岸平野を広域にわたって支配した「水の帝国」であるアンコール王朝をみてみると，12世紀にはすでに灌漑農業が人口60万人を支えていたこと，一大農業地域が湖岸に形成されていたと考えられている．しかし，寒冷化に向かう時期，1431年には湖岸平野の灌漑農業には異変が起き，王国が衰退に転向してとされる（石沢，1995）．アンコールワット寺院コンプレックス近くを流れているシェムリアップ川が形成した河川地形を見てみると，この時期の河床低下が認められ，灌漑用タンクとして使用された西バライへのシェムリアップ川からの流入量が減少したことも推測でき，河川環境変化が王朝史に変化を与えたのではないのかと考えられる．トンレサップ湖岸平野の稲作農業は，灌漑といっても現在のリセッションライスの生産様式と同じく，メコンデルタの雨季末期から乾季への洪水減衰期に堤防背後に湛水地域を稲作の水源として残して利用した特殊な灌漑様式と考えられている．

　東南アジア島嶼部の場合，火山活動などの大きな環境変化イベントが王朝を変遷させたことも知られている．世界遺産として指定された巨大な仏教遺跡コンプレックスであるボルブドール寺院，ここにはインドネシア・中部ジャワの華やかな王朝期の都市的空間が復元されている．現在も活動を続けているメラピ火山が歴史時代にも大きな噴火活動をしたために寺院は火山灰に埋もれ，王朝が東部ジャワに移動していった．カリブランタス川中流地域にはクルド火山，アンジュスマロ火山などの火山山麓に特異な灌漑技術を保有したクデリ王朝やシンゴサリ王朝が相次いで出現している．文化の後背地として河川流域をみてみると，自然環境の変動が人間生活を規制し，その一方で，人間は自然環境を掌握することで利用しようとした事例としてみることができよう．考古学・歴史学が取り扱ってきた数千年，数百年オーダーの時空間の変化系列は，緩やかな自然環境の変化が継続することで，社会構造の組織化と社会組織の持続性に変化を与えたものと評価されよう．また，灌漑農業・農業の開始期，社会の持続性を求めた水資源の開発，これと同時に王権を強化させるために，環境基盤を形成し，システムを形成させることが相

互にかかわりあってきた結果でもある．最近2000年間の人間活動が及ぼした自然環境の変貌は，地質学的な時間軸と比較してみれば，きわめて早く，変化速度が加速度化しているといえよう（加藤・春山，2002）．

(2) 歴史時代における河川環境のダイナミクス

日本のような湿潤変動地帯にある河川流域では，流域規模が小さいことと，河川勾配が急であることなどが手伝い，流域内の開発は下流平野に速やかに伝播し，その応答はきわめて早い．森林伐採と農業地域の拡大，居住空間の拡大に伴う流域規模での土地利用変化，都市域での局所的な盛り土・切り土などによる人工的な改変地形，気候変動・地殻変動に伴う環境変化のダイナミズムは河川流域環境に与えた自然史・社会史の相克史であることを示している．たとえば，淀川水系の木津川水系では奈良時代から平安時代にかけて，寺院・都城の建物資材として木材を提供するとともに，木材運搬として河川が利用されてきたため，人為的インパクトを流域全体に見いだすことができる．また，都城整備と氾濫原の洪水軽減，物資流通のための水運の便宜を図るため，京都盆地を南北に流れる鴨川の河道が固定化されているが，木津川支流でも河川堤防が建設された．寺院・都城の建物資材として木材を提供するために木津川集水域では森林伐採が進められていたため裸地化も拡大し，流域内の花崗岩地域を背景にした土砂採取，森林伐採が山地斜面の崩壊を促進させ独特なバッドランドとよばれる地形をみせるようになった．京都，大阪などの都市拡大は淀川流域に開発圧力をかけ，集水地域の土地被覆が変貌すると豪雨時の土石流災害，これに呼応した渓流土砂が下流平野に一気に流れ出すような洪水で，田畑は埋め尽くされるような氾濫も発生することになった．

木津川支流の防賀川，青谷川などでは防災事業の一環としていち早く築堤が進んだが，洪水時に本川河道に土砂堆積が集中し，河床が上昇し続けたため，河川と氾濫原との比高が最大で13mにも及ぶような天井川が形成されるにいたった．このような地域では治水インフラの整備は一時的な水害軽減には役立ったが流域の土地改変が当初予測しえなかった人工地形の拡大と河川流出高を増加させた．この結果が特異な河川景観としての天井川であり，近世，明治，大正，昭和とその後の洪水併発に寄与することになる．しかし，

最近では洪水リスク軽減のために天井川を掘削して，本川に集中する洪水流を放水路に分担させ，本川河道に親水空間を創造し，アメニティー効果が生み出されたが，かつての天井川の独特な河川景観は失われようとしている（春山，2000）．中国山地に目を投じてみると，深層風化した花崗岩山地の河川景観に同様のものをみることができる．古代から，鉄器，農具，刀などが生産されてきた地域では，鉄分を含む岩石の切り出し，人工掘削によって山地斜面には人工的な谷が刻まれ，中国山地特有の小起伏面を作り出している．このような山地は，明治時代まで植生に覆われることなく禿山景観を示していた．さらに，鉄分を分離した廃棄物を流し込んだカンナ流しの跡と天井川が中国地方の典型的な河川景観を作り出した．すでに山地斜面に植生は復帰し，自然環境が平衡状態に戻っているものの，古墳時代にまで遡る鉄器生産が山地斜面の変化を継続したため自生的地形を失っている．しかし，上流地域での変貌と土砂流出が瀬戸内海沿岸部のデルタを前進させて近世の干拓事業を容易にさせた（貞方，1994）．天井川は稲作に必要な重力灌漑をするには都合のよい河川形態であり，利水的視点からみると存在意義は大きいが，洪水危険性は高く，要注意河川である．瀬戸内海に注ぐ芦田川の現河床下からは中世の村「草戸千軒」が発掘されているが，洪水が頻繁した河川では河道変遷により平野地形は常に作り変えられてきた．

　島根県出雲平野を流れる斐伊川は古代の「ヤマタノオロチ伝説」にみるよう，数個の頭をもつ竜，暴れる河川に見立てられ，長い洪水氾濫史がある河川である．網状流の斐伊川は梅雨・台風時には「あばれる竜」と化し，川そのものがヤマタノオロチと認識されたのであろう．出雲平野を流れる斐伊川，神戸川は分流事業の結果であり，近世まで行われた土木工事「川違え」の跡が直線河道として残されている．

(3) 東海水害にみる環境変化と近年の水害

　2000年9月11-12日，台風14号による名古屋での総降水量は562 mm，最大降水量は蟹江の78 mmであり，東海水害と記録された．豪雨は前線停滞に台風の暖かい湿潤な空気が流れ込み不安定になったためであり，河川水位変動をみると，庄内川の枇杷島地点では12日2：20に危険水位 TP 9.18 mを超え，2時間後には既往最高を2 m上回り TP 9.46 mに達し，庄内川

に流入する八田川が計画高水位を超過した．天白川では11日19：50に危険水位TP 9.66 mを超え，2時間後にはTP 10.19 mに達し，100年確率洪水と計算された．このような状況下，名古屋市西区の庄内川水系では新川堤防が100 m決壊し，濁流が近隣家屋をのみ込み，天白川流域でも長期内水氾濫でライフライン，地下鉄・JR・私鉄などの都市交通網が分断される典型的都市水害となった．西琵琶町は庄内川と木曾川に挟まれた自然堤防・後背湿地の地形組み合せからなる低平な地形であるが，木曾川派川の五条川系の自然堤防はその形態から「溢流型」洪水地形，庄内川系は「集中型」洪水地形であり，水害地形的にみると破堤地点は庄内川本川の洪水が集中するばかりか，五条川水系の洪水が加わる地域で洪水リスクが高い地点であった．

1956年の伊勢湾台風後に名古屋市では他市町村に先駆け，干拓地，埋立地とデルタを対象とし，5段階に水害危険度を評価した建築基準を示す防災都市計画がたてられた．また，高リスク地域内の建造物では1階を居住地，事務用途にせず車庫・空スペースに利用するガイドラインが引かれるとともに，小田井遊水池が確保され，河道の直線化，堤防嵩上・強化も行われた．東海水害の愛知県内の被災者は死者7人，負傷者97人，家屋損傷は全壊家屋18棟，半壊家屋155棟，一部損壊家屋158棟をだし，48万9443世帯の被災で羅災率は2.25％に及んだために，名古屋市，師勝町，豊明市，西琵琶島町，豊山町，新川町が災害救助法の適用を受けた．東海洪水を1960年代の洪水と比較してみると被災面積は減少したが経済的被害額が増加し，都市機能が損傷したところに特色があり，現代的都市災害である（春山，2002c；図6.4, 6.5）．

この被災地の土地被覆を見てみると，明治―昭和時代では扇状地が桑・果樹，パッチ状の自然堤防が集落・果樹・普通畑という典型的な地形立地型を示し，微高地である自然堤防を利用した美濃街道，水田は後背湿地・デルタに立地し，畑地確保のため高畝島畑が作られた地域である．急速な中京圏の経済発展が名古屋市周辺の後背湿地・デルタを宅地化・工場の進出，鉄道・道路網を展開させながら居住地が郊外化することで，自然地形立地的土地利用は低湿地の土地利用が高度化した歴史が洪水災害被害を増幅させている．全世帯数の半数3000で床上浸水した西琵琶町は住宅地・工場共存地域であるが，昭和初年まで水田であった地域が急に市街化した地域であり，湛水を

●庄内川・枇杷島地点の出水状況

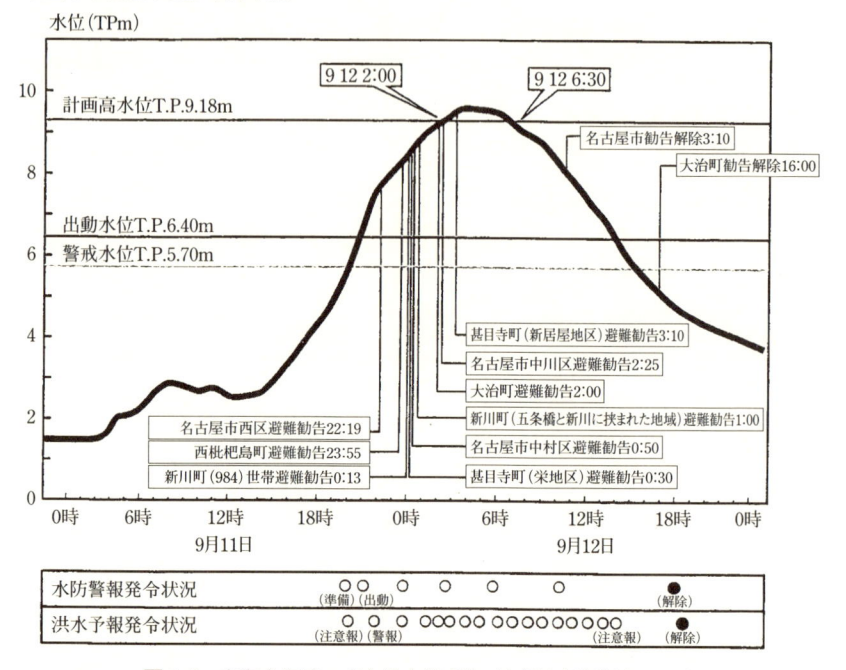

図6.4 東海水害時の庄内川水位変化（中部地方建設局，2000）

許容できる水田面積の減少で貯留機能がなくなり水害被害を拡大したのである．水害地形的な見地からすると旧河道は洪水流の水みちとなり，破堤危険性も高い．天白川の場合，狭い谷底平野に高層ビルの居住空間が展開している．全長23kmの都市河川で32km^{2}の谷底平野底部に人口21万人，資産1兆3000億円が凝集している．天井川であるため，堤防高度と家屋の屋根高度は同一レベルであり，排水処理が困難なため，地盤標高6m以下の中坪町，井の森町，野並2丁目が中心に内水氾濫が広がり，浸水地の最深部は2mを超えた．水害地形分類図上では高リスク地域として表示されていても，アーバンスプロールが旧河道を宅地化し，さらに新規住民には防災配慮が欠けていることに水害素因の1つを考えることができよう．

6.2 環境変動の諸相　　　153

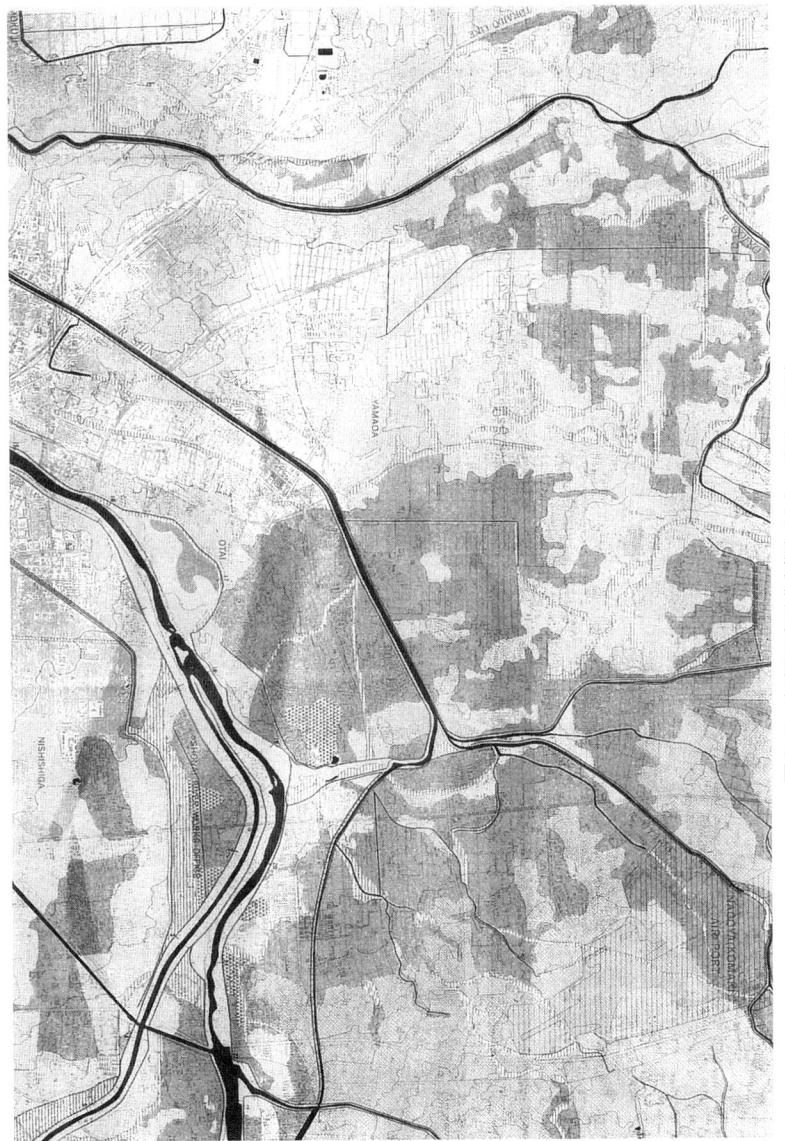

図 6.5　庄内川地形分類図（大矢・春山, 1979）

6.3 環境変動と環境問題——環境変動と災害

　東南アジアでの河成海岸平野の土地利用変化は大きい．フィリピン・ルソン島のマニラ首都圏では都市拡大によるスクオッターの増加で河川敷，湖岸，海岸，沼沢地に居住区を広げたため水域面積，緑地面積を急速に減少させ，平野微地形の従来もっていた洪水調整的な機能を失ったために，洪水被害額の増加傾向が認められる．同様の問題は，タイ，ベトナム，インドネシアなどでも共通してみられるので，近年の環境変動の諸相を東南アジアにみてみたい．

(1) ベトナムの海岸侵食

　ベトナム北部の紅河デルタは高度な土地利用で知られている．人口の急増は自然環境を変貌させ，デルタ沿岸部の居住環境に大きな影響を及ぼした．ハノイ首都圏の長期内水氾濫のみならず沿岸部の高潮災害，海岸侵食は農地被害のみならず沿岸部の地域社会に軋轢と組織変化をもたらしつつある．北部ベトナムの紅河デルタはハノイ首都圏を含む河成海岸平野であり「扇状地＋自然堤防地帯＋デルタ＋エスチュアリー＋浜堤列」の地形要素の組み合わせである．デルタは河成堆積作用卓越地域と浜堤列平野，エスチュアリーの3つに分類でき，現海岸線に平行する浜堤列，離水浜堤列は集落・畑が立地し，地形立地型土地利用である．チェニアー型海岸平野は最近100年間で海岸線が大きく変化している．紅河本川，ニンコー川，ダイ川などの河口部は海岸線の前進がみられ，ダイ川で年間平均100 m前進，ニンコー川では15世紀以降，年間平均100 mの前進である．一方，紅河河口からニンコー川河口までの砂丘地帯は年平均侵食量が50-100 m，最大300 mの海岸侵食が進み，耕作地が失われ，水田がエビ養殖地に変化した（図6.6）．冬季に100 km近い塩水遡上が起きる地域ではアオ取水灌漑が行われていた農業地域では土壌中塩分濃度の上昇で生産障害が発生している．紅河河口部では稲作面積拡大政策で，20世紀中頃まで干拓事業が進展したが，最近30年間，紅河デルタ南部の各省で海岸侵食による農業地域の欠け地が生じ，農民は中部ベトナム・ダックラック省へ移住を開始したため社会的問題に発展している（春山，2002a）．

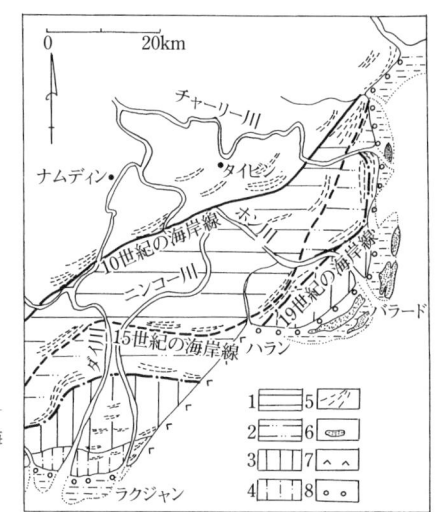

図 6.6 北ベトナムの沿岸地域の変化
凡例 1：10-15 世紀までの海岸線の移動，2：15-19 世紀までの海岸線の移動，3：19-20 世紀までの海岸線の移動，4：20 世紀の海岸線の移動域，5：離水砂州および砂丘，6：サンドバンク，7：侵食域，8：堆積域．

　紅河デルタ南部の海岸侵食要因は必ずしも人間活動のみが問われるものではないが，1）紅河上流域に建設されたホアビンダム建設によるダム堆砂により下流への土砂供給量が減少，2）沿岸域でのエビ池建設のためマングローブ林が伐採され，自然の防波堤システムが崩されたこと，3）紅河河床からレンガ材料・建設資材用の土砂礫が採取され，沿岸部への土砂供給量を減少させたこと，さらに，4）地下水汲み上げによる地盤沈下の影響，という複合作用に加え，5）最近 40 年間の台風頻度に変化が現れていること，6）紅河デルタの地形形成プロセスに伴う土砂移動のマスバランスの変化も局地的変化要因として作用したこと，もわかっている（春山，2002a，2002b）．また，沿岸部でのアオ取水灌漑水門の建設後に土砂供給が減少した地区もあり，紅河，ダイ川河口部での土砂堆積量の変化で海岸線が後退している (Haruyama et al., 2002)．しかしながら，紅河デルタ沿岸各省では海岸侵食で土地を失った住民を村落内・外に移動させるといった対応がなされるのみで地域防災計画はもたず，地域住民の海岸侵食への理解が遅れているため侵食最前線の地区で半壊家屋に居住する住民も多い．さらに，住民が木枝を用いて簡易離岸堤を作った後に局所的な侵食をきたした地域もあり，リスク管理と地域防災計画は急務の課題である．

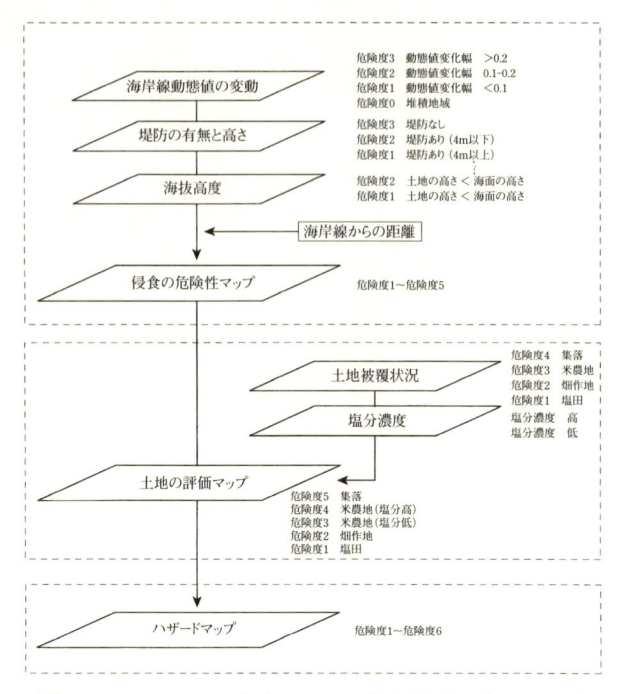

図6.7 リスクマップ作成のための手順(春山・室岡,2004)

(2) 侵食評価と海岸侵食リスクマップ

　自然災害の防御は可能であろうか？　アメリカ,オランダ,イギリス,日本のどの国を取り上げても,完全な防災はありえない.そこで,災害と戦うよりはむしろ自然災害と共生して人間の居住認識を変更させて対応し,災害駆動力が大きい場合にはハード対応,すなわち,インフラストラクチャー整備のみで対応するのではなく,土地利用政策を変えることで被災比率を低減させることも計画に含まれている.一方,低平な巨大デルタに稠密な人口を抱えるアジアでは災害からの完全撤退ができない.確率10年程度の災害にも地域計画策定時に防災施策が組み込まれることが必要であり,それ以上の頻度で発生する自然災害被災については被害比率の低減の有無が問われる.そこで,北ベトナム紅河デルタを対象として,海岸侵食の災害ポテンシャルを評価し,自然災害被災の素因,誘因の両面を勘案して災害被害緩和のため

6.3 環境変動と環境問題

表 6.1 リスクマップ(a)と評価表(b)（春山・室岡, 2004）

(a)

							土地利用の評価			
				海岸からの距離	危険性	塩田	畑作地	米農地（塩分低）	米農地（塩分高）	集落
危険性の評価	堆積地域 リスク0	堤防あり (4m以上)	陸地＞海面	0〜100m	1	1	—	2	—	3
				101〜200m	1	1	1	2	—	3
				201m〜	1	1	1	2	—	3
		堤防あり (4m以下)	陸地＞海面	0〜100m	2	1	2	2	—	—
				101〜200m	1	—	—	2	2	3
				201m〜	1	—	—	2	—	—
		堤防なし	陸地＞海面	0〜100m	3	2	—	—	—	5
				101〜200m	2	—	—	2	—	4
				201m〜	1	—	—	2	—	3
	動態値変化幅 〜0.1 リスク1	堤防あり (4m以上)	陸地＞海面	0〜100m	2	1	—	2	3	4
				101〜200m	1	1	1	2	2	3
				201m〜	1	—	—	2	—	3
			陸地＜海面	0〜100m	3	2	—	3	4	5
				101〜200m	2	1	—	2	3	4
				201m〜	1	—	—	2	—	3
		堤防あり (4m以下)	陸地＜海面	0〜100m	4	2	—	—	—	6
				101〜200m	3	—	—	3	—	5
				201m〜	2	—	—	2	—	4
	動態値変化幅 〜0.1 リスク2	堤防あり (4m以上)	陸地＞海面	0〜100m	3	2	—	3	—	5
				101〜200m	2	—	—	2	—	4
				201m〜	1	—	—	2	—	3
			陸地＜海面	0〜100m	4	2	—	—	5	6
				101〜200m	3	—	—	3	4	5
				201m〜	2	—	—	2	—	4
		堤防あり (4m以下)	陸地＜海面	0〜100m	5	3	—	—	—	6
				101〜200m	4	—	—	4	—	6
				201m〜	3	—	—	3	—	—
	動態値変化幅 〜0.1 リスク3	堤防あり (4m以上)	陸地＞海面	0〜100m	4	2	3	4	—	—
				101〜200m	3	2	—	3	4	5
				201m〜	2	—	2	—	—	4
			陸地＜海面	0〜100m	5	3	—	5	—	6
				101〜200m	4	—	—	—	—	—
				201m〜	3	—	—	—	—	—

(b)

		塩田	畑作地	米農地（塩分低）	米農地（塩分高）	集落
リスク小計	0	1	1	2	2	3
	1	1	2	2	3	4
	2	2	2	3	4	5
	3	2	3	4	5	6
	4	3	4	5	6	6

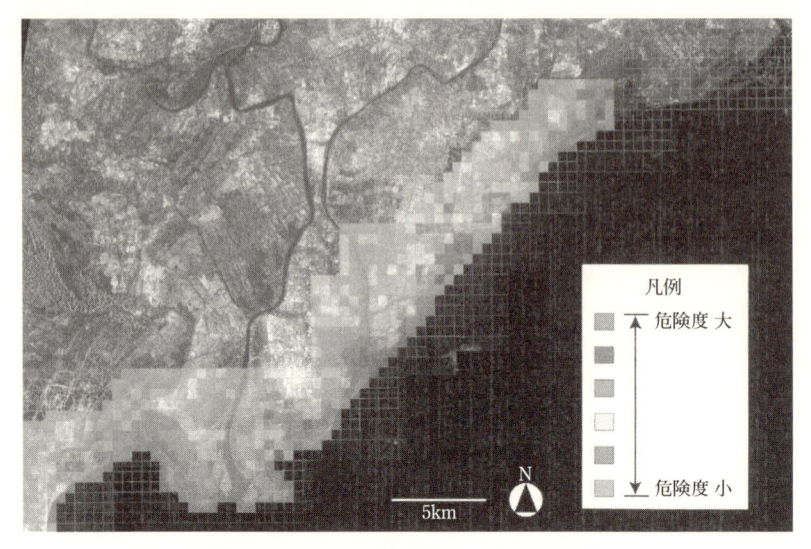

図6.8 リスクの閾値（春山・室岡，2004）

のリスクマップを作成してみた（春山・室岡，2004）．

　海岸侵食リスクをどのように評価するのか？　紅河デルタにおいて，最近5年間の海岸線変化から海岸線動態値を算定して地形条件，海岸侵食に影響を与えた自然環境要因として土地被覆，平野地形・地質，気象条件，沿岸域の海洋動態要素としての波浪，有義波高・有義波周期，人文要因として土地利用，作付け面積と農業生産性，沿岸インフラと土壌中塩分濃度などを評価軸に加え，各要素の閾値を求めることで災害リスクマップを表示することができるが，ここでは地域性を勘案して500mメッシュのリスクマップを作成する手順を示すことにする（図6.7）．リスクマップ（表6.1）に用いた閾値（図6.8）は，海岸線動態値をもとに堆積作用卓越地域で海岸侵食リスクを0，海岸線動態値が−0.1kmまでの地域は季節変動・年々変動の変化が小さいためリスク1，−0.1-0.2kmの値の地域は農業地域を侵食しているためにリスク2とし，恒常的に値の変動が負にシフトし，挙家離村にいたっている−0.2km以上の値の地域をリスク3とした．堤防整備未整備地域では，海岸侵食に対する地域計画のフレームワークにインフラストラクチャー整備が挙げられることから，堤防の有無と建設基準である堤防高さ4mを

満たすかどうかも評価軸に取り入れ，さらに，潮汐平野，旧河道などと，微高地をなす離水砂洲・砂丘の影響を反映させるために土地が海抜 0 m 以上であるかどうかを加味して海岸地域危険度とした．さらに土地利用現況を人間活動空間としての重要性から集落，米農地，畑，塩田に 4 分類し，この順に評価し，当該地域が水田志向地域であるため米農地の生産障害要素として土壌中塩分濃度を評価軸に取り込んだ．ベトナムでは 1992 年に沿岸部の米農地での塩類障害を克服するためにドライメソッドを導入している．高リスク地域では地域に応じた適切な災害防除手段を講じる必要がある．地域計画のためにリスクマネージメントは必要である．その際，環境変化の閾値を決定することで現在の防災のみならず近未来のリスク軽減に向けた計画の基礎を考えることができる．

6.4 環境変動の評価

　環境変動量が大きい日本の河成海岸平野と欧米の沖積平野では河川環境，水害地形は異なる．リスク管理から治水インフラ整備状況を比較すると，日本では 40 年確率の氾濫被害防止を目的とし，大都市圏内の国家管理 1 級河川については，1996 年時点で 100-200 年確率の降雨・洪水に対する氾濫被害・土砂災害防止を目標として計画がたてられている．1996 年現在の水害防御率は流域面積比で 5 割，流域人口比で 4 割が管理整備を完了したにすぎない．一方，1994 年，1995 年にミッシッピ川下流が豪雨・洪水に見舞われたアメリカ合衆国では 500 年確率の降雨・水害発生防備のための計画が立案されており，1992 年で整備率は 79 ％に達していた．高潮水害，ライン川の雪解け洪水に見舞われてきた低湿地オランダでは河川交通網と同様に重要であり，大都市圏を包含するライン川下流域のデルタ地域防備に対し，ゾイデル海の締め切りと高潮堤防をつなげるデルタプロジェクトが計画され，1250 年確率の洪水に対する防災拠点建設が 1996 年には完了している（佐々ら，2001）．イギリスにおいては，ロンドン首都圏内を含むテムズ川の洪水緩和のために，河口にテムズバリアーが建設され 1000 年確率の洪水回避に向かった．

　環境変動を前提として河川環境を理解することで，「災害に強い地域」の

創造が可能になる．東海水害以降，ハザードマップが重要視され，地域住民の居住環境への情報を確かなものとするために配布されるようになった．すでに，1978年に「総合治水対策」（図6.8）が開始されているが，流域全体を見通し，社会変動・自然環境変動を踏まえることは居住空間としての河川環境の管理に新たな視点を見いだすことを可能とさせた．河川法は1997年に治水・利水に加えて，「河川環境」創造と流域住民の河川環境への理解，アメニティー空間としての河川環境創造のための適切な緑地計画と伝統的工法の復元など，伝統を創造することなどが加えられた．水防林にも伝統的洪水対策として残存緑地としての再評価が与えられた．環境変動は地域性があり，環境変動を引き起こす要因の中には，ある地域に規定されるものもあり，環境変動史が明らかにされることで適切な環境管理手法が導きだせよう．

参考文献

FAO (1987) Report of the regional workshop on DATA Generation and Analysis for evaluation of irrigation projects in Asia, 14p.

春山成子（2000a）天井川の河川地理学的研究．*Technical Report (Waseda Univ.)*, 2000-20, 25p.

春山成子（2000b）天井川と地域社会の対応．平成12年度河川整備基金助成事業報告書，河川環境財団，81p.

春山成子（2000c）アンコールワットの水利構造物の立地条件に関わる一地形学的考察．学術研究，**48**, 15-24.

春山成子（2000d）紅河デルタの環境変動と農地災害．農業土木学会誌，**68**(9), 15-20.

春山成子（2002a）北部ベトナムの海岸侵食．地理，**47**(4), 98-105.

春山成子（2002b）北部ベトナム沿岸域の環境変動と稲作社会の対応．水利科学，**266**, 1-13.

春山成子（2002c）東海豪雨．増補 地形分類図の読み方・作り方，古今書院，103-109.

Haruyama, S. *et al.* (2000) Holocene Sediment of the Southern Delta of the Song Hong. *Technical Report (Waseda Univ.)*, 2000-18, 25pp.

Haruyama, S. *et al.* (2002) *Geomorphology of the Red River Delta and their Fluvial Process of Geomorphologic Development, Northern Vietnam, Long Climate Change and the Environment Change of the Lower Red River Delta*, Agriculture Publishing House, Hanoi, 71-92.

春山成子・ブーバンファイ（2002）北部ベトナムの沿岸域の環境変動．地学雑誌，**111**(1), 126-132.

春山成子・室岡瑞江（2004）紅河デルタの海岸侵食リスクマップ，**42**(1), 21-28pp.

IPCC (2001) *Climate change 2001 : The Third Assessment Report*, 786p.

石沢良昭（1995）アンコール文明の発展，歴史と気候，朝倉書店，112-133.
海津正倫（1994）沖積低地の古環境学，古今書院，270p.
加藤広隆・春山成子（2002）中部ジャワの火山活動と王朝変遷，日本地理学会春季大会要旨集．
川上紳一（1995）縞々学——リズムから地球史に迫る，東京大学出版会，253p.
Matsumoto, J. (2001) Long climatic change of the Red River Basin In : Haruyama, S. et al. (eds.) *Long Climate Change and the Environment Change of the Lower Red River Delta*, 12-56, Hanoi, Agriculture Publishing House.
Nguyen VanLap et al. (2000) Late Holocene depositional environments and coastal evolution of the Mekong River Delta, Southern Viotnam. *Journal of Asian Earth Science*, 18, 427-439.
貞方　昇（1994）中国地方の地形環境変化と水害．防災と環境保全のための応用地理学，古今書院，114-125.
Sakaguchi Yutaka (1983) Warm and stage in the past 7600 years in Japan and their global correlation-Especially on climatic impacts to the global sea level changes and the ancient Japanese history-. *Bull. Dept. Geogr. Univ. Tokyo*, 15, 1-31.
佐々淳之編（2001）自然災害の危機管理，ぎょうせい，283p.
Tanabe S. et al. (2003) SongHong delta evolution velated to millennium-scale Holocene sea-level changes. *Quaternary Science Reviews*, 22-21, 2345-2361pp.
多田隆治（1997）最終氷期以降の日本海および周辺域の環境変遷．第四紀研究，36(5), 287-300.
中部地方建設局（2000）平成12年9月東海豪雨　庄内川・新川　河川激甚災害対策特別緊急事業（パンフレット）．
大矢雅彦・春山成子（1979）庄内川地形分類図，中部地方建設局庄内川工事事務所（地図）．

第7章　自然環境の変遷と景観予測評価

7.1 自然環境の変遷

　わが国においては，自然の環境的価値や環境保全が認識されるようになったのは，決して古いことではない．

　1971年に自然環境保全法が制定され，それに基づいて自然環境保全地域が全国で543ヵ所指定されているが，面積は約10万haで，国土のわずか0.26％にすぎない．実際には，自然環境保全法制定以前から指定されてきた自然公園地域が国土の14％を占めており，これがわが国の自然環境の保全に深くかかわってきている．したがって，わが国の自然環境の変遷については，自然公園を抜きにしては語れない．なかでも，国立公園が果たしてきた役割は大きい．

(1) 国立公園の誕生

　国立公園法が制定されたのは1931年である．これによって優れた日本の自然風景が国立公園として1934年から指定開始される．同年には8ヵ所にすぎなかったが，その後順次指定されて，現在は28ヵ所200万haの面積を占めている．国定公園，都道府県立自然公園を含めた自然公園の面積は530万haにも及んでいる．日本を代表する自然風景の保護と利用を目的として誕生した国立公園ではあるが，現在になってみると結果的に，わが国の自然環境の保全に大きな役割を果たしてきた（図7.1）．

　しかし，その設立にいたる大正末期から昭和の初期にかけては，自然，自然風景は実際にどのように考えられていたのであろうか．当時の風景の専門家と一般の国民の2つの立場から考えてみたい．

　(a) 利用論と保護論

　本多静六（1866-1952）は，埼玉県に生まれ，東京農林学校卒業後ドイツ

図7.1 上高地（中部山岳国立公園）
日本新八景の渓谷部門に選ばれ，昭和9年に最初の国立公園の1つとして選定された．シーズンには過剰利用を制限するために交通規制が行われている．

に留学しドクトルを取得した．帰国後，東京帝国大学農学部教授となり，林学を専門とし，さらに日本で造園学を始めた学者である．わが国で最初の洋風公園として1903年に開園した日比谷公園は本多の設計である．

その本多の主張は「世の中には真，善，美があり，真善美が調和しているときはよいが，もし矛盾する場合には，真善は美に超越する」という論であった．本多は，鉄道，道路，ケーブルカー，発電所などは，文化的な生活をおくるうえで必要不可欠なものであるから真に善である．したがって，そのために風景（美）が多少俗化してもやむをえない．また，鉄道，道路などをつけることによって広く一般の人たちが合理的平等に利用することができるとの主張もした．本多の弟子である田村剛（1990-1979）も，公園は実用化することに意味がありそのためには，加工をする必要がある．交通，宿泊，運動，温泉などの施設が必要で，一種のリゾートでもあるとの主張もしている．これに対して，やはり本多の弟子にあたる上原敬二（1889-1981）は，本多・田村の説に真っ向から反論した．国民は将来にわたって決して俗化した風景は望まない．また，鉄道，道路などをつければ，一般の国民の利用よりも一部特権階級の人たちに有利に利用されることになるという論を張ったのである．

当時は，日本ではじめてのことでもあり，国立公園の内容や運営に関しては，まったく不確定であった．したがって，本多，田村，上原らに代表される専門家も真剣に議論を戦わせていた．利用に重点を置くのか，保護を優先するのかに関しての熱い議論が当時の新聞や専門誌，専門書の中に多く残っ

ている.

(b) 日本新八景の選定

一方,当時の一般の国民の風景に関する関心を知るのによい事例がある．1927年に,東京日日新聞と大阪毎日新聞によって「日本新八景の選定」が行われた．読者による投票をもとに「海岸,湖沼,山岳,河川,渓谷,瀑布,温泉,平原」を一景ずつ計八景を選ぶという企画である．投票方法は,はがき1枚に一景を書いて応募するものであった．

応募期間は,4月13日から5月20日のわずか38日間,この期間に全国から集まったはがきは,じつに9320万3085枚に達した．当時の日本の人口は6000万から7000万人のあいだであったから,わずか1ヵ月のあいだに日本の全人口の1.5倍にあたる9000万以上の投票があったのである．現在と違って,マスメディアのまったく発達していない時代に,全国から信じられないような大量の投票があったことから,当時の国民の風景に対する関心が,現在では,想像もできないほど高かったことがわかる．

新八景の選定にあたっては,投票結果の1位をそのまま採用したのではなく,49名の委員による審査委員会を設け,2回の委員会での激しい議論を経て決定にいたっている．委員は,日本の学界,芸術界の権威を網羅した東西の識者から構成され,川合玉堂,横山大観,田山花袋,泉鏡,谷崎潤一郎,幸田露伴などが含まれていた．第2回の審査委員会は,7月3日,丸の内東京会館で午前10時より行われ,13時間にわたる大討論の末,午後11時10分に決定にいたった.

その結果選定されたのが,「海岸：室戸岬」「湖沼：十和田湖」「山岳：温泉岳」「河川：木曽川」「渓谷：上高地」「瀑布：華厳滝」「温泉：別府」「平原：狩勝峠」である．このなかで国民が1位に投票したものは,室戸岬と温泉岳の二景だけである．

当時の委員会における白熱した議論の様子が,東京日日新聞（1927年7月6日）に「審査委員会における涙ぐましい論戦」と題して紹介されている．

全国から1億近いはがきが殺到し,専門家が決闘覚悟で議論した日本新八景選定は,全国民あげての涙ぐましい風景のための運動であった．これほど風景に関心が寄せられたことは過去にもなかったし,今後も二度となかろう．

この風景のための運動の背景には,新八景の選定が国立公園の指定に大き

く関係すると考えられ，その結果次第では，観光による地域振興が実現できるに違いないという国民の熱い期待があった．

(c) 国際観光

昭和初期は，世界的に不況風が吹き荒れていた時代であった．ウォール街の大恐慌は昭和4（1929）年である．日本の経済は疲弊しており，政府は国際観光による外貨獲得をもって，景気の浮上を図ることを国策としていた．1929年議会において，世界的経済不況に対する対策として外客誘致に関する中央機関設置に関する建議案が可決され，また内閣は国際賃借改善に関する審議会を設置し，1930年に鉄道省に国際観光委員会を設置し，外客誘致に力を注いだ．1931年に国立公園法が制定された背景には，日本の代表的風景を指定して保護することよりも，海外からの観光客を誘致し利用させることに大きな意義があった．したがって，国立公園の選定基準には，次のような部分があったのである．

「……海外ニ対シテモ誇示スルニ足リ，世界ノ観光客ヲ誘致スル魅力ヲ有スルタルコト……」

国立公園の誕生を直前に控えて，利用か保護かでの議論が熱心に行われたが，その設立時には，利用に対する期待が，きわめて大きかったのである．

(2) 自然環境の保護と保全

(a) 国土開発と自然保護

昭和初期の不況期に，自然環境が外貨獲得のための観光対象となったが，第二次世界大戦後にも観光による経済復興に力が注がれ，各地で観光道路などの開発が相次いで行われた．日光道路（いろは坂）が1954年，磐梯スカイラインは1959年に開通し，その後の各地でのスカイラインブームに先鞭をつける．しかし，その後の日本の急速な経済発展は，公害をもたらすこととなるばかりでなく，開発や過剰利用が風景の破壊を引き起こす結果となり，国民の関心は自然保護へと強くシフトしていった．

日本の自然保護は尾瀬から始まったといわれ，自然保護協会の前身は，1949年にできた尾瀬保存期成同盟である．日光国立公園の核心地であり美しい湿原と植物で人気の高い尾瀬は，いまでは考えられないことだが，戦前からその地形的要因と豊富な水量から電源開発の対象としてダムの候補地と

表7.1 観光と国立公園

	観光	国立公園
1946	運輸省業務部観光課	------------------------------
1948	運輸省大臣官房観光部	厚生省公衆保健局国立公園部
1955	運輸省観光局	------------------------------
1964	------------------------------	厚生省国立公園局
1968	運輸大臣官房観光部	厚生大臣官房国立公園部

なってきた．また，阿寒国立公園の特別地域内での硫黄採取などが問題となった．戦後の復興期には，観光開発，電源開発，鉱山開発が次々と自然環境の豊かな地域に計画され，それらが自然保護運動を盛んにさせていったのである．

1950年に国土開発法が公布された翌年の1951年に自然保護協会が設立される．その第1回の理事会では，雌阿寒岳硫黄採掘問題の対策が協議され，初の評議会では，富士山頂ケーブル鉄道の架設，富士山麓本栖湖疎水工事計画，北山側水力発電計画などの問題が協議されたのである（(財)自然保護協会，2002 a）．

国土開発の名の下に，尾瀬や阿寒や富士などの優れた自然環境，自然景観がさまざまな開発の対象となったが，それらは自然保護を推進する人たちの運動と努力の積み重ねによって護られてきたといえよう．

当時の観光と国立公園行政の関係を現す興味深い動きがある（表7.1）．戦後の経済復興に向けて，1946年に運輸省に「観光課」が設置される．国の行政で新しい課が誕生するのは，国が観光をきわめて重要な事業とした現れである．わずか2年後の1948年には，「観光課」が「観光部」に格上げになっている．その同じ年に厚生省に「国立公園部」が設置される．明らかに観光行政と国立公園行政の連携が読みとれる．1955年には，「観光部」がさらに「観光局」に格上げになり，1964年には後を追って「国立公園部」も「局」に格上げされる．ちなみに東京オリンピックが開催されたのは1964年である．

その後，1967年には「公害対策基本法」が制定され，1968年には「大気汚染防止法」と「騒音規制法」が相次いで施行される．もはや，開発効果よりも公害が社会的問題となる．開発の柱であった観光は役割をひとまず終え

表7.2 わが国の自然公園((財)国立公園協会編, 2003)

自然公園面積総括

平成14年3月31日現在(単位:面積〈ha〉, 比率〈%〉)

種別	公園数	公園面積	比率※	内訳					
				特別地域				普通地域	
				特別保護区					
				面積	比率	面積	比率	面積	比率
国立公園	28	2,056,556	5.44	270,307	13.1	1,466,382	71.3	590,174	28.7
国定公園	55	1,343,255	3.55	66,487	4.9	1,250,040	93.1	93,215	6.9
都道府県立自然公園	308	1,961,928	5.19	—	0.0	703,576	35.9	1,258,352	64.1
合計	391	5,361,739	14.18	336,794	6.3	3,419,998	63.8	1,941,741	36.2

※国土面積に対する比率.

たということで1968年に「観光局」は「観光部」に格下げになる.すると,「国立公園局」も同時に「部」に格下げになるのである.このように,当時は国立公園と観光は強く結びついて認識評価されていたのである.

(b) 自然公園の体系化

1948年にアメリカ合衆国内務省国立公園局からC. A. Lichyが来日し,日本の国立公園を現地視察し,関係者と意見交換をした結果をもとに翌1949年に調査報告書を出している.その報告書の中で,日本の国立公園指定の狙いは,①風致的科学的に重要な景観を保護すること,②政府の財政援助により,道路・宿泊施設・その他公共施設を促進すること,③観光資源として外貨を獲得すること,の3点にあるが,①のみが公園設定の正当な理由であると述べ,日本の国立公園はアメリカ合衆国に比較して,30年の遅れがあると指摘している(環境自然保護局,1981).

Lichyは,さらに具体的な勧告として,保護地区の強化,管理人員や予算増,私有地の買い上げや所管替えなど土地所有の変更,適切な法整備などを提案している.

保護の重要さを説き,国立公園の具体的管理方法を提案した彼の考え方は,観光を対象とし,利用に極端に偏していたわが国の国立公園行政に大きな影響を与えた.1950年には国立公園に準ずる区域として国定公園が指定されるようになる.その後,1957年に,国立公園法に代えて自然公園法が制定され,国立公園に加えて国定公園,都道府県立自然公園による自然公園体系が成立するのである.現在の自然公園は,表7.2のとおりである.

表7.3 自然環境保全地域 ((財)国立公園協会編, 2003)

自然環境保全地域等指定総括表

平成14年3月31日現在

種別	指定地域		特別地区		野生動物保護地区		海中特別地区		備考
	地域数	面積(ha)	地域数	面積(ha)	地域数	面積(ha)	地域数	面積(ha)	
原生自然環境保全地域	5	5,631.00							国指定南硫黄島全域のみ立入り制限地区
自然環境保全地域	10	21,593.00	9	17,266.00	7	14,868.00	1	128.00	
都道府県自然環境保全地域*	528	73,863.59	307	22,751.03	95	2,431.92			
計	543	101,087.59	316	40,017.03	102	17,299.92	1	128.00	

※平成14年3月31日現在の都道府県の報告に基づくもの.

(c) 自然環境保全

1971年に環境庁が発足し,それまで厚生省所管であった自然公園行政は,環境庁自然保護局に移管される.1972年には,自然環境保全法が制定され,自然環境保全基本方針が定められた.その冒頭の文中には,「―中略― 我々は,自然を構成する諸要素間のバランスに注目する生態学を踏まえた幅広い思考方法を尊重し,人間活動も,日光,大気,水,土,生物などによって構成される微妙な系を乱さないことを基本条件としてこれを営むという考え方のもとに,自然環境保全の問題に対処することが要請される.」という記述があり,自然環境の保全の考え方を示している.しかし,現実には理念規定に留まり,また,面積的にも本章の冒頭でも述べたように,現在の自然環境保全地域(約10万ha)は,国土のわずか0.26%にすぎない(表7.3).さらに自然公園法との関係から,自然環境保全地域と自然公園地域の重複指定禁止,林野行政との関係から保安林森林の原生自然環境地域からの除外など,問題点が残っている.本来,自然環境は,行政的区分や管理主体別ではなく,地域的,生態的まとまりに基づいて保全されるべきであろう.

(3) 自然環境の創成

(a) 環境保全の基本理念の確立

1993年に環境基本法が成立したことにより,わが国ではじめて,環境の保全の基本理念が明確にされ,施策の基本事項が定められることになった.

そこで述べられている環境保全の基本理念は「環境の恵沢の享受と継承等」「環境への負荷の少ない持続的発展が可能な社会の構築等」「国際的協調による地球環境保全の積極的推進」である．この基本理念を受け，環境の保全に関する基本的施策の策定指針として，次の3点が述べられている．

① 人の健康が保護され，及び生活環境が保全され，並びに自然環境が適正に保全されるよう，大気，水，土壌その他の環境の自然的構成要素が良好な状態に保持されること．

② 生態系の多様性の確保，野生生物の種の保存その他の生物の多様性の確保が図られるとともに，森林，農地，水辺地等における多様な自然環境が地域の自然的社会的条件に応じて体系的に保全されること．

③ 人と自然との豊かな触れ合いが保たれること．

以上のように，自然環境に対する認識が，単に優れた自然や原生な自然だけでなく，森林，農地，水辺などの人とのかかわりの深い自然までを対象としていること，また，個別の自然的要素だけでなく，総合的全体的にとらえる考え方が意識され，生態系や生物の多様性として自然環境を認識するようになったことが特徴である．また，里山の雑木林など身近な自然も対象となり，地域的にも山地自然地域，里地自然地域，平地自然地域，沿岸地域と全国をカバーして自然環境がとらえられるようになった．

単に地域的空間的に自然環境を広げてとらえただけでなく，一見凡庸であっても地域にとっては生活や歴史文化と深く結びついた身近な自然環境が保全対象となることとなった．また，いままでのように保全対象を凍結的に護るだけでなく，維持回復のためには必要に応じて積極的な人間のかかわりも必要であることがあることが認識されるようになった．

(b) 生物多様性と自然再生

1992年の国連環境会議（地球サミット）にあわせて，「生物の多様性に関する条約」が採択された．その6条により，各国政府は生物多様性の保全と持続可能な利用を目的とした国家戦略を策定することとなり，1995年に日本も生物多様性国家戦略を作成した．2001年から，同国家戦略の見直しが行われ，2002年に地球環境に関する関係閣僚会議において新生物多様性国家戦略が決定された（図7.2）．

そこでは，自然と共生する社会の目標として，「地域の空間特性に応じた

前文	【経緯・計画の役割】 ■見直しの経緯　■前回戦略のレビュー　■新戦略の性格・役割	
第1部 生物多様性の現状	【問題意識】生物多様性の3つの危機 ■第1の危機　人間活動に伴うインパクト ■第2の危機　人間活動の縮小に伴うインパクト ■第3の危機　移入種等によるインパクト	【現状分析】 ■社会経済状況　社会経済動向・国民意識の変化 ■生物多様性の現状　世界・日本の概況、種・生態系の現状 ■保護制度の現状　国土利用計画体系、環境省の保護施策
第2部 理念と目標	【理念と目標】 ■5つの理念　①人間生存の基盤 ②世代を超えた安全性・効率性の基礎 ③有用性の源泉 ④豊かな文化の根源 ⑤予防的順応的態度(エコシステムアプローチ) ■3つの理念　①種・生態系の保全 ②絶滅の防止と回復 ③持続可能な利用	■生物多様性のグランドデザイン ・国土のマクロな認識 ・国土のあるべきイメージ
第3部 生物多様性保全及び持続可能な利用	【対応の基本方針】 ■3つの方向　①保全の強化 ②自然再生 ③持続可能な利用 ■基本的視点　①科学的認識 ②統合的アプローチ ③知識の共有・参加 ④連携・共同 ⑤国際的認識 ■生物多様性からみた国土の捉え方 ①国土の構造的把握 ②植生自然度別の配慮事項	【個別方針】 ■主要テーマ別取り扱い方針 ①重要地域の保全と生態的ネットワーク形成 ②里地里山の保全と持続可能な利用 ③湿原・干潟等湿地の保全 ④自然の再生・修復 ⑤野生生物の保護管理 ・種の絶滅の回避 ・移入種問題への対応 ⑥自然環境データの整備 ⑦効果的な保全手法等 ・環境アセスメントの充実 ・国際的取り組み
第4部 具体的施策の展開	【個別施策・各省施策】 ■国土の空間的特徴・土地利用に応じた施策 ①森林・林業 ②農地・農業 ③都市・公園緑地・道路 ④河川・砂防・海岸 ⑤港湾・海洋 ⑥漁業 ⑦自然環境保全地域・自然公園 ⑧名勝・天然記念物	■横断的施策 ①野生生物の保護管理 ②生物資源の持続可能な利用 ③自然とのふれあい ④動物愛護・管理 ■基盤的施策 ①調査研究・情報整備 ②教育・学習・普及啓発・人材育成 ③経済的措置等 ④国際的取り組み
第5部 戦略の効果的実施	【まとめ】 ①実行体制と各主体の連携 ②各種計画との連携 ③国家戦略実施状況の点検と国家戦略の見直し	

図7.2　新生物多様性国家戦略（(財)国立公園協会編，2003）

生物多様性を保全」「種の絶滅の回避と回復」「自然資源の持続的利用」を挙げている．そして，国土空間における生物多様性に関するグランドデザインを示している．そのデザインでは，国土のマクロな認識として，自然を優先すべき地域，人間活動が優先する地域，人間と自然との関係を調整すべき領域に分け，また，道路，河川，海岸などの整備を国土における緑や生物多様性のネットワークと位置づけている．具体的なグランドデザインのイメージとして8項目を挙げ，単なる土地の広がりだけではなく，地下から空中，地下水，海洋まで，そして土壌微生物から空を飛ぶ鳥までを国土としてとらえ，生物多様性の観点からの将来像を示すものとしている（環境省編，2002）．

　この戦略は，「自然の保全と再生を進める基本計画」と位置づけられているように，それらを実現する施策の基本的方向の1つとして，「自然再生」が取り上げられている．自然再生の基本方向では，これまで人間が，自然の再生能力を超えた自然資源の収奪，自然の破壊を行ってきたことへの反省から，自然の回復力，自然自らの再生プロセスを人間が手助けする形で自然の再生，修復を行うこととしており，再生にあたっては，科学的知見に基づく情報を地域が共有し，社会的に合意を形成したうえで行うことや，「再生事業」には，関係省庁が連携し国民，民間団体研究者などの協力を得て推進することとしている．これらの事業を推進する「自然再生推進法」が，2002年に成立している．

　保護，保全からさらに積極的に自然再生へと自然環境に対する認識は大きく進展をみせてきたのである．

(c) 自然公園法の改正

　自然公園法はそもそも，「優れた自然風景地を保護するとともに，その利用の増進を図り，もって国民の保健，休養及び教化に資すること」を目的としている．その後の環境関連の法整備ならびに生物多様性条約などにより，国土レベルの自然環境の保全の基本理念や施策の基本的方向が策定されるにいたって，自然公園地域にもその影響が及ぶようになった．自然公園は風景の保護と利用にとどまらない環境的社会的役割を期待されるようになったのである．

　わが国の自然公園は，地域制であるところに特徴がある．その制度は，図7.3の仕組みになっており，風景の保護と利用の目的に従って，公園計画は，

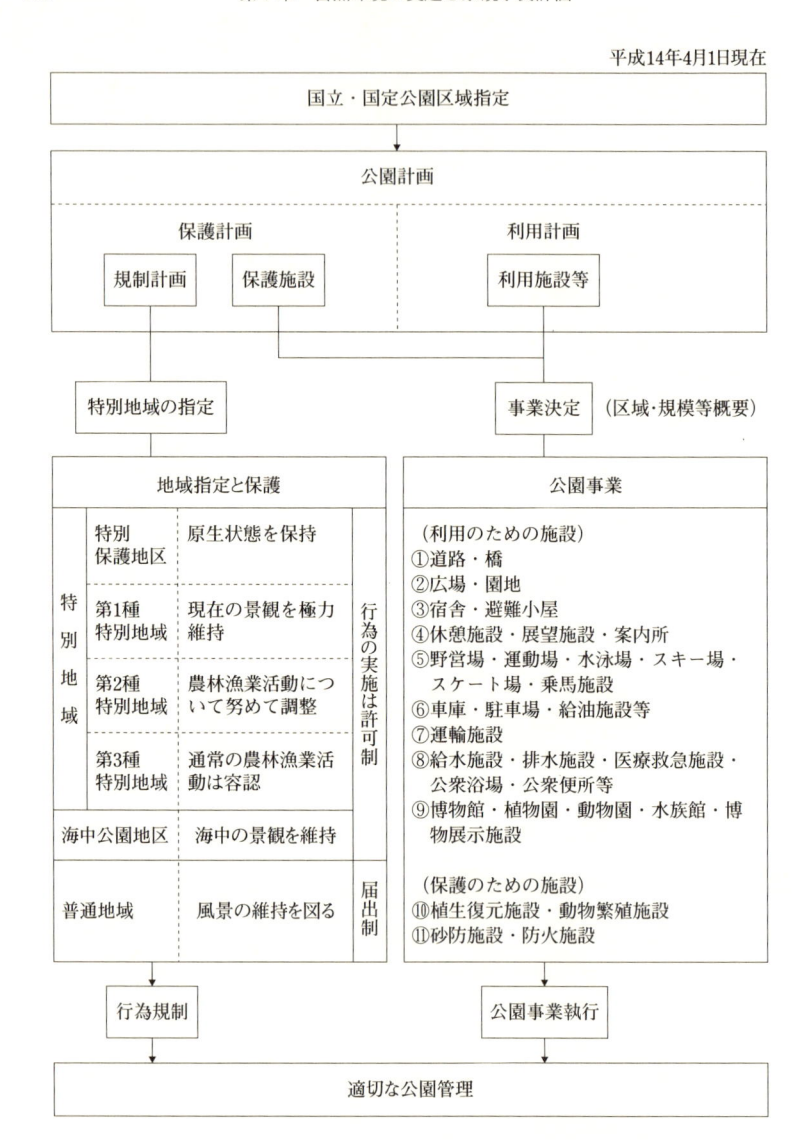

第7章　自然環境の変遷と景観予測評価

平成14年4月1日現在

```
┌─────────────────────────────────────┐
│         国立・国定公園区域指定           │
└─────────────────────────────────────┘
              │
┌─────────────────────────────────────┐
│              公園計画                  │
│  ┌──────────────┬──────────────────┐ │
│  │   保護計画    │     利用計画      │ │
│  │ ┌────┬─────┐ │  ┌──────────┐   │ │
│  │ │規制│保護 │ │  │ 利用施設等 │   │ │
│  │ │計画│施設 │ │  └──────────┘   │ │
│  │ └────┴─────┘ │                  │ │
│  └──────────────┴──────────────────┘ │
└─────────────────────────────────────┘
```

特別地域の指定		事業決定　（区域・規模等概要）

地域指定と保護

	特別保護地区	原生状態を保持	
特別地域	第1種特別地域	現在の景観を極力維持	行為の実施は許可制
	第2種特別地域	農林漁業活動について努めて調整	
	第3種特別地域	通常の農林漁業活動は容認	
海中公園地区		海中の景観を維持	
普通地域		風景の維持を図る	届出制

公園事業

（利用のための施設）
① 道路・橋
② 広場・園地
③ 宿舎・避難小屋
④ 休憩施設・展望施設・案内所
⑤ 野営場・運動場・水泳場・スキー場・スケート場・乗馬施設
⑥ 車庫・駐車場・給油施設等
⑦ 運輸施設
⑧ 給水施設・排水施設・医療救急施設・公衆浴場・公衆便所等
⑨ 博物館・植物園・動物園・水族館・博物展示施設

（保護のための施設）
⑩ 植生復元施設・動物繁殖施設
⑪ 砂防施設・防火施設

行為規制　　　　　公園事業執行

適切な公園管理

図7.3　自然公園制度の仕組み（(財)国立公園協会編，2003）

7.1 自然環境の変遷

```
──── 自然公園における生物多様性等保全の要請 ────
```

【現在直面する問題】

- 利用者の増大とその踏み込み等に伴う自然生態系への悪影響,特定の野生動物の捕獲圧の増大.
- 社会・経済状況の変化により,里地・里山,草原等の手入れが行き届かず,二次的自然が質的に変化.登山道,トイレ等の管理の改善などきめ細かな公園管理の必要性.

↓

＜利用調整地区＞
　利用可能人数の設定等により,当該地区内の自然生態系の保全と持続的な利用を推進.

＜風景地保護協定＞
　地方公共団体・地元民間団体等が土地所有者等と協定を締結し,当該土地を管理.
　協定が締結された土地について税制優遇措置を講じるとともに,土地所有者等の管理負担を軽減.

＜生態系保全対策の充実＞
　昆虫類・サンショウウオ類等の野生動物の捕獲,土石・廃棄物等の集積・貯蔵等の行為について,一定の制限.

＜公園管理団体＞
　地元民間団体等を公園管理団体として指定し,地域密着型の国立・国定公園の管理を推進.
・風景地保護協定による土地の管理
・登山道の補修
・利用者への情報提供　等

図7.4　自然公園法の改正（(財)国立公園協会編，2003）

保護計画と利用計画の2本立てで行われてきた．保護計画の規制計画では地域指定し，地域別に規制を行うことになっている．地域指定は，陸域については特別地域と普通地域に分け，特別地域は特別保護地区と第1種から第3種特別地域に区分して，それぞれの地区地域で行われる規制対象の行為を細かく定め，その行為が行われる場合には許可制を義務づけている．

　ちなみに，法律上では，特別保護地区では「景観」を維持し，特別地域では「風致」を維持し，普通地域では「風景」を維持することとなっている．

このような自然公園制度に対して，法改正の内容を説明したのが図 7.4 である．自然公園において生物多様性などの保全に対応する必要が生じ，利用者のオーバーユースによる自然生態系への影響や社会経済状況の変化による 2 次的自然の手入れ不足などに対する対応も必要となった．その結果,「利用調整地区」制度,「風景地保護協定」制度,「公園管理団体」制度の創設を行えるように，2002 年に法改正が行われたのである．利用調整地区は特別地域内に設けることができ，そこでは利用者数をコントロールすることを可能としたのである．その方法として利用者の立ち入りを認定制とすることにしている．「風景地保護協定」は，自然の保全活動を行う NPO 法人などが増加してきたことを踏まえ，それらの団体や地方公共団体の自発的な意志で風景の保護を推進するものである．その風景地保護協定の締結主体といて「公園管理団体」を位置づけたのである．

自然公園が，自然環境の保護，保全にとどまらず，参画と協働による維持管理，さらには自然再生，風景形成と自然環境の創成にかかわるようになってきている．

7.2 自然環境と環境影響評価

(1) 環境アセスメントの進展

(a) 閣議決定アセスメント

1969 年（昭和 44 年）アメリカ合衆国において制定された国家環境政策法（NEPA）の影響を受け，また昭和 40 年代後半の四日市公害裁判判決において立地前の調査，注意の義務が指摘されたことをはじめとして，事前に十分な科学的調査などを行うことが必須と考えられるようになった．政府は 1972 年 6 月に「各種公共事業に係わる環境保全対策について」を閣議了解し，公共事業の事業主体に対し「あらかじめ，必要に応じ，その環境に及ぼす影響の内容および程度，環境破壊の防止策，代替案の比較検討等を含む調査研究」を行わせ，その結果に基づいて「所要の措置」をとるように指導した．これが環境アセスメントのわが国における本格的な取り組みの始まりである (熊谷, 1998a).

その後，環境影響評価に関する検討が進められ，建設省の所轄事業，通産

省の発電所立地に関する通達が出され，それに基づいて環境影響評価の実施が進められるようになった．そのような背景のもと，1981年第94回国会に環境影響評価法案」が提出されるが，1983年に審議未了となり法案成立は見送られてしまった．そのために，政府は1984年に「環境影響評価実施要綱」を閣議決定し，各省庁がそれに基づき技術指針を作成しアセスメントを実施することとなった．これが，いわゆる「閣議決定アセスメント」である．

(b) 環境影響評価法によるアセスメント

1997年に環境影響評価法が成立し，閣議決定に基づいて行政指導で行われてきたアセスメントが，13年のときを経過してやっと法律に基づいて行われるようになった．前者では，事業者に対する拘束力も弱く，事業者の自主的な協力によったが，後者では事業者に義務づけられるようになった．アセスメントの内容についても充実が図られ，スクリーニングとスコーピングの手続きが取り入れられた．スクリーニングは第2種事業についてアセスメントを行うか否かを判定する手続きであり，スコーピングはアセスメントの実施にあたってあらかじめその方法書を提示し，早い段階で住民，地方公共団体などの意見を聞くものである．

このような手続きにより，閣議決定アセスメントに比較しより早い段階からまた地域に応じたアセスメントが可能となった．また目標クリア型からベスト追求型のアセスメントが行えるようになった．

(2) 自然環境アセスメント

(a) アセスメントの対象

閣議決定アセスメントは，行政指導であったのに対し，環境影響評価法アセスは法律にのっとって行われるばかりでなく，先に制定された環境基本法で扱う環境全般が対象となっている．閣議決定アセスメントでは個別の項目であった対象が環境影響評価法によるアセスメントでは，総合的に扱われるようになり「生物の多様性の確保と体系的保全」と「人と自然の豊かなふれあい」が新たにアセスメントの対象となった．

新しい対象項目である「生態系」のアセスメントには，新しいアプローチが要求される．最近まとめられたアセスメントの技術的方法では，生態系のとらえ方としては，現在の科学的知見では複雑な生態系の全容を調査できる手

表 7.4 眺望景観の認識項目と代表的指標例および調査・解析方法
(自然との触れ合い分野の環境影響評価技術検討会, 2002)

価値軸	認識項目	代表的指標例	調査・解析方法
普遍価値	自然性	・緑視率 ・人工物の視野内占有率	・視覚画像を用いた物理量測定 ・視覚画像を用いた感覚量測定 ・現地での物理測定, 感覚量測定 ・数値地形モデルの作成による可視解析, 地形解析 ・地形図データからの読み取り ・現地踏査による目視観察, 視覚画像取得 ・アンケート調査 ・ヒアリング調査 ・カウント調査
	眺望性	・視界量(可視空間量・遮蔽度) ・視野角 ・視野構成(仰・俯瞰, 近・中遠景の構成)	
	利用性	・利用者数 ・利用のしやすさ ・利用者の属性の幅	
	主題性	・主要な興味対象の有無 ・興味対象の見込み角(興味対象の水平・垂直方向の見えの大きさ) ・興味対象との間に介在する地形・地被・地物 ・視軸の明確さ	
	力量性	・視距離 ・見えの面積 ・仰角 ・奥行き感 ・高さ／視距離	
	調和性	・背景との色彩対比(明度・彩度・輝度) ・背景の支配線(スカイライン)の切断の有無 ・シルエット率 ・背景の支配線(スカイライン)との形状的類似性 ・背景とのスケール比 ・興味対象との位置関係	
	統一性	・複雑度(形態的類似性, 色彩の類似性) ・整然度(配置の規則性, リズム感)	
	審美性	・美しさ(「普遍価値」の総合的な指標)	
固有価値	固有性	・他にはない際立った視覚的特徴	・アンケート調査 ・ヒアリング調査 ・資料調査 ・視覚画像を用いた感覚量測定 ・現地での感覚量測定
	歴史性	・古い時代から継承されてきた視覚的特徴 ・歴史的史実を想起させる視覚的特徴	
	郷土性	・地域の原風景として想起される視覚的特徴 ・地域のシンボルとして認識されている視覚的特徴	
	減少性	・地域において失われつつある視覚的特徴	
	親近性	・地域の人々に親しまれている視覚的特徴	

法の確立は困難だとし,上位性・典型性・特殊性の視点から注目される生物種または生物群集を複数選び,これらの調査を通して生態系への影響を把握する手法を紹介している(生物の多様性分野の環境影響評価技術検討会, 2002).

(b)「自然とのふれあい」のアセスメント

環境影響評価法に基づき公表されている基本的事項では,「人と自然の豊かなふれあい」を「景観」と「ふれあい活動の場」の項目に区分している.

「景観」については,従来の環境アセスメントにおいては,有名な眺望地点からの傑出した景観への眺めのみが対象とされ,事業実施区域に近い住民の身の周りの景観への影響は見落とされがちであった.しかし,「景観」を

7.2 自然環境と環境影響評価

表7.5 囲繞景観の認識項目と代表的指標例および調査・解析方法
(自然との触れ合い分野の環境影響評価技術検討会, 2002)

価値軸	認識項目	代表的指標例	調査・解析方法
普遍価値	多様性	・地形の複雑度 ・植生，土地利用のモザイク度	・視覚画像を用いた物理量測定 ・視覚画像を用いた感覚量測定 ・現地での物理量測定，感覚量測定 ・数値地形モデルの作成による可視解析，地形解析 ・地形図データからの読み取り ・現地踏査による目視観察，画像情報取得 ・アンケート調査 ・ヒアリング調査 ・カウント調査 ・資料調査 ・環境アセスメントにおける調査結果の引用再解析
	自然性	・植生自然度 ・緑被率 ・大径木の存在 ・水際線の形態 ・河川の流路の形状 ・水の清浄さ	
	傑出性	・高さ，大きさ，広さ，深さ，長さ，古さ	
	視認性	・見られやすさ（被視頻度）	
	利用性	・利用者数 ・利用のしやすさ ・利用者の属性の幅	
	快適性	・森林内の見通し度 ・水辺への接近性 ・空間的広がり ・人工物などによる圧迫感の程度 ・人工物などの色彩調和の状況	
固有価値	固有性	・地名とかかわりの深い要素の存在 ・他にはない独特の要素の存在	・アンケート調査 ・ヒアリング調査 ・資料調査 ・視覚画像を用いた感覚量測定 ・現地での感覚量測定
	歴史性	・古い時代から継承されてきた要素の存在 ・歴史的遺産，史跡などの存在	
	郷土性	・地域の生活習慣や文化とかかわりの深い要素の存在 ・地域の内と外とを区別する要素の存在 ・地域のシンボルとなっている要素の存在	
	減少性	・地域にとって失われつつある要素の存在	
	親近性	・地域の人々に親しまれている要素の存在	

「自然とのふれあい」の項目として位置づけるなら，身の周りの身近な自然と人とのかかわりを保全することは環境アセスメントにおける景観の重要な役割である．このような身の周りの景観を「囲繞景観」とし，遠く離れた場所を眺める景観を「眺望景観」と分けて，両者についてアセスメントを行うことが適切であろう．

眺望景観と囲繞景観の認識項目と代表的指標例および調査・解析方法についてまとめたのが表7.4, 7.5である．

「ふれあい活動の場」は，人々がその「場」を自然とのふれあい活動に利用することによって生まれる空間である．したがって，アセスメントにおいても活動に着目して調査を行う必要がある．また，対象となる場へのアクセスへの影響も結果的に活動に影響を与えるので，「活動特性」と「アクセス特性」の両者についてアセスメントを行う必要がある．

図7.5 釧路湿原国立公園
　生態系に重点が置かれて指定された国立公園ラムサール条約の湿地登録地ともなっている．新しい公共事業とも考えられる自然再生事業が行われている．

7.3 自然環境における景観予測評価

　自然環境は開発によって傷つけたり破壊してしまうと，回復にきわめて長い時間と膨大なコストがかかる．場合によっては，回復不能になる．そもそも日本人のよって立つ自然環境が時代の趨勢や体制によって安易に振り回されることは好ましいことではない．さらに国際化の時代には，一国の風土・文化すなわち環境の総合指標となる景観の価値はますます重要になってこよう．したがって，景観アセスメントはきわめて重要である．

(1) 景観アセスメントのレベルと手順

　景観アセスメントにおいては，対象とする空間のスケールによって分けて考えることが重要である．すなわち「アセスメントレベル」に対応して調査予測評価する内容は変化し，必要となるデータの種類・精度も異なってくる．自然環境を対象としたときには広い地域の景観からアセスメントを進めていくことが必要で，そのために筆者は景観アセスメントを地域（マクロ），地区（メソ），地点（ミクロ）の3つのレベルに分けて検討することを提案してきた（図7.5）．

　それぞれのレベルの内容および検討方法に違いがあることをわかりやすく説明するために，マクロ，メソ，ミクロのアセスメントを「上から」「横から」「中から」の景観アセスメントとよんでいる（図7.6）．

　(a) 地域（マクロ）レベル
　地域レベルでは，広い地域を対象として，空の上から全体を眺めてわたし

7.3 自然環境における景観予測評価　　　　　　　　　179

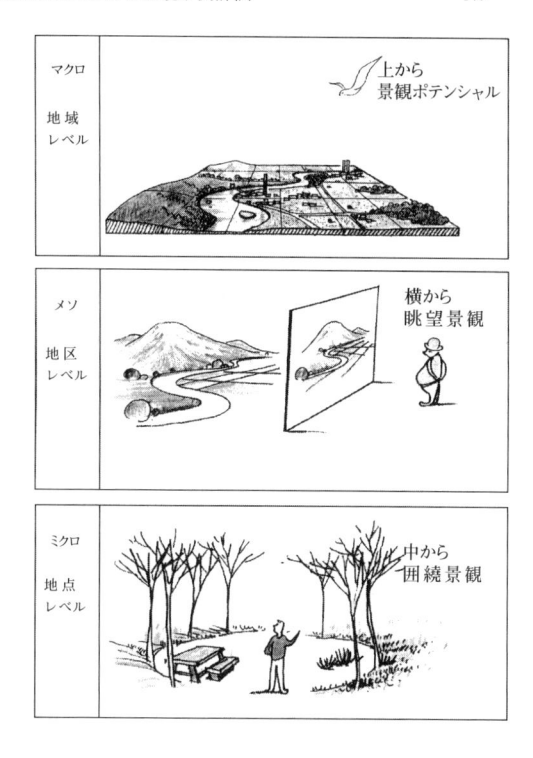

	検討内容	スケール	情報	決定項目	
地域レベル (マクロ)	上から 景観ポテンシャル	1:50000 500Mメッシュ	平面	ゾーニング 地区選定 路線選定	ロケーション
地区レベル (メソ)	横から 眺望景観	1:5000 50Mメッシュ	立面	景観施業 施設配置	レイアウト
地点レベル (ミクロ)	中から 囲繞景観	現場	空間	樹林空間設計 施設デザイン 形状，色彩，素材	デザイン

図 7.6　景観アセスメントのレベル

てアセスメントするようなレベルで，景観資源の分布や土地利用状況などを把握し，保護，保全，利用に適した景観を検討するレベルである．すなわち地域の有している「景観のポテンシャル」を検討する．アセスメントにあたっては，5万分の1スケールの各種地図から得られる平面情報を用い，地域のゾーニングや道路の路線選定，施設開発する地区などを予測評価する．

(b) 地区（メソ）レベル

　地区レベルでは，実際に人間の眺める景観を対象とする．具体的な地上の視点から地区の眺望状況すなわち「眺望景観」を検討対象とする．アセスメントには5000分の1スケールの図面から得られる立面情報を用いる．具体的には，施設の配置や森林の伐採方法などを予測評価する．

(c) 地点（ミクロ）レベル

　地点レベルは，人間の身の周りの景観すなわち「囲繞景観」を検討するレベルであり，現場でより具体的に，施設のデザインや修景方法などの細部についての予測評価を行う．このレベルでは，3次元（空間的）情報が用いられる．

　このようにアセスメントを対象とする空間のスケールによって定まるレベルを明確に認識し区別して，各レベルにあったデータや手法を選択することが必要である．

(d) 景観アセスメントの手順

　景観アセスメントにおいて，第2に重要なことは，「アセスメントの手順」である．手順の1つは，アセスメントレベルにそって上位から下位へ順次アセスメントを進めていく点である．最初に地域レベルで検討し，次に地区レベル，最後に地点レベルで検討する．たとえば，道路景観であれば，まず，道路の路線（ルート）が地域景観に影響がもっとも少ないものであるか，あるいは十分に調和したものであるか，すなわち地域の景観ポテンシャルを保全し，活用したロケーションであるか否かが検討対象になる．路線が決定した次の段階として地区レベルにおいて眺望景観を対象として，周辺から眺められるインターチェンジやパーキングエリアでの施設配置などのレイアウトや法面，橋梁，などの構造物と周辺自然景観との関係について検討を行う．さらに，次の段階の地点レベルでは，囲繞景観を対象として個別施設や附属物，植栽などのデザインの詳細な検討を進める．このように上位から下位レベルに進める手順で景観アセスメントを実行すれば，いわば，最初のボタンの掛け違いを防げるのである．上位のレベルで適切でないアセスメントであれば，いくら下位レベルで検討しても解決が困難な場合がしばしば生じるからである．望ましいアセスメントの手順は，上位から下位へのプロセスを踏むだけでなく，下位から上位へのフィードバック回路を確保したプロセスで

表7.6 景観予測手法の分類

定量的予測手法
数値(指標値),数式モデルによって予測する手法.(指標となる数値や回帰式モデルが明らかになっているもの).
距離,みえの大きさ,仰角,D/H,スケール比,シルエット率など.
定性的予測手法
予測対象の景観を,ヴィジュアルに表現して示す手法.
手描きパース,模型,フォトモンタージュ,ビデオシミュレーション,コンピュータグラフィックスなど.

ある.ミクロなレベルで解決できない場合はメソレベルで,さらに不十分であればマクロレベルへとフィードバックすることによって,最適なアセスメントを推進できるのである.

景観アセスメントには各レベルごとにも進めるべき手順がある.現況景観の綿密な「調査」,事業がもたらす景観への影響の正確な「予測」,そして予測結果の適切な「評価」,すなわち「調査(分析)」「予測」「評価」というステップを踏む必要がある.さらに,影響がある場合の「保全対策」の妥当性についても評価する必要がある.

(2) 景観予測手法

景観予測手法には,定量的予測と定性的予測がある(表7.6).

(a) 定量的予測手法

景観予測を,数値あるいは数式モデル(回帰式)によって行う予測である.数値については,景観に対する影響をなんらかの指標に基づいて予測する場合であり,あらかじめ調査実験により予測対象とする指標値と評価結果が明らかにされていることが必要である.

例として,メルテンスの法則といわれる仰角(D/H,D:対象までの距離,H:対象の高さ)を指標とするものでは,仰角 $45°$($D/H=1$),$27°$(d ($D/H=2$),$18°$ ($D/H=3$) がクリティカルな値となることが知られている.テクスチュアを空間周波数特性に着目して分析した指標値として,テクスチュアの要素の明暗の見込み角が $10'$-$1°$ が見やすいことが明らかになっている(屋代,1981).筆者らが実験して得た指標値としては,「スケール

図7.7　CGによる森林景観シミュレーション（1970年代）

比」と「シルエット率」がある．それぞれ，自然景観の中に現れる鉄塔や煙突などの垂直構造物の景観に対する影響の指標である．景観評価実験の結果得られたデータを計量心理学的方法で分析し，スケール比，シルエット率ともに約0.5が景観をディスターブする指標値となることを示した（熊谷・若谷，1982）．

数式モデル式を用いた例としては，Shaferによる景観嗜好度を外測変数にして，景観構成要素を説明変数とした重回帰モデル式などがある (Shafer and Hamilton, 1969)．

(b) 定性的景観予測手法（景観シミュレーション）

定性的予測は，景観の変化を視覚的表示手法により予測する手法である．視覚的表示，すなわち予測結果を可視化して示すのでわかりやすいが，いかに正確に予測するかが問題である．手描きによるパースは，描き手の技術に左右されやすいが，古くから用いられている．フォトモンタージュは，視点を変えたり対象のオルタナティブごとに対応するには手間がかかりすぎる欠点がある．操作性の高い方法としては，クロマキーを使った特殊効果装置によるビデオシミュレーションなどがあるが，予測対象の模型を制作する手間が必要である．現在もっとも汎用性が高い予測手法はコンピュータグラフィックス（CG）によるシミュレーションである．

筆者らが技術開発を始めた段階でのCGによる森林景観シミュレーションが図7.7である．予測は地形と植生の2種類のデータから，まず山（地形）

図7.8 CGによる森林景観シミュレーション：眺望景観（1990年代）

図7.9 CGによる森林景観シミュレーション：囲繞景観（1990年代）

の景観を作成し，その上に植生（樹木）を表現している．使用したデータは，森林基本図から作成した数値地形データと，森林調査簿から作成した植生（樹木の針広別，樹高，本数）データである．樹木は2次元のシンボルで単色（モノクロ）表示である．現在は，森林データをもとに，地理情報システム（GIS）で，現場の情報を処理し，さらに3次元植物成長モデルを活用してシミュレーションした結果，複雑な森林景観を臨場感のあるフルカラーの景観として再現できるようなってきた（斉藤ら，1993；図7.8, 7.9）．

(3) 景観評価の方法
　(a) 評価のパラダイム
　景観評価は，評価対象となる景観が多様であること，評価主体すなわち評

価を行う人間側の主観，属性，立場などによって変化する．景観研究分野によっても，評価の観点やアプローチに違いがある．Zubeは，景観研究に関する文献調査の結果から，研究者を景観専門家（計画家，設計家，資源管理者），行動科学者（心理学者），人文科学者の3種類に分類できるとし，景観専門家は規範的美的価値を，行動科学者は生物学的遺産を，人文科学者は文化的影響を研究のパラダイムとしているとことを述べている．そして，景観専門家は景観の記述表現（言語，グラフィック）することを目的とし，行動科学者は景観の質の定量評価や回帰を，人文科学者は景観の意味や人間との関係を目的としていることを指摘している．また，景観専門家は地域地区スケールの景観を，行動科学者・人文科学者は地点スケールの景観を研究対象とする特徴があること，前者は問題解決的に景観を扱うのに対し，後者は分析的であることも明らかにしている（Zube, 1984）．

景観評価の興味ある考え方としては，Appletonの「眺望隠れ理論 (Prospect-refuze Theory)」がある（Appleton, 1975）．それは，詩人や歴史家，哲学者の著述や画家や庭園設計家の作品を研究し，かつ行動科学者の知見をもとに提案した理論で，人間が景観に対して美的な反応（評価）を示すのは，生存に対する生物学的欲求が満たされるときであるという論である．したがって，相手（敵）を見つけること（眺望）ができ，自分が見つからない（隠れる）条件が整った場合がそれにあたる．

また，奥野健男は，文学者の思想や気質や美意識，文学作品の基調となっている作者のイメージ，深層意識は風土や風景と密接にかかわりあっているとし，「原風景」という概念を提示している（奥野，1972）．原風景は，幼少期さらに青年期の自己形成空間の中に固着し，しかも血縁，地縁の重い人間関係と分かちがたくからみあった彼らの文学を，無意識のうちに規定している時空間とそれを象徴するイメージとしている．最近では，原風景の用語がマスコミなどでもとりあげられ，昔の風景，ふるさとの風景あるいはかつての里山の風景などとして使用されているが，本来の意味は，深層心理に深く構築されたイメージである．

(b) 評価主体

評価主体によって景観の評価結果に差が生じるので，適切な評価主体を選ぶことが重要である．アセスメントにおいても，事業者，地域住民，来訪者

表7.7 計量心理学的測定法

方法的分類		測定法	目的・分析対象
評価尺度を使わない方法	a) 観測的手法	アイマーク・レコーダー	注視点行動
	b) 視覚記憶測定法	想起性 再生法（マップ法等） 再認法	情報量 イメージ分析
c) 評価尺度を使う方法（評価法）	分類評価尺度	選択性	分類, 順位づけ
	序数評価尺度	評定尺度法 品等法 一対比較法	分類 順位づけ 重みづけ
	距離評価尺度	分割法 系列カテゴリー性 等現間隔法	重みづけ
	比例評価尺度	マグニチュード推定法 百分率評定法 倍数法	刺激量と心理量の対応
	多元的評価尺度	SD法	意味・情緒
d) 観測的方法あるいは評定尺度による方法		調整法 極限法 恒常法	閾値・等価値等定数の決定

(熊谷, 1998b)

（利用者）行政担当者，景観専門家の評価結果が必ずしも一致するとは限らない．むしろ，異なることのほうが多い．したがって，評価目的に適した評価主体を選定する必要がある．また，場合によっては，複数の評価主体のあいだで合意形成を図ることも必要になってこよう．最近は，パブリックコメントの制度を取り入れ，行政側が広く市民，住民の意見を参考とすることが多くなってきている．

研究例では，使用言語が同じであると景観評価結果の傾向が同じであることや，リゾート地の景観については，来訪者（観光客）は自然が豊かで人工物の少ない景観ほど評価が高いが，地域住民は人工物（ガソリンスタンド，ホテルなど）が存在する景観を高く評価することを明らかにしている．その理由は，地域住民がそれらの人工物とのかかわりの中で生計を立てているからだとしている（Zube, 1981）．

(c) 評価手法

景観評価の手法としては，計画的評価と分析的評価に分けられる．計画的評価は，あらかじめ評価基準が定められており，それにそって評価する場合が多い．

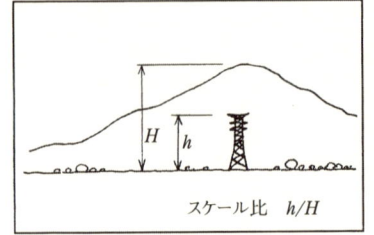

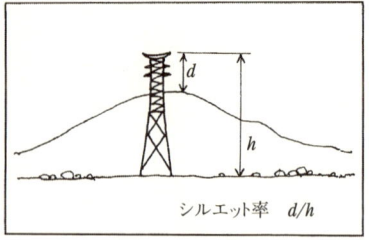

図7.10　スケール比とシルエット率の定義

表7.8　スケール比とシルエット率の閾値

評価人数	恒常法による正規分布への回帰	決定係数 (R^2)	閾値 (h/H)
$N=50$	$Z=1.42+4.37\log h/H$	0.967	0.473 (スケール比)
$N=50$	$Z=-1.45+2.86\ (d/h)$	0.988	0.508 (シルエット率)

閾値を境として，景観のディスターブが高まる．

　分析的評価で代表的なものは，計量心理学的手法を用いて，被験者が景観をどのように評価するかを分析し定量的に明らかにするものがある．その手法を整理したのが表7.7である．

　「スケール比」と「シルエット率」（図7.10）について，計量心理学的手法の恒常法を用いて評価実験を行った結果（表7.8）から，それぞれに景観をディスターする閾値が0.473，0.508であることを示している（熊谷・若谷，1982）．

　さらに，景観評価の内容を構造化してとらえることができると考え，景観評価構造モデルを提案した例もある（熊谷・柳瀬，1985）．また，色彩については，シミュレーション画像などによる室内評価では，現場での見え方と大きく違う場合が多いので，色見本を作成して現場での評価を行うことが正確な評価につながる．

　景観評価に関しては，評価対象景観ならびに評価主体が多様であることから，景観評価手法についても，手法にかかわらず，ケースバイケースで望ましい手法を選択し，また1つの手法に限定せず組み合わせて適用することが有効な評価結果の導出につながる．

参考文献

Appleton, J. (1975) *The Experience of Landscape*, John Wiley & Sons.
環境庁自然保護局 (1981) 自然保護行政のあゆみ,第一法規出版, p. 786.
環境省編 (2002) 新生物多様性国家戦略, 環境省.
熊谷洋一 (1997) 美しい自然を楽しむために. 東京大学公開講座65 現代幸福論, 東京大学出版会, pp. 249-271.
熊谷洋一 (1998a) 景観アセスメントにおける予測評価に関する研究 (I), 東京大学演習林報告, **78**.
熊谷洋一 (1998b) 景観アセスメントにおける予測評価に関する研究 (II), 東京大学演習林報告, **78**.
熊谷洋一 (2004) 景観としての森林. 鈴木和夫(編), 森林保護学, 朝倉書店.
熊谷洋一・柳瀬徹夫 (1985) 景観アセスメントにおける評価構造の研究. 造園雑誌, **48**(5), 252-257.
熊谷洋一・若谷佳史 (1982) 自然風景地における垂直構造物の視覚的影響. 造園雑誌, **45**(4), 247-254.
奥野健男 (1972) 文学における原風景, 集英社, 223p.
斉藤馨他 (1993), リアルな森林景観シミュレーション. NILOGRAPH 論文集9, 226-236.
生物の多様性分野の環境影響評価技術検討会編 (2002) 環境アセスメント技術ガイド生態系, (財) 自然環境研究センター, 227p.
Shafer, E. L. and Hamilton, J. F. (1969) Natural landscape preference ; A predictive model. *Journal of Leisure Research*, **1**(1), 1-19.
自然との触れ合い分野の環境影響評価技術検討会編 (2002) 環境アセスメント技術ガイド 自然とのふれあい, (財) 自然環境研究センター, 239p.
屋代雅充 (1981) 景観におけるテクスチュアに関する研究. 造園雑誌, **44**(2), 102-108.
(財)自然保護協会 (2002a) 自然保護NGO半世紀のあゆみ 上, 平凡社.
(財)自然保護協会 (2002b) 自然保護NGO半世紀のあゆみ 下, 平凡社.
(財)国立公園協会編 (2003) 自然公園のてびき2003, (財) 国立公園協会.
Zube, E. H. (1981) Cross cultural perceptions of scenic and heritage landscape. *Landscape Planning*, **8**(1), 69-87.
Zube, E. H. (1984) Themes in landscape assessment theory. *Landscape Journal*, **3**(2), 104-109.

コラム3　地球温暖化とは

はじめに

2003年欧州の猛暑，2004年の日本の猛暑は，多くの人々に「最近の地球はおかしくなったのでは？」あるいは，「地球の温暖化が始まったのでは？」などの疑問をもたせるようになった．ほとんど同じような猛暑であった1993年の夏には，地球温暖化に言及した質問はほとんどなかったので，この10年のあいだに，地球温暖化に関する懸念が日本の社会に広がっていったことが見てとれる．日本の国民の中に，社会的意識として地球温暖化問題が登場してきた年として，将来，過去を回顧したときに，「2004年は転換点であった」と記述されることであろう．

そこで，地球温暖化とは何か，その原因は何か，そして，どのように考えたらよいかを議論してみたい．

地球温暖化とは

地球の大気には，温室効果気体とよばれる二酸化炭素や水蒸気が含まれている．そして，これらの気体のもつ温室効果によって地球表面は温められている．もし，これらの温室効果がなかったとしたら，地球の表面の平均気温は，約250 K程度になる．それが，現在の平均気温が280 K程度になっているのだから，温室効果の影響は大きいものがある．

その温室効果気体である二酸化炭素が，大気中で増加するのだから，地表気温が高くなることは当然である．このような事態は，地球の歴史の中では，何回も見られたことである．いうまでもなく，地球の気候の歴史は寒暖を繰り返している．最近流行している，雪球地球（スノーボールアース）などは，その一例である．このような気候変動をコントロールする要因の1つとして二酸化炭素が重要であり，自然界では主として火山から補給され，海洋底に吸収されていく．

最近の観測から，20世紀を通して，温暖化が進行してきたことに異論を挟む人はほとんどいない．単に，気象台の観測するデータに基づかなくても，アルプスの氷河の後退など温暖化を示す例は枚挙にいとまがない．

そこで問題は，その温暖化は人間活動が原因か自然の変動なのかという点である．

地球温暖化は人間活動のせいか

それでは，最近の地球温暖化は人間活動によるのであろうか？　この問題を，数学的に証明することはできない．実験室の実験のように，人間活動を昔のとおりにしてやり直せば証明ができるのであるが，実際の社会ではやり直しができないからである．そこで，その原因の推定には，数値モデルに基づくシミュレーションの結果が使われる．しかし，数値モデルは正しいのか？予測結果には不確かさがあるのでは？という疑問が出されてくる．もちろん，われわれの科学的知識には不十分な点が多々ある．しかし，現在のIPCCで得られている結果は，現在までの科学の結果であり，この結果に基づいて準備するのがもっとも理性的な判断と考えられる．

そこで，東京大学気候システム研究センターが，国立環境研や地球フロンティアと

図1　20世紀の気候変動を再現した結果

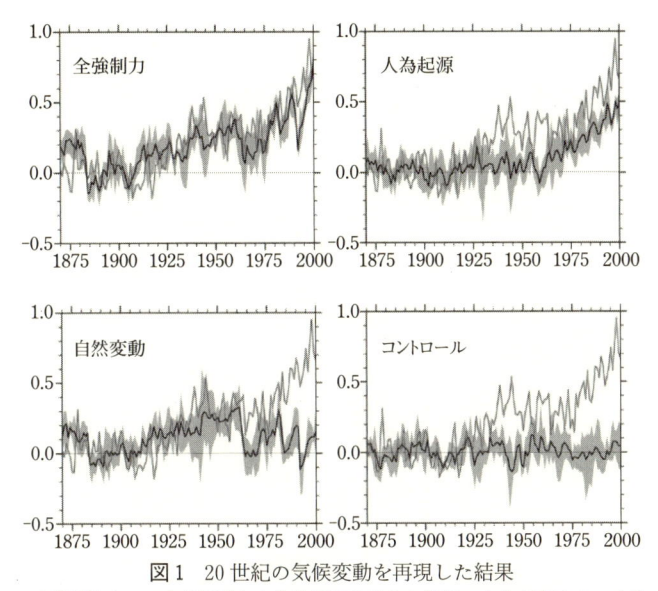

　全強制力とは，自然要因と人為的要因を入れた結果，人為起源とは，人為的要因のみ，自然変動は，自然要因のみ，コントロールは，産業革命の状態で固定したものである．

共同して行っている20世紀の気候変動の再現の計算結果を紹介しよう．
　いうまでもなく，気候を変動させる要因はさまざまである．太陽放射も変化するし，火山噴火などもある．また，人間活動によるCO_2の増加や，硫酸エアロゾルの増加，土地利用変化なども存在する．これらの自然変動要因や人為的な影響を与えたり，とめたりしてどの程度20世紀の気候変動が再現できるかをみるのである．その結果が図1に示してある．これらの要因をまったく考慮しないコントロールでは，気候は変動せず20世紀の気候変動はまったく再現できない（右下，コントロール）．一方，自然要因と人為的要因の両方を考慮すると，20世紀の気候変動の大概は再現できる（左上，全強制力）．特に，20世紀後半の温度の上昇は，CO_2の増加を考慮しない限り，決して再現できないことが見てとれよう．したがって，最近の温暖化は，人間活動によるものと考えるのが自然である．

それでは，将来はどうなるか？

　いままでの述べてきたところで，気候モデルの有効性は納得されることであろう．そこで，次に考えるべきことは，将来どうなるか？という点である．このためには，将来のCO_2の増加などを知らなければならない．このためには，社会の発展の程度やエネルギー消費量の予測などを行わなければならない．この部分は，法則に支配されているとはいえないので，個々の研究者の知見に基づくシナリオを用いることになる．したがって，人によって異なるので複数のシナリオを用いることが普通である．

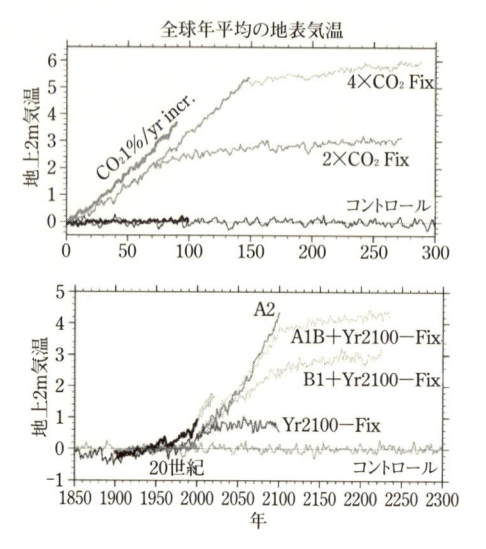

図2　21世紀の温暖化予測
太線は高分解能気候モデルの結果，細線は中分解能気候モデルの結果である．

結果は，図2に示してある．シナリオは，以前の第3次報告書に用いられたシナリオと同じである．これらの全球平均された地表気温に関しては，これから温度上昇が起きることは確かということができる．また，横に傾いているのは，ある時点で，大気中のCO_2濃度が一定となったときに，気温がどのように変化するかを調べたものである．大気中のCO_2濃度を一定化したからといって，すぐに気候が安定化するわけではないことを理解してもらいたい．

おわりに――何をなすべきか

地球が温暖化したからといって，異常気象が頻発するわけではない．しかし，いままでと違った気候になるので，その場所では，異常に感じられるような気象が起きることは容易に想像できる．たとえば，東京で，バンコクのようなスコールが起きれば，やはり，異常と感じるであろう．

また，災害は，増えることが想像される．特に，人間の体温が36.5℃程度であるから，気温が37℃付近になれば，相当に暮らしにくいことになろう（高温の砂漠や熱帯雨林では，夜は，急速に冷えるのであるが，都市気候の下では夜も蒸し暑い）．また，社会が変化している．特に，現代生活では，極限までの効率化を求めるので，予期しない自然の変化に非常に脆い事になる．ある条件下で最適化したシステムは，前提条件が変化すると非常に脆く崩壊する（高度成長に最適化した日本システムの最近の混迷をみても明らかであろう）．

さて，われわれは何をなすべきであろうか？　地球温暖化問題が投げかけたのは，結局，21世紀の人類社会のあり方という問題である．結局のところ，生物は環境に

適応し，共生して生きていくしかない．ここで，戦争という調整プロセスを容認すれば，何もしなくても人類は滅ぶことはない（核戦争を除く）．しかし，これが，20世紀の戦争の時代をすごした人類のとるべき手段であろうか？　少なくとも，人類には理性があるし，協調していく精神にも富んでいる．したがって，腹を決めて，新しい21世紀の社会の構築に英知を使うべきであろう．そのときに，「こうあるべき」という観念論，精神論から脱却する必要がある．むしろ，欲望に満ちた人間が自然に振る舞っても環境と調和する制度設計に留意するべきであろう．その意味からも，孟子のいう「恒産なくして恒心なし」というのは正しいと思う．適度な豊かさと，明るい未来こそが，多くの人が求めるものなのであろう．

コラム4　海洋生物資源をとりまく環境

　海洋生物を水産資源としてとらえたときに，食糧資源の確保という命題が人間社会から「海」に与えられる．しかし，このようなことを意識して海がとらえられ始めたのは20世紀半ば過ぎからであり，無尽蔵に湧いて出てくると考えた水産資源を搾取する一方，陸上からの廃棄物の巨大なゴミ箱としての役割を海に押しつけてきた．乱獲に伴って年々の漁獲量が減少し，水俣病に代表される海洋汚染が引き起こすさまざまな社会問題が表面化し始めて，ようやく将来における食糧資源の確保が難しくなるかもしれないと意識されることとなり，対処療法的に局所的な保全対策が講じられてきたのが現状である．したがって，人間社会の業の深さとそれに伴う罪の意識からか，水産資源の資源量変動を語るとき，乱獲と汚染が代表的なキーワードとなっている．しかし，果たして本当にそれだけなのであろうか．
　海洋生態系が陸上生態系と大きく異なる点は，生物が生息するための媒介となる物質の密度，つまり海水の密度が，陸上生態系の空気と比較し1000倍も大きいことにある．このために，陸上生態系は重力の影響を直接受けて2次元的な分布をするのに対して，海洋生態系は3次元的な分布形態をとる．このことが海流による受動的な輸送拡散を容易にし，能動的に移動することなくして分布範囲を拡大することが海洋では可能となってくる．陸上生態系でも空気中に浮遊することによって分布範囲を拡大することは可能ではあるが，それは限られた生物の限られた成長段階のことであって，海洋生態系のようにすべての生物のすべての成長段階で，流れによる受動的な影響を強く受けることとは本質的に大きく異なることといえる．また，種分化に要する時間に比べればきわめて短い時間スケールで海洋生物は流れによって分散されていくが，それに伴って決して急激に生息範囲を拡大することはなく，太古の昔より営々と築き上げてきた産卵場から成育場や索餌場にいたる分布形態を変わることなく維持しているところに，海洋生態系の大きな特徴がある．したがって，水産資源の資源量変動は，特定の時空間で行われる乱獲や汚染だけで必ずしも説明できるものではなく，そこには，地球環境の変動に対する生理生態的な応答と，魚類そのものに内在する変動機構が大きく絡み合っているのである．産卵，成育，索餌のいずれかが外洋で行われる外

洋性の回遊魚類には，その傾向が強いといえる．

　このような資源変動のプロセスの代表例として，マイワシが挙げられる．日本を中心とする極東のマイワシ資源は，漁獲統計がとられ始めた19世紀末以降の記録では1930年代と1980年代に漁獲のピークがあり数百万 t の漁獲量を誇っていたが，1960年代にはいると漁獲量が数万 t にまで激減し，1990年代から2000年代にかけてもきわめて低水準で推移するなど，16世紀以降の古文書による豊漁不漁の漁獲動向解析や海底の無酸素層に堆積した鱗の計測でも，漁獲量が50-100年周期で100倍も変動する魚種として知られている．また，極東のマイワシと近縁種であるヨーロッパ，チリ，カリフォルニアのマイワシも，生息する海流系がそれぞれまったく異なるにもかかわらず極東のマイワシと同期した変動をしている点にも大きな特徴がある．1960年代に全世界でマイワシの漁獲量が激減したときは，国連の FAO（食糧農業機関，Food and Agriculture Organization）が乱獲の危険性を強く指摘するにいたったほどであった．しかし，その後に各海域で爆発的な資源の回復があったことを考えると，これは大きな誤りであったといえ，乱獲という人為的な影響ではなく，地球規模あるいは大洋規模での海洋・気象変動といった自然現象が，マイワシの近縁種に特徴的に内在する生理生態的な因子と絡み合い，このような劇的に変動する様式をとるようになったものと今日では考えられている．このような資源変動に大きな影響を与える気候変動として，レジームシフト（regime shift）とよばれる現象が近年指摘されるようになってきた．これは，数十年周期をもって大洋規模以上で，変動の位相が急峻に遷移する現象であり，最近では1976年前後に発生し，それ以降，太平洋ではエルニーニョが頻発するようになった．レジームシフトの発生とマイワシ資源の増減が時期的に一致していることから，これらのあいだの関連が指摘されているのであるが，多くの研究は気候のレジームシフトに対応した海洋気象データと漁獲量の変動との相関解析に終始することが多く，それらのメカニズムを明らかにするためのプロセススタディー（process study）にはいたっていないのが現状であり，より進んだ検証が望まれている．

　海洋生物の特徴として，幼生期に流れによる強い受動的な移動を受けることが挙げられるが，産卵場から成育場や索餌場への移動に海流を利用するウナギ類やマグロ類のような外洋で産卵を行う大規模回遊魚にとって，このことは特に重要であり，流れによる卵・稚仔輸送が種の維持にきわめて大きな役割を果たしている．ニホンウナギ（*Anguilla japonica*）は，北赤道海流域中のフィリピン東部に位置するグアム島に近い海域で産卵し，フィリピン東部海域で北赤道海流から黒潮の源流にうまく乗り換えることによって，はじめて日本沿岸海域へ到達することが可能となる．韓国と台湾，中国を含めた東アジアに分布するニホンウナギの産卵場は，北赤道海流域1ヵ所のみであると考えられ，フロリダ半島のはるか東方のサルガッソー海で産卵しアメリカ東海岸やヨーロッパ諸国を成育場とする大西洋のアメリカウナギやヨーロッパウナギと同様に，北赤道海流域の産卵海域から親魚の生息海域である東アジアにいたる3000 km もの果てしない旅を幼魚期に行う奇妙な魚類としてニホンウナギは知られている．これら3種のウナギは温帯ウナギとして区分され，特にニホンウナギとヨーロッパウナギは，蒲焼きの状態になってしまうと見た目も食した味も大ぎな違いはなく判別が

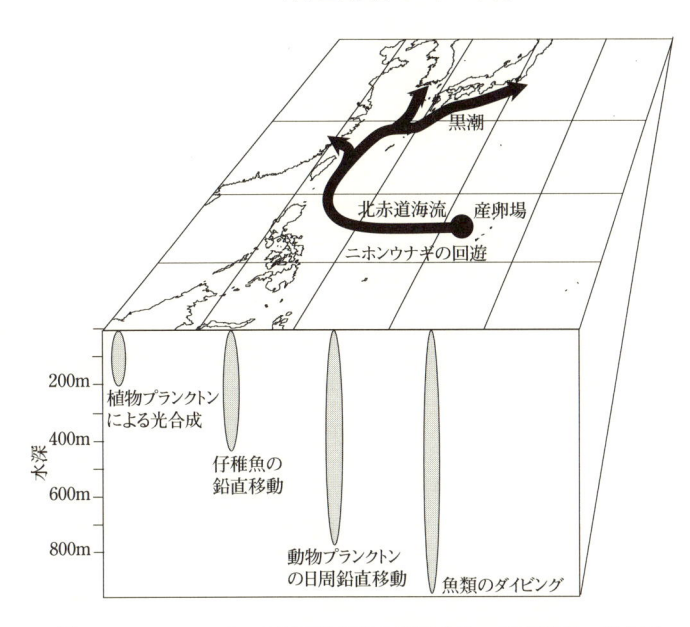

図3 ニホンウナギの産卵回遊経路と海洋生物の鉛直移動の概念図

ニホンウナギの産卵場は北赤道海流域にあり，稚魚が3000 kmも海流で輸送されることにより日本沿岸に到達して，生き残ることができるのである．鉛直移動の概念図は，表層に生息範囲をもつ生物が短期的に移動できる水深の範囲をおおまかに示したものである．したがって，深海あるいは海底を主な生息場とする生物の分布・移動範囲とは異なる．植物プランクトンは光合成が行える水深を示したものであり，移動は主に沈降だけである．

難しいほどよく似ており，事実，日本の食卓にあがる蒲焼きがヨーロッパウナギであることも多い．ニホンウナギの場合，産卵場がある北赤道海流中の表層塩分が極端に変化する塩分フロントをランドマークとして産卵場を探り当てるとみられ，エルニーニョが発生して産卵場の水塊構造が大きく変動するときには，日本沿岸でのシラスウナギの来遊量が大きく減少する．これは，塩分フロントに代表される産卵海域の水塊がエルニーニョに伴って極端に南に移動してしまい，産卵場から黒潮へつながる輸送ルートが細くなることに起因する．レジームシフトが発生した1970年代の半ば以降，太平洋ではエルニーニョが頻発するようになり，ニホンウナギの資源量が減少する傾向を示すようになったが，太平洋のみならず大西洋におけるアメリカウナギとヨーロッパウナギのシラスの資源量もほぼ同時に減少を示している．その要因として，乱獲，河川環境の悪化，海洋環境の変動などが挙げられるが，太平洋にだけ限ってみても日本，中国，台湾，韓国と広く生息場所が分布するニホンウナギに対して，特定の狭い範囲の環境悪化が敏感にウナギ資源全体に影響を及ぼすとは考えにくく，まして成育環境の悪化や乱獲といった人為的な影響が大西洋と太平洋とで連動して発生すると

は考えられない．つまり，数年周期で発生するエルニーニョに対応した短期的な幼生の輸送量の違いとして資源変動を理解するだけでなく，レジームシフトに対応した海洋変動現象の応答のような，長期的な資源量変動のプロセスとして深く検討される必要性が出てきている．

　エルニーニョに対応した資源量変動として有名なのが，ペルー沖のカタクチイワシ資源である．通常，赤道海域では，東から西へ向かう貿易風によって，表層の暖水が西太平洋のパプアニューギニア方面に吹き寄せられ，暖水プールが形成されている．これは赤道域ではコリオリとよばれる地球自転の効果がなくなるために，風が吹く方向に海水が吹き寄せられることによって起こるものであるが，東側ではそれを補完するために深層から栄養塩豊富な海水が表層に湧き上がってくる．このことを沿岸湧昇といい，表層に上がってきた栄養塩を利用して植物プランクトンが光合成を行い，それらを餌とする動物プランクトン，さらにはそれらを餌生物とするカタクチイワシの資源が他の海域と比較し飛躍的に大きくなるのである．しかし，エルニーニョが発生するときには貿易風が弱くなり，沿岸湧昇が起こらなくなるので，餌生物が少なくなってカタクチイワシの資源が減少するのである．

　このような資源量変動のメカニズムは，気候変動が単独で資源変動を左右する説明としてよく知られており，そのプロセスには物理的要因による栄養塩の有光層への栄養塩の供給とそれに伴う食物連鎖が重要な役割を果たしている．黒潮親潮混合域とよばれる鹿島灘から三陸沖にいたる海域では，南下する親潮の冷水と北上する黒潮の暖水が接し混合することによって，生物生産の豊かな海域ができあがり，カツオ，サンマ，マイワシなどの漁場が形成される．この生物生産のプロセスにも上述した過程が働いており，特に黒潮前線域では，その蛇行に伴う擾乱で発生する低気圧性の渦が下層で貯蓄された高濃度の栄養塩を，植物プランクトンが光合成を行える海面近くの有光層に供給して，生物生産を促進させている．また，仔稚魚の成長や生残には，このような餌密度の効果だけではなく，餌を効率的に捕食できるかどうかも重要な要因であり，餌との遭遇確率がそれらの善し悪しを左右することが指摘されてきている．つまり，摂餌開始時期における摂餌の成否が減耗要因解明の大きな鍵となるものであり，最近の実験系を中心としたいくつかの研究から，同じ餌密度であっても海洋の乱流条件の違いによって仔魚の摂餌効率が異なること，効率的な摂餌にはある一定の乱流が必要であることがわかってきた．表層において乱流を発生させる要因としては，風，地形，潮汐などさまざまな要因が挙げられるが，それらは混合を引き起こして食物連鎖の過程での生物生産に影響を与えるだけでなく，水産生物の物理的な捕食の善し悪しにも作用してそれらの成長率や生残率を大きく上下させるのである．

　上述したプロセスは，海洋気象変動に伴う資源量変動を資源変動の雑音として取り扱い，人為的な乱獲や汚染による影響を一義的に資源量減少の要因とすることができないことを意味する．しかし，乱獲による資源量の極端な現象は沿岸性の魚介類に顕著に現れるのも事実であり，資源回復と資源維持を目指した資源管理型漁業が提唱されている．この典型例が日本海におけるハタハタ漁であり，1960年代には秋田県では2万tの漁獲を誇っていたハタハタが1980年代になると100t程度にまで減少し，その後1992年に秋田県を中心とした全面禁漁を3年間行った結果，資源が飛躍的に

コラム4　海洋生物資源をとりまく環境

回復したというものである．これは，局所的に対応した資源管理の一例であるが，1996年の国連海洋法条約の批准に伴って，排他的経済水域の設定とともに漁獲可能量（TAC：Total Allowable Catch）制度の導入がなされ，国家として漁業管理を行う局面に入った．TACの対象魚種の設定は，1.漁獲量が多く国民生活上で重要な魚種，2.資源状態が悪く緊急に管理を行うべき魚種，3.わが国周辺で外国人により漁獲されている魚種のうちいずれかに該当するものであり，現在，サンマ，スケトウダラ，マサバ・ゴマサバ，マアジ，マイワシ，スルメイカ，ズワイガニが選定されている．これらの漁獲可能量は，科学的な研究から算出された生物学的漁獲可能量（ABC：Allowable Biological Catch）に基づいて毎年更新されている．このような資源管理の実施に先立ち，絶滅危惧種として魚類資源がワシントン条約（絶滅のおそれのある野生動植物の種の国際取引に関する条約）の締約国会議などで議論されるようになってきた．特にクロマグロに代表される日本人が好むマグロ類がそのターゲットとなっており，この種の議論は捕鯨のモラトリアムと複雑に絡み合って必ずしも科学的根拠に基づく議論がなされているわけではないことが大きな問題点である．誤解や誤った情報により間違った国際的な漁業規制を避けるには，魚類の生理生態を十分に解明したうえで的確な資源量推定を行う努力が必要ではあるが，一方，日本国としても漁業に対する責任ある行動規範を積極的に策定し，遵守する姿勢を明確に打ち出すことが国際的に求められる時代となってきているのも事実である．

第 3 部　環境を育てる

第8章　緑の育成

8.1 わが国の森林

　わが国は，明治以降に近代国家としての体制が整えられて，1889（明治22）年に大日本帝国憲法，1897年には森林法が公布された．わが国の森林の取り扱いについて近代的な学問を最初に学んだのは，松野礀(長州藩士，1870年渡欧）であった．松野礀は明治期の日本の林業・林学の先達であり，その後創設された東京山林学校（現東京大学農学部）初代校長（1882年），山林局林業試験場（現森林総合研究所）初代場長（1905年）を務めた．ドイツ留学中に訪欧使節団の大久保利通（明治維新・政権の中心人物）と会い「日本林政の方向はベルリン（松野礀）で決まった」（1873年）とまでいわれた（小林，1992）．その後，志賀泰山（1885年渡欧）や本多静六（1890年渡欧）らが輩出し，本多静六らにわが国初の林学博士の学位が授与されたのは1899年のことであった．そして，1904年には本多らの共編による「森林家必携」が刊行されて（現在，改訂新版72版（1997年）が刊行），わが国の森林の取り扱いについての学問的な基礎が確立した（井上ら，2003）．

　1897年に公布された森林法では，森林とは御料林・国有林・部分林を指し，営林の監督，保安林および森林警察に関する規定がされた．その後，1907年に民有林の産業助成を図る方向で改正された．

　第二次世界大戦後，戦争で荒廃したわが国では，森林復興に主眼がおかれて森林法（1951年）が改正された．その第1条には，「森林の保続培養と森林生産力の増進とを図り，もって国土の保全と国民経済の発展に資する」とされ，第二次世界大戦で荒廃したわが国の森林復興に主眼が置かれた．当時の木材需要は3000万m^3（1946年）であったが，その後昭和30～40年代の高度経済成長期には木材需要が1億m^3（1970年）を超え，ピーク時には1億2000万m^3（1973年）に達した（ちなみに，日本の標準的な木造住宅1

軒は延床面積 120 m² の 2 階建てで，約 23 m³ の木材を使用している）．このような木材需給の急増から，林業基本法（1964 年）が公布されて，総生産の増大を目指した林業の生産性向上と林業従事者の地位の向上を目指した所得倍増が図られた．このように，高度成長期には木材需給が逼迫したために，1964 年には木材価格の安定対策として丸太などのすべてが輸入自由化され，1969 年には外材が木材供給の 50 ％に達した．その後，木材貿易は自由競争を前提とする市場原理が独走した結果，現在，わが国の木材輸入は 8 割を超えている（林野庁，2002）．

前述のように，森林は本来，国土の保全と経済の発展に資することに第一義的意義があった．しかるに，森林は，木材の供給の場として内外価格差だけを判断の基準として，その評価が推移してきた．そのため，わが国の林業における自給率 2 割という低さは，先進国の中でも奇異な現象で，一般に市場の効率性実現が困難な場合に当てはめられる概念，いわゆる「市場の失敗」として論議されている（日本学術会議，2001）．

20 世紀後半，私たちは，ものの豊かさを求めて，科学技術を発展させてきた．そして，生産性の向上を目指して「農業の工業化」が唱えられた．しかし，農業と工業の著しく大きな違いは，取り扱う原料が自然の制約を大きく受ける生物資源であるか否かにある．しかも，農林業の中でも農業と林業とでは，その営みが人為環境下か自然環境下かといった環境条件，また毎年収穫可能か永年収穫であるのかといった時間軸が大きく異なっている．これらの特徴を十分に留意しなければならない．

2001 年には，国民の価値観の多様化に伴って，従来の林業総生産の増大を重視していた方針を抜本的に改めて，森林・林業基本法が制定された．そして，わが国の森林は，自然環境の保全を重視する森林とヒトとの共生林（550 万 ha），水源のかん養を重視する水土保全林（1300 万 ha），木材などの生産機能を重視する資源の循環利用林（660 万 ha），の 3 つに区分されて，森林の有する多面的な機能の発揮に重点が置かれた（井上ら，2003）．

8.2 森林の現代的意義

21 世紀を迎えて，自然環境の劣化が文明の盛衰と大きなかかわりをもつ

ことが指摘され，自然環境としてもっとも大きな森林生態系が，わが国の環境白書や森林・林業白書の巻頭を飾るようになった．環境白書（平成14年）では，メソポタミア・シュメール文明の崩壊とチグリス・ユーフラテス川流域の森林の伐採，南米西岸約5000 kmに位置するイースター文明の崩壊とイースター島の森林資源の枯渇，また，森林・林業白書（平成13年度）では，シュメール文明の崩壊とレバノンスギの伐採，ギリシャ文明の衰退と森林の荒廃，中国文明発祥の地黄土高原における文明の衰退と森林の減少など，いままでの森林の存亡の歴史についてグローバルな観点から述べられている．このように，21世紀に入って，急速に森林のもつ意義についての関心が高まってきている（国連大学，2001）．

　21世紀は環境の時代といわれる．"緑"がキーワードとなり，人々の森林や緑の空間に対する期待は，"緑の文化創造"を目指していままでにない高まりをみせ，酸性雨など環境ストレスによる森林・樹木の衰退が世界的な規模で問題とされ，取り組まれ始めた．アメリカ合衆国政府のレポート「西暦2000年の地球」(The global 2000 report to the President-Entering the twenty-first century-, 1980）によれば，「21世紀には，地球全体が砂漠化の脅威にさらされて，人類は悪い環境に苦しみながら生きてゆかなければならなくなる．」とある．森林・樹木は，人間の利用可能な物質資源として地球上のバイオマスの9割を占め，同時に，人間の生活環境の場としてその重要性は日増しに高まりつつある．1997年のイギリスの有名な科学雑誌ネイチャーの論文では世界の森林生態系サービスの経済的価値を年間約600兆円（4兆7000億ドル）とし（Costanza *et al.*, 1997），わが国では森林の公益的価値を年間75兆円（ちなみに，日本の農業総生産額は約10兆円である）と試算している（日本学術会議，2001）．このような環境の価値を経済面から評価する仕組み（環境を配慮した会計をグリーン・アカウンティングとよぶ（井上ら，2003））は目下確立されていないが，わが国の国内総生産（GDP）は約500兆円，国の予算は約80兆円ほどなので決して小さいものではない．今後，人々の生活に欠かすことのできない森林・樹木の文化的・経済的価値が，いずれ人々の共通の認識となり，その保全に対する意識はさらに高まると考えられる（鈴木ら，2004）．

8.3 緑の育成——黄土高原における森林再生

森林再生を試みた中国西北部の黄河中流域の黄土高原の事例(森崎ら,1998)を紹介しよう.黄土高原は北緯34°-41°にかけて中国の西北部に位置し,山西・陝西省・甘粛・青海・河南省と内モンゴル・寧夏自治区の5省2自治区にまたがる.標高は1000-2000 mで,北の境界は万里の長城に達する.日本の6割増しの大地60万 km^2 余りに9000万人が住むといわれており,大部分の地域は年降水量300-600 mmのステップ気候の乾燥地帯である.黄土高原には何もないという中国の西北民謡,「わが家は黄土高原にある,風が高原を吹き舞わす,南東風も北西風も,みんなみんな私の唄,幾歳月を経過して,先祖は私たちを残した,見渡す限りの荒漠を残した」にあるとおり,西安から北に向かうと黄土高原は見渡す限り黄土で覆われた侵食地形である(図8.1).黄土高原の起源は240万年前(新生代第三紀)とされ,西北に位置するゴビ砂漠からの強風に乗って黄土が厚さ50-100 mほど堆積している.ところどころの断層で,黄土(新生代第四紀の土壌)の下に風化が進んで酸化鉄の色が明瞭となった赤色土(紅土)の第三紀の土壌が見える.この黄土高原では,いままでに国際協力事業団の治山事業や科学研究費補助金での砂漠化防止研究が取り組まれてきた.また,MAB計画(Man and Biosphere Programme,人間と生物圏計画,ユネスコ(United Nations Educational, Scientific and Cultural Organization)によって1970年に立ち上げられた長期政府間共同研究事業)の一環としてFAOの試験地が紙坊溝にある(井上ら,2003).

森林再生の試験地は,黄土高原の中心部延安からさらに北30 kmの安塞県にある.年降水量は,黄土高原の南方に位置する西安で600 mm,延安550 mm,楡林400 mmで,北の毛烏素砂漠(万里の長城北側)に向かうに従って減少する.安塞の降水量は年平均400-550 mmで,降雨は7,8月に最も多く,7-9月の降水量が6-7割を占める.1995年には年降水量319 mmであった.周囲の植生を見まわすと,延安を東西に走る国道を境に植生は森林区と草原区に分かれていて,延安以南の森林区では,油松(*Pinus tablaeformis*),遼東ナラ(*Quercus liaotungensis*),家楡(*Ulmus pumila*)などの2次林がこともなげに森林を造って,林床に多くの稚樹が生育してい

8.3 緑の育成

図 8.1 黄土高原の荒漠たる様子

る．降水量の 20-30 mm の差が森林か草原かに決定的な意味をもつとする中国科学院の説明は若干科学的ではなく，別に原因があることをうかがわせる．じつは延安は，1934 年に国民党に追われた毛沢東や周恩来の中国共産党が翌年長征（西遷）の末にたどり着いた場所で，1948 年に拠点が北京に移るまでのあいだの居住地であった．以来，革命の聖地となっている．彼らの活動拠点になる前はいたるところが森林で覆われていたが，彼らの活動のために延安には森林がなくなり，男手も北京に行ってしまったという．

この黄土高原に 1960 年代に食糧増産のために多くの人々が入植し，夏はトウモロコシ，冬は小麦の栽培が始まった．この地方の 1 人当たりの現金収入は 1995 年当時には年収約 500 元（1 元は約 13 円）ほどで，中国農村部の全国平均 1200 元の半分にも及ばない．毛烏素砂漠近くの楡林や靖辺にいくと，2000 年には 800 元の年収を！というスローガンが道路のいたるところに掲げられている．翌年の 1996 年の黄土高原の景色はまったく違っていた．もちろん地形には変わりはないが，7 月末には，すでに降水量は 500 mm を超え，どこの畑もガリーも，トウモロコシ，アワ，キビ，ダイズ，コウリャン，ジャガイモ，リンゴ，ヒマワリなどがすみずみまで植えられて，緑と農作物で覆われている．昨年はほとんど何もなかったのだ．どのようにしてこんな地形のすみずみにまで耕作ができるのかという驚きと，年によってこんなにも植物の生育が違うものかと感心する．人口圧とともに気候変化の大きさがいかに植生を支配しているのかという現実である．

この地方では「耕して天まで昇る」（図 8.2）といわれるテラス農業が営

図8.2 黄土高原の「耕して天まで昇る」テラス農業

まれるが,干ばつの厳しい年には,作物の収穫はほとんど期待することができない.このような農耕は人口圧に伴って,山羊や羊の放牧がいたるところで行われ,V字谷の侵食がさらに広がって砂漠化が加速する.

歴史地理学者史念海の考証(高ら,1988)によれば,3000年前の西周のとき,黄土高原,とりわけ陝西省,甘粛省,山西省などの現在黄土の分布する中心地帯は樹木が密生し,草原が果てしなく広がり,森林面積は約3200万ha,森林の被覆率は53％であったという.現在の黄土高原の森林率は6％程度で,典型的な夏雨型の半乾燥地である.黄土高原の年間降水量300-600mmという水分環境は,樹木にとって成長に適したものとはいい難いが,中国の半乾燥地(毛烏素砂漠)に生育する樹種はそれぞれ乾燥に適応しているという報告(吉川ら,1992)があるように,黄土高原に生育する樹種も乾燥に適応しているものと考えられる.樹木を用いた植生回復を進めるためには,そのような厳しい環境にもっとも適応する樹種の選抜を行わなければならない.

そこで,中国黄土高原の年間降水量300-600mmの半乾燥地に生育する樹木の水分生理特性およびその降水量傾度との関係を明らかにした.

調査地は,降水量傾度(陝西森林編纂委員会,1989)によって黄河中流域に設定した(図8.3).

鎌刀湾:年間降水量450mm,年平均気温8°C,標高1200-1600mの地域.
安塞:年間降水量500mm,年平均気温9°C,標高1200mの地域.

図8.3 黄土高原の調査地

延安：年間降水量550 mm，年平均気温9°C，標高800-1200 mの地域．
楊陵：年間降水量600 mm，年平均気温12°C，標高0-500 mの地域．
宜君：年間降水量660 mm，年平均気温9°C，標高800-1200 mの地域．
調査対象樹種は，次のとおりである．

油松（*Pinus tablaeformis*）：一般的にクロマツ（*Pinus thunbergii*）より寒地に適するといわれており，幼時の生育は速い．中国西部・東北部内蒙古原産．中国では黄河流域各省に多く，年間降水量400-800 mm，海抜1000-1500 mに分布し，ときに樹高24 m，径1 mの巨木にもなる．

樟子松（*Pinus sylvestris* var. *mongolica*）：ヨーロッパアカマツの地理的変種で，−40-−50°Cの低温に耐えるという耐寒性をもち，貧栄養地にも生育する．黒竜江，内蒙古東部，大興安嶺など，年間降水量400-800 mmの地域に分布する．

沙棘（*Hippophae rhamnoides*）：グミ科の落葉低木または小高木，樹高3-8 m，窒素固定樹種で，枝の多くには棘があり，耐乾性がある．ヨーロッパ，東南アジア，ヒマラヤ原産．

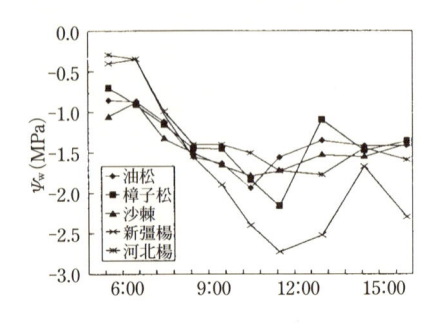

図8.4 黄土高原に生育する樹種の水ポテンシャル（Ψ_w）の日変化

新彊楊（*Populus bolleana*）：中央アジア原産．銀白楊（*Populus alba*）の変種とされる場合もあり，銀白楊より葉の切れ込みが深く，下面に銀白色綿毛が密生する．

河北楊（*Populus hopeiensis*）：河北省，山西省，陝西省，甘粛省など中国北部に分布する．

ニセアカシア（*Robinia pseudoacacia*）：マメ科の落葉高木，樹高20-28 m，径1-1.3 m，成長力強く，早熟早老性である．アメリカ原産．広くpioneer treeとして，造林樹種として用いられている．

華北落葉松（*Larix principis-rupprechtii*）：落葉高木，樹高20-30 m，径1-1.4 m．中国北部産．

安塞において測定した5樹種（油松，樟子松，沙棘，新彊楊，河北楊）の水ポテンシャルの日変化から，全樹種に共通して，陽が当たり始めると急激に水ポテンシャルが低下し，日中一時回復を示すという傾向が認められた（図8.4）．このような樹木の反応は，ある程度の水ストレスを受けている植物にみられる一般的な反応で（Larcher, 1995），黄土高原に生育する樹種は根からの水分供給が十分でないために，日中一度気孔を閉じて蒸散による水分損失を防ぐと同時に水欠差を解消し，その後ふたたび光合成を行うという適応をしているものと考えられた．このような日変化を示すこれらの樹種の中で，新彊楊の変動がもっとも大きかった．水ストレスが強くなると，水ポテンシャルの最大値，最小値はともに低下し，日中の変動が小さくなる（福田・鈴木，1988）が，他の樹種に比べて新彊楊は最大値が高くその傾向が認められないので，この5樹種の中ではもっとも水分供給能力が高いと考えら

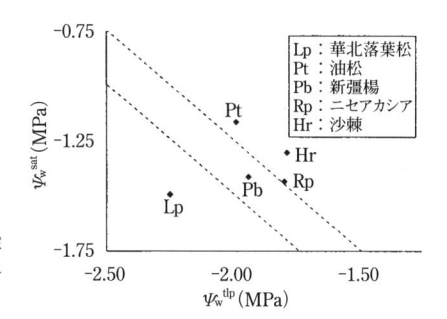

図 8.5 膨圧を失ってしおれを起こす水ポテンシャル (Ψ_w^{tlp}) と飽水時の浸透ポテンシャル (Ψ_w^{sat})

れた.このような要因の1つとして,新彊楊は葉の裏面に綿毛を密生していることが葉の水分収支に何らかの役割を果たしているものと考えられた.

P-V 曲線によって求められる樹木の水ポテンシャル各要素は,膨圧を失うときの水ポテンシャル(Ψ_w^{tlp})の値は低い(絶対値が大きい)ほど水欠差に対する膨圧の維持に有利で,Ψ_w^{tlp} は主として Ψ_w^{sat} によって左右される.また,Ψ_w^{sat} は気孔が閉じかけているときの水ポテンシャルとも密接に関連しているので,Ψ_w^{tlp},Ψ_w^{sat} は膨圧の維持という面からみた耐乾性を評価するうえで重要な指標と考えられる(丸山,1996).そこで,5樹種(油松,新彊楊,沙棘,華北落葉松,ニセアカシア)について,横軸に Ψ_w^{tlp},縦軸に Ψ_w^{sat} をとって,これらの値をプロットし樹種間の比較を行った(図 8.5).Ψ_w^{tlp} および Ψ_w^{sat} が低いほど,つまり,図の左下ほど水欠差に対する膨圧の維持に有利でしおれにくく,耐乾性が高い.その結果,華北落葉松がもっとも耐乾性が高く,次いで新彊楊,そして,ニセアカシア,沙棘,油松の順となった.この結果より,黄土高原の植栽樹種としてもっとも適しているのは,耐乾性の高い華北落葉松であると考えられた.

降水量傾度に応じた各樹種の葉の水ポテンシャルについて,4調査地における日中の水ポテンシャルの最小値を比較すると,安塞から延安にかけて,油松では -0.65 MPa,樟子松では -0.80 MPa,沙棘では -0.55 MPa,新彊楊では -1.15 MPa とそれぞれ大幅に上昇しており,延安から楊陵にかけては最小値の変動は小さかった.このことから,安塞と延安のあいだに,水分環境の境界線があるのではないかと考えられた.

そこで,油松の水ポテンシャルの最小値と各降水量との関係を比較すると

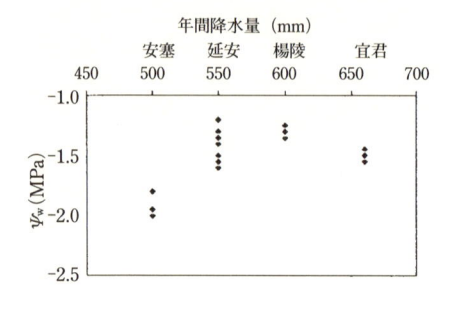

図 8.6 降水量傾度と油松の水ポテンシャル（Ψ_w）

（図 8.6），もっとも年間降水量の少ない安塞において，水ポテンシャルの最小値は－2.0 MPa 前後と特に低い値を示し，延安以南，つまり，550-660 mm の年間降水量地点における測定値と－1.7 MPa の値を境として明瞭な差が認められた．このことから，安塞と延安のあいだ，つまり，年間降水量 500-550 mm のあいだに，これら樹木生理からみた水分環境の境界線の存在が示唆された．宜君において，水ポテンシャルの最小値がふたたび低下するという傾向がすべての測定樹種に共通して認められた．これは，地形，土壌条件など他の要因によって樹木が水ストレスを受けていたものと考えられた．

一方，ニセアカシアの水ポテンシャルの最小値の変化は，延安以南の降水量傾度において－2.0 MPa 前後で変化が小さかった．また，東京大学附属演習林田無試験地における水ポテンシャルの測定結果も，同様に－2.0 MPa 前後を示した．このことから，今回調査した 550-660 mm という年間降水量はニセアカシアにとっては適応可能な降水量であることが示唆された．

以上の結果から，もっとも高い耐乾性を示したのは華北落葉松で，次いで新疆楊であった．また，降水量傾度に応じた 4 調査地の各樹種の日中の水ポテンシャルの最小値は，延安以南すなわち年間降水量 500 mm と 550 mm を境として，明瞭な差違が認められた．このことから，安塞と延安とのあいだに，これら樹木の水分生理特性からみた水分環境の境界の存在が示唆された．

このように，緑の育成にはその地域における生態系システムを十分考慮した計画が必要とされるのである．

参考文献

Costanza, R., *et al.* (1997) The value of the world's ecosystem services and natural capital. *Nature*, **387**, 253-260.
福田健二・鈴木和夫 (1988) 東京大学農学部演習林報告, **80**, 25-35.
井上　真他編 (2003) 森林の百科, 朝倉書店, 739pp.
環境省 (2002) 環境白書, 環境省, 415p.
小林富士雄 (1992) 日本近代林学揺籃の地を訪ねて-エーベルスワルデと松野はざま. 林業技術, **608**, 7-9.
国連大学 (2001) 森林の価値, 国連大学, 44p.
高志義他 (1988) 北方林業, **40**, 234-237.
陝西森林編纂委員会 (1989) 陝西森林, 中国林業出版社, 665p.
Larcher, W. (1995) *Physiological plant ecology*, Springer-Verlag, 506pp.
丸山　温 (1996) 北方林業, **48**, 245-248.
森崎雅典他 (1998) 中国黄土高原に生育する樹種の水分生理特性と降水量傾度, 日本林学会論文集, **109**, 301-304.
日本学術会議 (2001) 地球環境・人間生活にかかわる農業及び森林の多面多岐な機能の評価について (答申), 日本学術会議, 104p.
林野庁 (2002) 森林・林業白書, 日本林業協会, 336p.
鈴木和夫編著 (2004) 森林保護学, 朝倉書店, 299p.
吉川　賢他 (1992) 日本緑化工誌, **17**, 85-93.

第9章　生物資源の持続的利用

9.1 生物資源とは

　生物，とりわけ植物が衣食住から医薬，嗜好品そのほかの日常必需な物資の原料として，我々の経済生活に利用される方面はじつに多種多様である．生物の個体群と生態系は数世紀にわたって生物資源として利用されてきた．特定の動植物の乱獲は，資源の減少および個体群の絶滅や生息場所の破壊を招くことがある．しかし，持続可能な利用は，資源を損なうことなく，生息場所と個体群を将来の利用のために保全することができる．狩猟動物の個体群は狩猟用に維持され，また森林は木材生産のために維持される．あらゆる植物の多様性は，製薬産業が植物の生産物に依存しているため，現実的ないし潜在的な商業価値をもっている．作物とその近縁植物種の生物多様性は，その多様性を植物育種に利用する可能性があるため重要である．

　木材生産用の森林は持続可能な仕方で収穫される．つまり，樹木を伐採したら新しい苗をそこに植える．持続可能な林業は，森林生態系を大きく破壊しないし，また木材資源を確実に維持するが，生態系をかなり変化させ，たいてい，生物多様性と保全的価値を低下させる．人工林は一般に同齢林であることが多く，自然林よりも樹種の多様性が低い．また，間伐などが適切に行われないと地表植生の発達が悪い傾向もある．

　一般に植物の生物多様性は，それが現実的あるいは潜在的商業価値をもっているため，生物資源として扱われることがある．現在，薬品の25-50％は植物の生産物から製造されている．世界の植物多様性の大部分が存在する熱帯林生態系をもつ国々は，この生物資源の利用と植物関連の研究に対して，使用料を課す準備をしている．生物資源の活用にあたっては，生物としてのさまざまな特徴を再認識するとともに，保護と利用の適切なバランスを図る必要がある．また，このための調査，研究体制も含めたガイドライン，法的

規制，モニタリング，管理体制などが求められる．

9.2 未知の植物生理活性物質の探索

(1) なぜカメルーンの熱帯多雨林を対象としたか

　生物資源探索と利用の一例として，筆者もそのプロジェクトの一員として参加した，「西アフリカカメルーンにおける植物生理活性物質の探索」についての調査研究（Ohigashi et al., 1987 ; Ohigashi et al., 1989 ; 小清水・大東，1990）を紹介する．

　まず，カメルーンの熱帯多雨林産の植物に着目した理由は，次のような点からである．熱帯多雨林という特異な環境に適応した植物には，独特の生活戦略が備わっているはずである．したがって，その戦略として機能する物質も特異なものではないかと推察される．しかも，人為的影響の少ない原生林では，植物が本来もっている生態をことごとく観察，抽出できる一方，そこに居住する人々から，たとえば薬効植物など，伝承的な有用植物の情報が数多く得られるであろう．このように，熱帯多雨林産植物は，天然生物活性物質を探索する対象としてもっとも興味深い場所であることが期待されたからである．

(2) アジャップから抽出されたアレロパシー物質

　カメルーンの森林を調査するなかで，現地の森林で真っ先に目にとまった植物は，現地名でアジャップあるいはモワビとよばれるアカテツ科の一種（*Baillonella toxisperma*）であった．この樹木は成長すると樹高50 mに達する高木であるが，興味深いことに，この成木の周りにはその稚樹が一面に生え，他植物の侵入はほとんど見られない．この現象はアジャップ自身のもつ特定の物質に起因する，いわゆるアレロパシーによるものと推察された．アレロパシー（他感作用）とは，ある植物体の出す化学物質が同種または他種植物の生育に何らかの影響を与える現象をさす．

　さっそく，アジャップの樹皮，根，果実，葉を採取し，それぞれの試料4 gを細かく切り，試験管内でメタノール（20 ml）で2日間浸漬抽出して標準試験原液を作る．この原液0.5 mlをピペットでロ紙上に少しずつたらし，

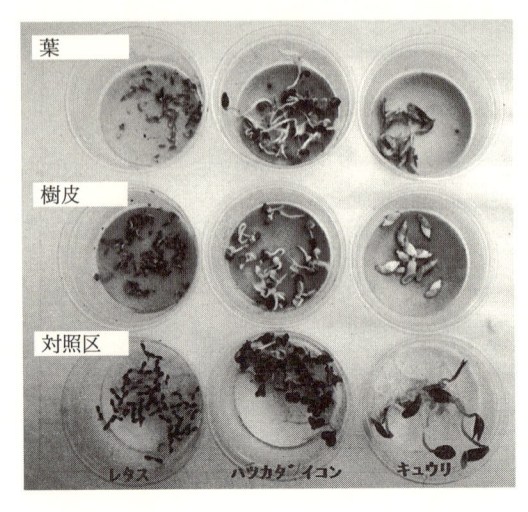

図9.1 アジャップの発芽成長抑制試験
上から葉, 樹皮, 対照区, 左からレタス, ハツカダイコン, キュウリに対する活性をみたもの.

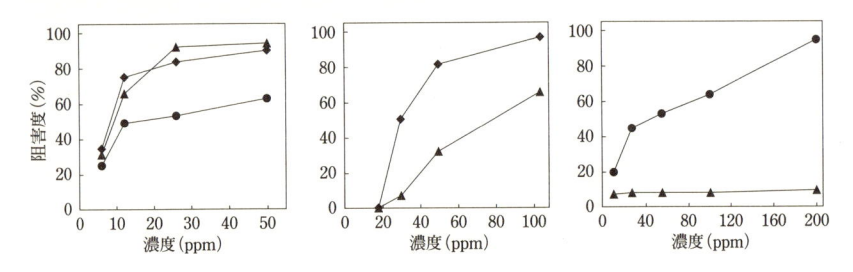

図9.2 3-ヒドロキシウリジンの植物成長阻害活性
左よりキュウリ, ハツカダイコン, イネに対する阻害活性.
◆—◆:根の伸長, ●—●:根の重量, ▲—▲:下胚軸の伸長(イネは第2葉鞘の伸長)

しみ込ませ,4時間放置し乾燥させる.次にこのロ紙を水2.5mlの入ったシャーレに置き,その上にキュウリ,ハツカダイコン,レタスの種子を播種して,蓋をして放置する.3日後の発芽成長度合い(図9.1)を抽出物の入っていない対照区と比較し,発芽や成長に抑制活性があるかどうかを判定した.その結果,葉,樹皮,種子中に植物の発芽や成長を抑制する物質の存在が証明された.この抑制作用を有する物質は後に日本にもち帰った試料をもとに各種機器分析や化学反応結果から,3-ヒドロキシウリジンという名で特定できる化合物であることが判明した.この化合物の植物成長阻害活性は図9.2に示すようであった.キュウリに対しては特に活性が強く,下胚軸の伸

びで判定した地上部や，乾燥重や伸長度で判定した根の成長を約 10 ppm の濃度で 50 ％阻害した．この活性は，これまで知られている天然物の植物成長阻害物質の中では強い部類に入るものであった．ハツカダイコンに対してはやや活性が低下し，地上部および根の成長を 50 ％阻害する濃度は，それぞれ 25 および 75 ppm であった．一方，イネでは，根の成長は 50 ppm で 50 ％阻害されるが，地上部の成長にはまったく影響を受けなかった．この化合物の地上部成長に与える影響が植物種により異なっているという結果は，この物質を根から吸収させるのではなく，茎や葉に直接散布することにより，特定の種のみを選択的に除去できる可能性を示唆している．試みに，33 cm 四方の容器に，イヌビエ，エノコログサ，マルバアサガオ，イチビ，エビスグサなどの畑地雑草と，トウモロコシを植え，30 mg の 3-ヒドロキシウリジンを茎葉散布してみた．その結果は，雑草類はすべて枯死するか，成長が著しく抑制されたが，トウモロコシには何の薬害も認められなかった．このことは，この化合物が除草活性剤として利用できる可能性を示唆している．

(3) 他のさまざまな活性作用

　カメルーンの森林で採取した試料は，農化学的な見地から殺虫活性，抗植物病原菌活性，植物成長抑制活性ならびに医化学的見地から抗腫瘍活性について，生物活性スクリーニングを行った．殺虫活性は蔬菜類を食害するハスモンヨトウ幼虫，およびアカイエカ幼虫を用いて，これらの成育阻害性で評価を行った．両幼虫は手軽に飼育できることから標準的な殺虫活性検定によく用いられている．試験した植物種は 107 種で，このうち 11 ％にあたる 12 種にいずれかの活性が認められた．特にアカネ科の植物は 6 種中 3 種と，活性の出現する頻度が高かった．抗植物病原菌活性は，イネイモチ病菌，モンガレ病菌，コムギサビ病菌など 10 種の菌に対する予防効果で測定された．いずれの場合も，寄主植物体に抽出液を散布し，そこに寄生菌を接種し一定時間後の病斑の出現度合いを測定するものである．試験した植物 97 種の 31 ％にあたる 30 種に活性が認められた．ボロボロノキ科の植物は，試験に用いた 3 種いずれにも活性が認められた．この他，カキノキ科，キョウチクトウ科の植物も高頻度に抗植物病原菌活性を示した．植物成長抑制活性は，アジャップの例で示したように，キュウリ，ハツカダイコン，イネ，ヒエなど

で調べられた．供試した植物87種の38％のものに活性が認められた．この結果は，われわれが日本産植物を対象として行ったスクリーニング結果の20％に比べてはるかに高い値であった．カメルーン熱帯林を構成する主要な植物科のバンレイシ科やキョウチクトウ科のほとんどの種は活性をもっていた．医化学的立場から取り上げた抗腫瘍活性は，マウス白血病P388培養細胞を用いて試験管内法で検定した．この細胞は，ある栄養条件下で無制限に増殖する性質をもった，いわゆるがん細胞で，抗腫瘍剤の1次スクリーニング法としてよく用いられる．試験した植物90種の37％にあたる33種に活性が見いだされた．特に，トウダイグサ科植物は，15種中7種と活性を発現する頻度が高く，しかも強い活性を示すものが多かった．

このように，高温多湿の環境条件のもとに成り立つ熱帯多雨林は生物多様性に富んだ複雑な生態系であり，それを構成する植物はさまざまな生理活性物質を作りだして適応進化してきたものと考えられる．これらの植物はわれわれ人類にとってさまざまな有益な物質を数多く含んでおり，その探索と利用はいまだに未開拓な部分を多く残している．熱帯多雨林をはじめとして，多くの森林は木材供給源としての機能に加えてさまざまの公益的機能を有している．その他，ここで取り上げた農化学や医化学的見地からみた生物資源としての価値は計り知れないものがあるといえよう．特に，生物多様性に富む熱帯多雨林の保全と持続的管理が強調さている理由の一端は，このような点にあることを忘れてはならない．

9.3 森林破壊と環境劣化

かつて森林は地球上の陸地の約3分の1を占めていた．地球上の森林の減少が急激に増大する時期は，1950年以降である．日本，フィリピン，東南アジアの大陸部分，中央アフリカ，アフリカの先端部分，北アメリカ西部，南アメリカ東部，インド亜大陸，サハラ砂漠以南のアフリカで，森林の急激な減少が生じた．最近の森林伐採は，シベリア北部まで広がった．樹木が陸地を覆う割合は，いまでは陸地の約4分の1にまで減少した．

熱帯林の伐採に対する懸念が強まっているにもかかわらず，森林の消失するペースは速くなるばかりである．1982年に国連食糧農業機関（FAO）が

報告したところによれば，世界では毎年1100万ha前後の熱帯林が失われていた．この値も1992年には年間消失面積が1700万haに修正されている．熱帯諸国における森林の消失はとどまることを知らない．

　最大の原因は，森林が農耕地と放牧地に変換されることである．人口増加，不均等な土地分配，輸出を目的とするパラゴムやアブラヤシなどの大規模プランテーションの拡大により，一般の耕地が激減し，多くの農民が食糧生産のために原生林の開墾を余儀なくされている．人口が増加したために，薪の採取も持続不可能となってしまった．なかでも人口密度が高く植生の自然成長率が低いアフリカの乾燥林地帯や，その需要が森林の拡大能力をはるかに上回るアジアとアフリカの大都市では，人々の生活に必要な薪の採取も森林破壊を進める原因となっている．温帯における消費需要も，熱帯林の減少を助長している．中南米，なかでもブラジルと中米諸国においては，ウシの放牧地造成が森林破壊の原因になっている．

　森林消失の大部分は熱帯地域で起きている．熱帯地域では1億5400万haの原生林が消失し，これに対して1800万haの人工造林が森林基盤に加えられたにすぎない．温帯諸国では中国で大量の森林消失が起きている（約1300万ha）．もし，今後も10年ごとに平均3.7％ずつの純減が続くなら，2010年までに世界の森林面積は現在の7％縮小し，1人当たりの森林面積はなんと30％も減少することになる．

9.4 エチオピア高原における森林減少とその原因

(1) エチオピアの地理と気候条件

　筆者は，1976年12月から1979年1月までの2年間，東アフリカのエチオピアにJICA（国際協力事業団）から派遣されてエチオピア南西部に位置する「オモ国立公園の開発管理に関する基礎的研究」に携わった．エチオピア滞在中の見聞および現地で得られた文献などから同国の森林面積の減少とそれに関与するさまざまな要因について以下に述べる．

　エチオピアは，アフリカ大陸の角とよばれる部分に位置し，北緯3°-18°，北東部が紅海に面し，北西をスーダン，南をケニア，東をソマリアとジブチの各国に囲まれる．国土の総面積は122万km^2でわが国の3倍強，正確な

人口は掌握されていないが，1982年の推計では3273万人で，わが国の約4分の1である．

国土は，国の中央を南北に走るリフトバレーとよばれる大地溝帯によって東西に分断されており，西側を中央高地，別名アビシニア高原，東側を東部高地という．この両高地に，リフトバレー，低地のサバンナ，そして砂漠地帯を合わせたものが国土の4大地勢区分である．東西両高地には4000 mを超す山岳があり，中央高地のラスダシャン（標高4620 m）はこの国の最高峰である．しかし，このような山岳地帯を除けば，国土の大半を占める両高地，特に中央高地は平均標高2000 mのなだらかな台地状地形をなす．年降水量は地方によって大きく異なり，1000-2500 mm，平均1300 mmくらいである．中央高地に位置する標高2450 mの首都アジスアベバは年降水量1237 mm，年平均気温15.8°Cである．森林面積は，国土のわずか3％を占めるにすぎない．これに対して，かつてのエチオピアは国土の3分の2が森林に覆われていたという見方もある（Last, 1963；Worde-Mariam, 1972）．ただ，この見方の根拠は必ずしも明確ではない．そこで，エチオピアの気候条件下で人為の影響なしに成立しうる森林面積の推定を試みた（梶，1986）．

(2) 潜在的森林面積の推定

森林面積推定についての詳細はここでは省略するが，乾燥度指数および東アフリカ地域での極相林，特に標高2000 m以上の高地に成立すると考えられるアフリカビャクシン（*Juniperus procera*）およびアフリカマキ（*Podocarpus gracilior*）の優占する針葉樹残存林の分布状況とそこでの年降水量との関係から，年降水量700 mm以上の地域には上記の針葉樹からなる極相林がかなりの面積存在していたものと推定された（図9.3）．その面積は国土の47％を占める．このなかから，森林の生じない標高3500 m以上の山岳地帯，開放水域と沼沢地ならびに土壌の薄い急傾斜地を合わせた7％ほどを差し引いて，結局かつてのエチオピアはその国土の40％に森林を存立させていたと推定された．

現在のエチオピアは，わずかに国土の3％ほどしか森林がない．エチオピアにおける森林のこのような大幅な減少は，何が原因して引き起こされたのであろうか．

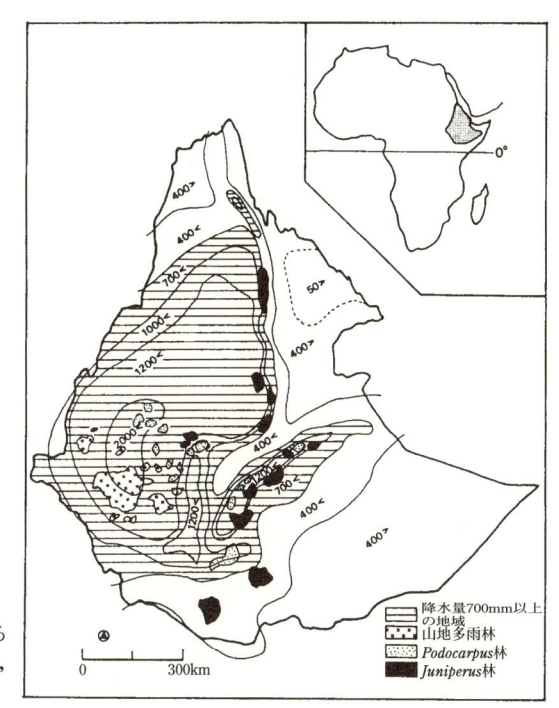

図9.3 エチオピアにおける年降水量と残存林の分布（梶, 1986）

凡例：
- 降水量700mm以上の地域
- 山地多雨林
- *Podocarpus*林
- *Juniperus*林

(3) 森林の減少をもたらした諸要因

(a) 農地の拡大

3000年の長い歴史をもつエチオピアでは，古くから農業が行われており，現在でも国民の90％近くが農業に従事している．熱帯アフリカで毎年安定した作物の収穫を得るためには，ふつう700mm以上の年降水量を必要とする．エチオピアではこの条件を満たすのは1500m以上の標高域であり，森林が成立する地域と主要農作物の栽培に適した地域がほぼ一致する．必然的に，農地の拡大はそのまま森林の減少につながる．一方，1500m以下の標高域は暑さが厳しくマラリアの感染率も高まるため，どうしてもそれ以上の涼しい高地に人口が集中する．人口が集中すれば建築材や薪炭材の需要が高まり，それを補うために森林や疎林が伐採される．こうして加速度的に森林はその面積を減少してきたと思われる．

(b) 燃材の需要と供給

 ちなみに，エチオピアではいまだに国民の 90 % 以上が日常の燃料を薪炭に依存している．少し古いが，1960 年の統計（FAO, 1967）によれば，薪炭材として年間 2200 万 m^3 の木材が伐採されたという．この量は，わが国における総素材生産量の 68 % に相当する．これに比べて建築用材として伐採される量はきわめて少ない．燃料を確保するために年間にこれだけの量が伐採されているにもかかわらず，国内の総造林面積はわずかに 1 万 6000 ha である（1962 年の統計）．しかも，人口は 1969 年の 2477 万人から 1982 年の 3273 万人と増えている．この間の人口増加率は，多少の変動はあるが，年平均 2 % を示している．1960 年の人口が 2200 万人と推定されているので，この 20 年間に 1000 万人以上の人口増加があったことになる．こうした人口増加に伴って，薪炭材の需要は増大する一方であり，筆者が同国に滞在していた当時すでに，首都アジスアベバ周辺は薪炭に適したアカシアの木はほとんどとり尽くされてしまっていた．そして，首都から 200 km も遠出しないと良質の薪炭は手に入らない状態であった．もちろん，このような薪炭材の需要増大にまったく対策がなかったわけではなく，19 世紀末に南アフリカ経由で導入されたユーカリノキの植栽が 1905 年に始まっていた．その結果，火もちが悪く薪炭材として必ずしも適さないが，一定量のユーカリ材が供給されるようになり，肥沃な農地と薪炭材を求めて北から南へ幾度も遷都を繰り返してきたエチオピアも，いまのところアジスアベバに首都を落ち着けている．また，1979 年当時，森林局の技術者によって薪炭材に適するアカシア類の造林と天然更新に関する試験が行われていたが，実生が発生しても放置すればほとんど家畜に食われてしまい，更新がきわめて難しいということであった．

(c) 家畜の影響

 ここでエチオピアの家畜頭数をみると，1974 年の統計で，ウシ 2730 万頭，ヒツジ 1300 万頭，ヤギ 1200 万頭，ウマ 137 万頭，ラクダ 97 万頭，総計 5460 万頭であった．これは，同年の人口 2724 万人のほぼ 2 倍にあたる．この数はさらに人口の増加に正比例して増え，1980 年には 7300 万頭に達したであろうといわれている．これらのうち，森林や疎林ではヤギが刺の有無に関係なく樹木の葉を食い荒らすので，その天然更新あるいは 2 次林の回復に

多大な影響を与える。またイネ科草本は，ヒツジがその根際近くまで食い尽くすため再生力を減らし，それが裸地化の進行と土壌侵食の促進に一役かう結果となっている。ウシの場合は，100頭以上の大きな群で移動放牧が行われるため，狭い範囲に多数のウシが集中するいわゆる過放牧の状態になり，それに踏圧の影響も加わって，やはり植被の貧弱化ないし裸地化，またその結果として土壌侵食に拍車がかかることになる。

(d) 表土の流亡

エチオピアでは国土面積の52％で毎年1 km^{2}当たり2000 t以上の表土が流亡しているという (Gamachu, 1977)。国全体では年間12億7000万tという膨大な量が流亡することになる。特に古くから農業が行われてきたエチオピア北部のエリトリア，ティグレの2州とウォロ，ベゲンダール州の一部では，森林は切り尽くされ，表土がほとんど失われて不毛の大地と化してしまった。このようなすさまじい土壌侵食はすべて，森林の伐採，過放牧，農耕地の拡大などの地表を覆う植生を退行させ裸地を増大させる作用に起因している。

さらに土壌侵食に関係する事象として，エチオピア農業の特色であるテフ栽培が挙げられる。1965年当時の全農地面積は約10万km^{2}で，そのうちテフが栽培作物の作付面積中第1位の21％を占めている。テフはわが国に自生するカゼクサと同属のイネ科の1年生草本で，他の雑穀とともに古く有史以前から栽培されてきたものと考えられている。世界で食糧として利用しているのはエチオピアだけで，直径1 mm未満の小さな種子を収穫し製粉して，この粉でエチオピア人の主食の1つであるインジェラを焼く。テフは，他の雑穀と同様に野草的性質を強く残しており，礫まじりの荒地でもある程度の収穫が期待できる。そのため，一般には農耕には適さないような急傾斜地まで耕作栽培され，これもまた土壌侵食を引き起こす原因の1つとなっている。

(e) 国土保全の重要性と長期的展望

以上，エチオピアにおける森林の減少および土壌侵食とそれにかかわる諸要因についてみてきた。ただ，このような荒廃した状況をもたらした原因は，決して最近に始まったことではなく，3000年というエチオピアの歴史のなかで徐々に進行し，最近の砂漠化現象とともに一挙に表面化してきたものな

のである．世界史のなかにはこのような森林の減少が国土の荒廃を招き，さらにその結末が国家あるいはそれを支える文明の滅亡につながったという例は数多く知られている．現在のエチオピアがその生態系のバランスを大きく崩しており，国土保全上きわめて重大な事態に立ちいたっていることは確かである．したがって，現状の解決には，広く諸外国から諸技術，特に治山・治水技術の導入に努めて土壌侵食の防止を図る一方で燃材確保のためにユーカリなどの早生樹種の大規模造林を実施することも急務であろう．もちろん，並行して，長期的展望に立った供給を図るべく，自生種のうち燃材として有用なアカシア類，優れた用材を産するアフリカビャクシン，アフリカマキなどについての育苗・育林技術の開発や天然更新技術の確立が望まれることはいうまでもない．

　上に述べたことは，いまから26年ほど前のエチオピアの状況であるが，おそらくこの状況は今日でもあまり改善されてはいないと思われる．このことは，温帯湿潤地帯とは異なり，半乾燥地域という環境収容力の小さい地域でひとたび森林を失ったところでは，それを再生させることがいかに難しいかを物語るとともに，それを実行するためには多大な労力・費用・時間を要することを忘れてはならない．また，森林を失ったことによって2次的に生じる土地環境の悪化はすさまじく，森林の保全とその持続的利用がいかに重要であるかを如実に示すものといえよう．われわれが生活するアジア地域においても，ネパール，中国黄土高原などもこれとよく似た状況にあるといえよう．

9.5 森林の環境保全機能

　生物には環境形成作用という働きがある．これは，生物は周囲の環境から影響を受けて成長するが，逆に環境に働きかけて独特の環境をも作り出す作用をいう．たとえば，林業が行われている場合でも，大気・土壌・水・植物・動物などの資源の働きによって，このような特有の環境が形成される．この作用が，自然や人間に望ましい方向に働くとき，この機能は環境保全機能となる．

　このような視点でみると，本来，森林生態系は，水涵養機能，土砂崩壊防

止機能，土壌侵食防止機能，汚染物質浄化機能，生物相保全機能，大気保全機能，洪水防止機能，気候緩和機能，酸素生成機能，居住快適性機能，保健休養機能などさまざまな環境保全機能を有している．森林の激減と劣化は，これらの機能の低下にほかならない．これらの機能の低下やその累積が，地球環境の悪化をもたらす．

いまや，世界の森林生態系は危機的な状況にある．しかしながら，我々は森林そのものがすばらしい環境保全機能を有していることを知っている．21世紀に向けての我々の課題は，この失われつつある森林を再生かつ保全し，これらの環境保全機能をいかにして発揮させるかということであろう．そのためには，生態学的な原理の応用のもとに，森林生態系を自然と人間に望ましい方向に働きかけるようにする努力が必要なのである．このような考え方やその技術は，まだまだ不足している．もっと，綿密な関係の科学の成立と，これを技術として森林生態系に適用する手法の開発が必要なのである．

9.6 天然林における持続的木材生産と環境保全

(1) 択伐による天然林施業

天然林と人工林を合わせた世界の森林面積は34億5400万haと推定されている．これは地球上の陸地面積の約4分の1に相当するが，人工林の面積はわずかに3％にすぎない．残りの97％は天然林（自然林）および半自然林である（FAO, 1999）．この十数年間で森林管理および森林施業の目的は多くの国々で大きく変化した．天然林のもつ環境的価値が強調され，この数年間で，いくつかの国で天然林保護地域の著しい拡大が行われた．また，天然林の管理に関して多目的利用および環境保全の必要性が強調されるに伴って，木材生産の減少と施業の見直しが行われるようにもなった．これらの結果として，一方で人工造林地の果たす役割が強調され，木材総生産における人工林からのシェア増大が期待されている．しかし，近い将来，世界の木材需要のすべてを人工林によって賄うことはとうてい不可能である．現在の状況をみても，われわれは建築用材および燃材の供給の多くの部分を天然林と半自然林に依存しており，この状況は少なくとも今後数十年あるいはそれ以上の期間にわたって続くものと考えられる（Dykstra, 1995）．

このような状況を踏まえて，現在ある天然林を適切な管理のもとに多面的機能を最大限に発揮させることが，森林や林業にかかわるものにとって重要な課題となっている．なぜならば，天然林は数多くの樹木から構成されており，閉鎖した多層林と複雑な根系をもっていることから，水土保全や野生生物多様性の確保などに高い環境調節機能を有しているといえる．

したがって，天然林の取り扱いに関しては現在ある森林の構造や組成を大きく変えることなく，伐採間隔をたとえば10-20年として，そのあいだに一定量の樹木を抜きとりによって収穫する，いわゆる択伐システムが天然林のもつ多面的公益機能を最大限に発揮させるのに適していると考えられている．しかしながら，従来の択伐では伐採許容量を明確に決めずに，また択伐後の更新もあまり考慮しない，いわゆる収奪的な択伐がしばしば行われてきたことが，森林の量的・質的な劣化を招いた．ここで，森林の蓄積量と成長量を銀行預金にたとえると，前者は元金に相当し，後者は利率に相当する（Yamamoto, 2001）．したがって，この利率すなわち成長量を上回ることなく収穫することが択伐システムのもっとも重要な基本原則である．

(2) 東京大学北海道演習林における天然林管理システム

東京大学北海道演習林（以下北演という）でこの四十数年間実施されてきた天然林の取り扱い方法「林分施業法」は，天然更新による択伐システムに基づいて森林生態系の保全と持続的木材生産の両立を図ることを目的とした実践的な森林管理システムとして注目に価する．以下，その概要と考え方および実践について紹介する．

林分施業法を提唱した高橋（1971）は，過去における北演の森林施業の反省として以下の3点を挙げている．

ア）選木の失敗：良木（特に，針葉樹と優良広葉樹）だけを繰り返し伐採したため，病虫害木と不良木が残され，蓄積の減少と森林の劣化を招いた．

イ）補植造林の不実施：更新不良地では補助造林が必要であるにもかかわらず，ほとんど実行されなかったため，無立木地などが発生した．

ウ）更新困難地での択伐の強行：平坦地，沢地，北向きの緩斜地広葉樹林でも他と同様の択伐を実行し，林相を一層悪化させた．

高橋（1971）は，天然林の林分構造が環境要因と遷移の経過により異なる

ため，画一的な施業は不適切であり，林分ごとの特徴に応じた天然力を活用したきめ細かな施業が，北演の施業法として最適であると主張した．すなわち，「林分施業法」の提唱である．天然林を対象とし択伐・天然更新施業を基調とする「林分施業法」は，森林生態系の法則を遵守し，これを意識的に活用することによって，健全な天然林を維持することができ，森林資源の充実と持続的木材生産の継続と，森林の有する公益的機能を発揮することを意図していた．「林分施業法」ではこれを実行するための理論的な6原則が示されている．

① 天然林は，各林分が極盛相の直前（subclimax）に早く達するように誘導し，かつこのステージで回転させる．途中相の森林は，このステージに速やかに向かうように施業する．極盛相の直前とは，亜極相を意味する．極盛相の森林では，成長量と枯死量が等しい．

これは，過熟老齢の樹木が多いためである．極盛相では林地の潜在生産力は最高に達しているので，すべて活力ある林木に置きかえていくことが重要である．このステージで回転させることは，人間の働きかけによって活力ある亜極相になった林分を，その相を保ちながら林木を収穫し，更新を続けていくことを意味する．たとえば，トドマツ・エゾマツ・広葉樹の天然林が山火事のためすっかり焼けて，再生林の2次林（途中相）が発達してきた場合，天然のままでは原型の姿に復帰するまで200-300年もかかるであろうが，人間の働きかけ（補植作業など）によってそのスピードを速めることが重要である．

② 天然林の取り扱いは，その生態系を強度に，かつ広く破壊することをできるだけ避けねばならない．

森林を構成する各生物系，非生物系の破壊と消失を，できるだけ少なくとどめるように施業することが重要である．たとえば，大面積を皆伐してトドマツを植栽した場合，風や直射日光によって林分から水分が奪われ，小面積の伐採跡地に植えたものに比べ，その初期成長は半減する．したがって，下刈り作業も2倍かかることになる．さらに気象の変化の激しいところでは，凍・霜害を受け，成林の見込みのないところが北海道のいたるところに見受けられる．

③ 天然林は無数の異なる林分で構成されているから，林分の構造および

その働きに応じて，総合機能がより発展するよう適切な作業が行われなければならない．

型にはまった択伐作業や漸伐作業とか，また皆伐作業といった画一的な方式で施業すると，必ずどこかに無理が生じて無駄が多くなり，森林は発展していかない．また林型にこだわりすぎては駄目である．林分には動く方向があり，その方向に動かしてやるのが，無理のない自然の理にかなったやり方である．

④ 天然林は最高の総合的機能をもつ高多層林に誘導すべきである．特に，陽光を最初に受ける最上層の林木を，量的，質的生産能力の高いものに導く．

森林の総合機能（木材生産と環境保全の両機能の総合）は，幼齢林より高齢林が高く，疎林より適正な立木密度の林が高く，単純林より混交林が高く，単層林より多層林が高いのが原則である．この意味で単位面積当たりの物質生産が最大である極盛相の直前における多層林こそが理想型である．

⑤ 遺伝的に形質の悪い木は淘汰し，すぐれた木は保存し，より発展させる．

森林を構成する林木の個体の形質（表現型）は，遺伝子と環境因子の総合作用によって表されている．実際には樹木の表す形質が環境因子によるものか，遺伝子によるものかわからない場合も多いが，広葉樹では幹の通直性，枝の角度および大きさ，病害，材質などを考慮して選択的な択伐によって良木を残す方向で施業を行う．天然林内の遺伝子構造の解析は，いまだあまりなされておらず，今後の重要な課題である．

⑥ 地力を維持し，諸害に抵抗力の高い健康林（針・広混多層林）の造成を目標とする．

天然の森林は，自己施肥作用の働きをもっており，また複雑な生態系によって，ある特定の種の病害や昆虫などの著しい増殖を抑える働き，すなわち自己調節作用をもっている．病・虫害の集団発生に対する抵抗力は，単純林よりも混交林が高く，単層林より多層林が高い．老齢化した林木は抵抗力が弱くなっている．北海道における過熟老齢の天然林では，エゾマツ・トドマツに対してヤツバキクイムシなどによる集団枯損がしばしば発生する．また心材腐朽が顕著であり，風害などに対しても弱い．これら老齢化した林木をより早く伐採するというのも，単に林分としての成長量，価値を高めるだけでなく，恒続的な健康林を作りあげることを考慮してのことである．天然林

図 9.4 択伐施業の行われている
北海道演習林の針広混交林

内における広葉樹は，地力の低下を防ぎ，風害や病・虫害などに対する森林の抵抗力を高める保護的な役割を果している．この意味で，健康な森林とは，結局は多くの生物群集がバランスよく保たれ，それぞれの立地において正常な物質循環を行う森林生態系そのものであるといえる．

上記の原則は，過去の過伐が天然林の質的・量的な劣化を招いた事実認識の上に立って，その失敗の反省から生まれたものであるという意味できわめて重要である．なぜならば，森林施業における失敗の事例は過去に数多くあるにもかかわらず，失敗を糧として，新たな視点から森林の持続的管理に結びつけた例はきわめて少ないからである．また，上記の 6 原則のなかに生態学的な観点に立った林分の取り扱いが数多く盛り込まれている点も重要である．

(3) 択伐施業を中心とした天然林の持続的管理方法

北演では，上に述べた 6 原則に基づいて 1958 年から今日にいたるまで実践的な施業が 2 万 ha という広大な面積の天然林を対象に実施されている．その概要について以下に述べる．

北演は，北海道のほぼ中央部に位置している．ここでの天然林はトドマツ，エゾマツといった亜寒帯性針葉樹と本州の温帯域から北海道にわたって広く分布するミズナラ，ヤチダモ，カツラ，ハリギリ，イタヤカエデなどの落葉広葉樹の混交する，いわゆる針広混交林から構成されている（図9.4）．このような天然林は開拓前の北海道には広く分布していたが，現在では，そのほとんどは農耕地やカラマツ造林地，2 次林などに置き換えられている．特に低標高域においては，北海道といえども本来の森林が広い面積で残されて

いる地域はほとんどない。そのなかにあって，北演は標高約 200-1460 m の範囲に組成と構造の面では本来の森林と変わらない天然林が広く分布している。全面積 2 万 2827 ha のうち，施業対象としている森林タイプの構成割合は，天然林（1911 年の山火事跡に再生した 2 次林を含む）が 52.2 ％，人工林が 14.1 ％，1981 年の台風被害地が 10.7 ％で，そのほか地形が急峻なため施業対象から除外される制限林が 9.1 ％，保存林が 8.1 ％，林道，苗畑等が 4.9 ％，その他が 0.8 ％である（Kaji, 2002）。

(4) 天然林の区分

2 次林を除く天然林は，林分構造や更新稚樹の本数などからさらに以下の 3 つに区分して取り扱っている。

(a) 択伐林分

「択伐林分」は広い意味の択伐的取り扱いが可能な林分をすべて含んでいる。ただ，天然更新が可能な立地であることが前提条件となる。

(b) 補植林分

天然更新可能な立地であるが，優良樹や幼樹の数が少なく，林床がササで覆われている疎林であり，このままでは，天然更新が難しいので，発展性のある良い木を残し，悪い木を整理して，そのあとにトドマツや広葉樹を補植または播種し，成林後に択伐林分に編入替えをする林分をいう。

(c) 皆伐林分

沢の凹地形や北向きのなだらかな斜面などの立地で，天然更新は難しく，広葉樹の不良木が多い林分で，将来とも価値成長，量的成長の期待がもてないことから，その立地に適した樹種を植え，長伐期の皆伐施業を繰り返す林分をいう。ただし，最近では，皆伐林分として植栽された人工林は，林床に更新してきた稚樹を保育し，複層林に誘導し，将来は択伐林に編入する方針をとっている。

上記 3 つの林分の面積は，択伐林分が 8557 ha，補植林分が 1531 ha，皆伐林分が 356 ha である。

(5) 現存量および林分構造の把握

森林資源の適正な管理利用を図るためには，まず施業対象となる林分の樹

種構成，直径階分布，蓄積量などを効率的かつ正確に把握する必要がある．北演では，50×50 m の調査区を 7 ha に 1 個の割合でランダムに設置して，調査区に出現するすべての樹木の胸高直径を 10 年ないし 20 年に一度測定している．この調査によって，樹種構成，樹種別の現存量，直径階分布，立木本数などが正確に把握される．択伐林分の伐採前の平均蓄積量は 251 m³/ha，平均立木本数は 813 本/ha で，そのうち後継樹の平均本数は 692 本/ha であることが明らかにされている．また，蓄積量の 58 % は針葉樹，42 % は広葉樹であることがわかっている．

(6) 成長量の推定と伐採許容量の決定

北演では，広い林内を，まず大きく第 1 作業級と第 2 作業級の 2 つに区分している．第 1 作業級は低標高の里山に相当する利便性の高い地域で，成長量も後者に比べると高く，集約的な施業が可能な地帯である．第 1 作業級における天然林の年平均純成長量は 1.9 % と見積もられている．この値は，演習林内に設置された 106 個の固定調査区（1 個当たり平均面積 0.4 ha）内に生育する胸高直径 5 cm 以上の全樹木の成長量を 5 年に 1 回測定することによって推定されたものである．この調査から，第 1 作業級における択伐林分の蓄積量からみた年平均総成長量は 2.3 % で，年平均枯死率は 0.4 % と見積もられた．したがって，年平均純成長量は 1.9 % となる．ここで，伐期（伐採間隔）を 10 年とした場合の純成長量は 19 % となる．また，伐出作業の過程で生じる支障木などの割合を 3 % としてこれを差し引いた 16 % を伐採許容量と決めている．そして，実際には 10 年に一度のローテーションで蓄積量の 16 % を上限として択伐を繰り返すという方法をとっている．一方，標高が高く，成長量の少ない第 2 作業級の年平均純成長量は，第 1 作業級の約半分の 1.0 % と見積もられている．ここでの伐期は 20 年に定め，20 年に一度のローテーションで蓄積量の 17 % を収穫上限とする方法がとられている（Yamamoto, 2001）．

(7) 選木の方法

天然林を対象とする択伐では，各林分の伐採許容量の範囲でどの木を伐採するかが重要である．伐採する個体は，その個体を取り除くことによって

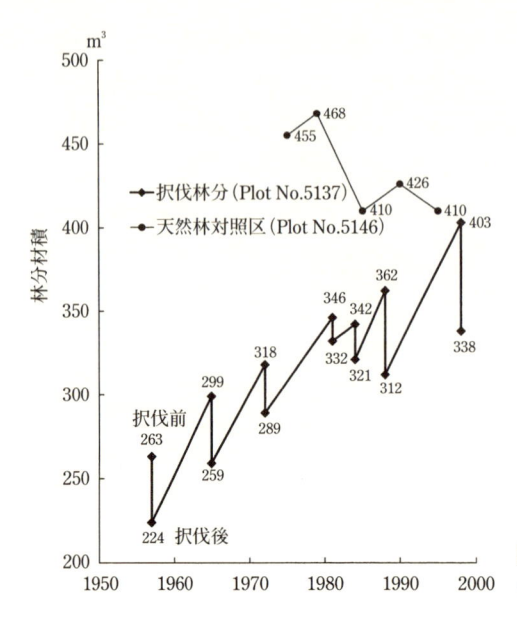

図 9.5 択伐林分における材積（m³/ha）の変化（Kaji, 2002）

10年後ないし20年後にその林分の成長量増加が促進されること，林分構造が改良されるといった，将来その林分が量的・質的に向上するという見通しのうえで，きめ細かい選木が行われている．実際には，10年ないし20年の伐期のなかで，成長の見込めない個体，たとえば梢端枯れのもの，葉の量が少ない衰退木やサルノコシカケなどの腐朽菌がついているものなどがまず伐採の対象とされる．このような木は材質の面では劣るので，経済的価値は低い．したがって，伐採許容量の範囲で林分構造および更新状況等を考慮にいれて，材質の良い木もバランスよく選木して，立木や素材生産物の販売価格を高めることも行われている．

(8) 択伐林分の蓄積量変化

上に述べた森林の取り扱いについての考え方やその作業過程に基づいて，この四十数年間にわたって択伐施業が実施されてきた．その成果の一端を，択伐林分における蓄積量の変化から読み取ることができる（図9.5）．図には試験区番号5137の1957-1998年の蓄積量の変化を示した．この試験区は，1957年以前に実施された粗放な択伐施業によって蓄積が263 m³/ha になっ

た林分である. 1958年から集約的な択伐施業が実施されるようになり, 1998年までに7回の択伐が実施されたところである. その結果, 同試験区林分の1998年の蓄積量は338 m^3/ha である. ここで, 1957-1998年の41年間の総収穫量は, 209 m^3/ha であり, これに, そのあいだの枯死量 35 m^3/ha と1981年台風被害木の収穫量 24 m^3/ha を合わせると, 268 m^3/ha になる. したがって, もし択伐が実施されていない場合の同試験区の理論的蓄積量は606 m^3/ha となる. これに対して, 対照区として設定した択伐施業を行わない天然林試験区の蓄積は410-468 m^3/ha を変動している. このことは, 択伐施業システムに基づいた適度の伐採は, その林分の生産力や健全性を低下させることなく劣化した天然林の回復に対する寄与と木材生産を同時に行うことが可能であることを如実に示しているといえよう (Watanabe, 1994 ; Watanabe and Sasaki, 1994 ; Kaji, 2002).

(9) 森林管理に対する評価と課題

現在北演では, 人材の不足, 雇用賃金の高騰, 木材価格等の低迷などの問題を抱えているが, 北演では健全で活力ある森林の育成を目指して, これまでに610万 m^3 の木材生産をあげてきた実績がある. さらに, 1981年の台風被害によって81万 m^3 という甚大な被害を受けたにもかかわらず, 現在でも将来にわたって相当量の木材生産をあげうる質の良い森林資源を保持している. また, 北演にはヒグマ, エゾシカ, ナキウサギなどの哺乳類やクマゲラなどの鳥類が相当数生息している. この事実は, ここで実施されてきた天然林を対象とした施業システムが今後も, 水土保全や生物多様性の保全, 炭素固定に対してその機能をおおいに発揮することが可能であることを示すものでもあろう. また, その成果や作業プロセスなどについては長期的視野に立ったモニタリングをとおして継続的に評価し, 改善すべき点があれば施業に積極的に反映させ, 今後も理想的な持続的森林管理のあり方を探求することがおおいに期待されている (Kaji, 2002).

我々人類は誕生以来, 好むと好まざるにかかわらず生物資源のおおいなる恩恵を受けながら今日にいたっている. 21世紀に生きる我々人類に求められている重要な課題は, 開発という名のもとに繰り返されてきた自然破壊でもなければ, そのアンチテーゼとしての保護でもない. 持続的利用とはいわ

ばこの両者の中間に位置する考え方であり，それを実現するためには，我々が利用しようとする生物の生理生態的特性，人為的インパクトに対する許容限界（閾値）を知ると同時に，その生物の生活基盤である立地環境や生息環境を大きく改変することなく，適切な管理のもとに持続的に利用することにほかならない．

参考文献

Dykstra, D. P. (1995) Economic impacts of environmental influences on industrial use of tree crops. *IUFRO XX World Congress Report*, **II**, 490-497.

FAO (1967) *Timber trends and prospects in Africa*, FAO, Rome, 90p.

FAO (1999) *State of the world's forest*, FAO, Rome, 154p.

Gamachu, D. (1977) *Aspect of climate and water budget in Ethiopia*, A. A. Univ. Press, Addis Abeba, 71p.

梶　幹男（1986）エチオピア高地の森林植生と気候条件，森林文化研究，**7**，25-33．

Kaji, M. (2002) Outline of the Tokyo University Forest in Hokkaido and its natural forest management compatible to environmental conservation. *Proceedings of International Symposium of Asian Univ. Forests*, 15-22.

小清水弘一・大東　肇（1990）熱帯多雨林に生物活性物質を含む植物を探る．河合雅雄（編）人類以前の社会学，教育社，東京，214-233．

Last, G. C. (1963) *A geography of Ethiopia, Ministry of Education*, Addis Abeba, 226p.

Ohigashi, H., Kaji, M., Hoshino, J., Jato, J., and Koshimizu, K. (1987) The search for useful plants in the tropical rain forest of Cameroon and the biological activities of these plants, *J. African Studies*, **30**, 1-14.

Ohigashi, H. *et al.* (1989) 3-Hydroxyuridine, an allelopathic factor of an African tree, *Baillonella toxisperma. Phytochemistry*, **28**, 1365-1368.

高橋延清（1971）林分施業法──その考え方と実際，全国林業改良普及協会，127p．

Yamamoto, H. (1994) Natural forest management based on selection cutting and natural regeneration. *Proceedings of IUFRO International Workshop on Sustainable Forest Managements*, 10-22.

Watanabe, S. (1994) Five requisites proposed for sustainable managed forests. *Proceedings of IUFRO International Workshop on Sustainable Forest Managements*, 477-486.

Watanabe, S. and Sasaki, S. (1994) The silvicultural management system in temperate and boreal forests -A case history of the Hokkaido Tokyo University Forest. *Canadian Jour. For. Res.*, **24**, 1176-1185.

Worde-Mariam, M. (1972) *An introductory geography of Ethiopia*, Berhanena Selam H. S. I Press, Addis Abeba, 215p.

第10章　自然環境の情報化

　情報化の基本はデジタル化，つまり機械可読な符号化であり，機械とはコンピュータである．デジタル化した情報はコンピュータで扱うことができ，インターネットを使って瞬時に交換することができる．情報通信技術（IT：Information Technology）を社会基盤とする情報化社会において，自然環境を情報化することは，自然環境を理解し，解析し，評価し，形成する際に必要な基本技術となるだろう．自然環境を対象とするので，なによりもフィールドワークが基本となる．フィールドデータをデジタル化する技術として特に重要だと考えているのが，自然環境を感覚的にとらえるために，マルチメディア技術を応用した自然環境モニタリングや教育・研究のためのフィールド情報の共有基盤システムの開発である．

10.1 マルチメディア雑考

　マルチメディアは，文字どおりではマルチ（複数）のメディア（媒体），つまり複数の表現や伝達技術を意味するが，ここではデジタル技術を前提にしたマルチメディアを想定している．数値，テキスト，音声，映像などがデジタル技術によってコンピュータで扱い，インターネットで交換することができる技術としてマルチメディアがある．これが自然環境とどういう関係にあるのかと疑問に思われるだろうがしばらく読み進めて欲しい．

(1) メディアの技術進歩
　世界史でグーテンベルクが1450年に印刷技術を発明したと習うが，ヘブライ語やギリシャ語でかかれた聖書は，それまで写本により複写され，高位の僧侶だけが閲覧できた貴重なものだった．グーテンベルクは1455年に活字印刷技術によるラテン語の『42行聖書』を出版した．大量印刷のスタートとなったが，それでも約1600ページからなる聖書210部を印刷するのに

4年ほどかかったとされる．また当時ラテン語は一部の聖職者だけにしか読むことができなかったが，マルチン・ルターはドイツの民衆が読めるドイツ語の聖書を1522年『九月聖書』として発行した．世界史では，1517年マルチン・ルターの「95ヶ条の意見書」から宗教改革が始まるとされる．聖書というソフトがドイツ語に翻訳され，印刷機というハードにより大量に出回ることは，現代の情報の公開・共有になぞらえる．さらに現在のマスメディアの1つである新聞は，「高速大量」印刷という技術革新により成立した．これも高速大容量通信のブロードバンドに似ているととらえられよう．

マラソンの起源は，紀元前490年に自軍の勝利を伝達するためにマラトンからアテネまでの42.195 kmを走って伝えたことに由来するとされるが，遠隔地に情報を伝える，相互交信をすることが通信である．飛脚は書簡を人が運んだということだが，1873年モールスにより瞬時に遠方に通信する電信が発明された．モールス信号を聞き取れないと解読できないが，早くも1876年にグラハム・ベルによって人の声をそのまま通信する電話が発明されている．印刷は多くの人を対象とするが，電信や電話は個人を対象としたコミュニケーション手段である．

日々発行される新聞は，記者が取材して情報を集めて原稿を作成し編集部に送る．つまり記者は各自の持ち場の情報を集め，記事にして本社に素早く通信する．編集部では，支局などから送られてくる記事を机（編集部をデスクとよぶ由来）の上に集めて協議しながら取捨選択や情報の確認，校正，そして紙面構成を作っていく．そして高速大量印刷によって新聞が印刷される．これを全国津々浦々に配送して各戸の玄関口に配達するには，高速大量輸送システムが必要とされることは容易に想像できるし，そこにも歴史がある．

テレビは現在もっとも普及しているマスメディアである．電波による一斉放送はラジオもあるが，映像と音を電送するテレビについての価値や意味は，すでに1950年代にマクルーハンが予見し，「メディアはメッセージ」など多くの示唆的な言葉を残している．解釈は多くの著作に任せるとして，インターネットやブロードバンドという語が一般的に使われている現在も，マクルーハン理論の視点に立ってメディアの未来を見通す試みも多く，混沌としている．映像・音は，人が何の知識をもたなくても直感的に認知できる．映像・音は，動物としての人の五感の視覚と聴覚に作用して，人の外界（環

境）を直接的に知覚させるので，映像・音を電送して再生するテレビにより視聴者は，自分とは別な場所での出来事をあたかもその場にいるように感じるのである．自然環境ではフィールドワークの機会が多く，フィールドで観察や計測を行いデータを収集し机上で解析するが，フィールドワークに参加した人だけが感じ取ったフィールドそのものの印象は，計測データによって伝えることは難しく，むしろ写真や映像・音を用いるほうが容易である．これはどういうことなのだろうか．

(2) デジタル技術

印刷技術の発明は，情報の公開や共有に大きく貢献した．一方，現在はデジタル技術が，情報公開や共有だけでなく，高速な，場合によっては同時的な双方向情報交換の役割を提供するようになっている．この点について少し考えてみる．

デジタル技術といえばコンピュータだが，世界で最初の電子計算機 ENIAC は 1946 年に，主に弾道計算を高速に行うという軍事目的のために開発された．数値計算のための計算機だったが，1962 年にはすでに現在のコンピュータグラフィックスのルーツともいえる Sketchpad が発明されている．現在ではコンピュータは数値計算だけでなく，文字，絵，音楽，写真，映画までもデジタル化により扱うようになった．現代社会の通信基盤の 1 つであるインターネットの原型は，1969 年のアメリカ合衆国国防総省 ARPANET とされ，TCP/IP によるパケット交換網の基礎がデジタル技術により始まっている．インターネット上の WWW (World Wide Web) による情報発信は，情報の公開と共有であり，ラジオやテレビ的なインターネット放送もあり，誰もが放送局にも視聴者にもなることができ，しかも相互交信による情報交換も可能であることは，周知の事実である．

ここではデジタル技術の内容については触れないが，「デジタル化」＝「コンピュータが計算できる」＝「機械可読」という関係を強調したい．自然環境の情報化において扱う情報とは，デジタル化された，機械可読なデータ形式を指すという点である．

10.2 自然環境の情報化の事例

自然環境として森林，ここでは東京大学農学部附属科学の森研究センター秩父演習林を取りあげ，自然環境の情報化に関する具体的な研究事例を紹介しながら解説を進める．

(1) 森林 GIS

フィールドを記載したものに地図がある．地形図に調査地を示したり，植生調査結果を植生図として標記したりする．地図をコンピュータで扱うシステムには，GIS (Geographical Information System：地理情報システム) があるが，地図などの空間情報と台帳などの非空間情報をデジタル化して入力し，相互にリンクして空間解析を行うことができる．図 10.1 は，1941 年からの秩父演習林の林小班図を GIS データとして入力し，1941 年からの小班の林種別データを，6 区分に大別して表示したもので，各区分の面積割合を示したものが表 10.1 である．GIS を用いると空間・非空間情報に対してデータベース解析を行うことが容易であり，GIS データは印刷された地図データと異なり，デジタルデータのまま入手すれば GIS ソフトを使って空間解析を行うことができる．つまり独自に自分なりに新たな方法を使って解析を進めることができる．またデータの修正や，新たなデータを追加して，同様に解析を行うことができる．解析結果を紙媒体の地図として受け取ることと，解析結果と同時に解析に使った GIS データを受け取ることは，大きな違いがある．それは，ファックスで受け取った文章と，データファイルとして受け取った文章との違いを考えれば容易に理解してもらえると思う．

過去の記録を GIS データとして入力することで，過去の空間とその履歴を復元し，現在と将来の森林の計画や評価に利用することができる点も重要である．森林環境やその変化をデータ化する方法は，リモートセンシングなどによるデータ収集と解析が効果的だが，現在のような全球レベルのデジタルデータを収集する衛星リモートセンシングは，NASA が 1972 年に打ち上げた地球資源技術衛星 ERTS-1（ランドサット）からで，約 30 年の蓄積といえる．樹木の寿命などを考えると森林は 100 年以上の観測データがないとその動向を把握することは難しい．GIS に過去の記録データを入力し現在

10.2 自然環境の情報化の事例

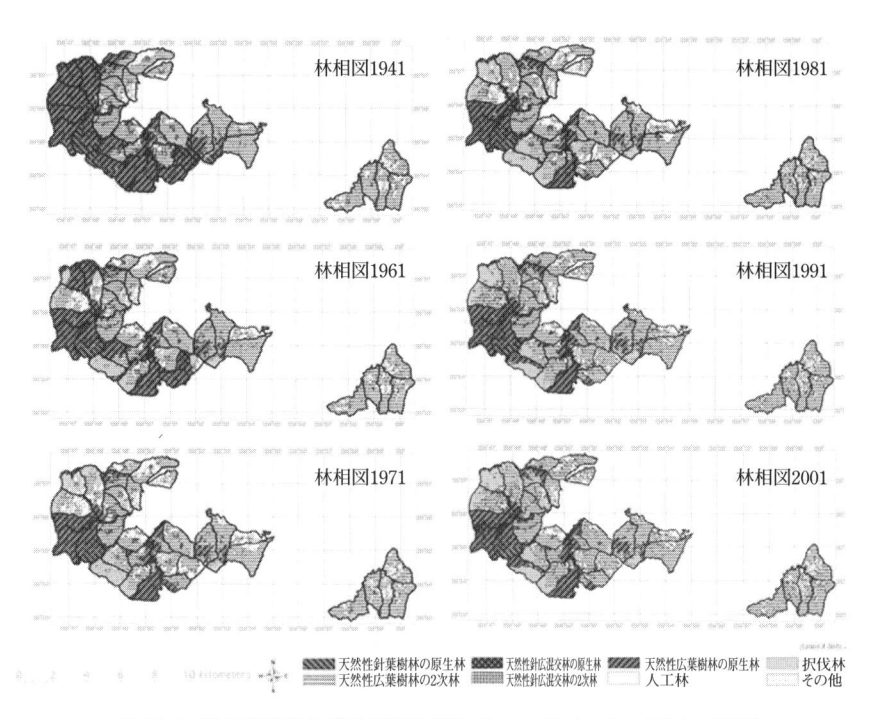

図 10.1 秩父演習林年代別林種別 GIS データ（Lohani and Saito, 2002）

表 10.1 年代別の林種面積

林種		面積(ha)					
		1941	1961	1971	1981	1991	2001
原生林	針葉樹	341.8	160.0	138.4	105.5	118.3	118.3
	針・広混交	260.5	162.2	90.1	44.0	33.6	33.6
	広葉樹	2323.6	1683.7	1202.6	1283.2	1298.4	1297.6
	小計	2925.9	2005.9	1431.1	1432.7	1450.3	1449.5
択抜林	択抜	—	428.1	593.9	600.2	522.3	522.3
再生林	広葉樹	2680.1	2807.7	2930.8	3061.2	3312.5	3312.0
	針・広混交	59.0	30.3	24.9	25.5	23.0	23.0
	小計	2739.1	2838.0	2955.7	3086.7	3335.5	3335.0
造林地	造林地	413.6	805.7	1122.2	1001.8	751.3	752.8
その他	その他	19.3	19.5	21.1	22.0	19.5	19.5
合計		6097.9	6097.2	6124.0	6143.4	6078.9	6079.1

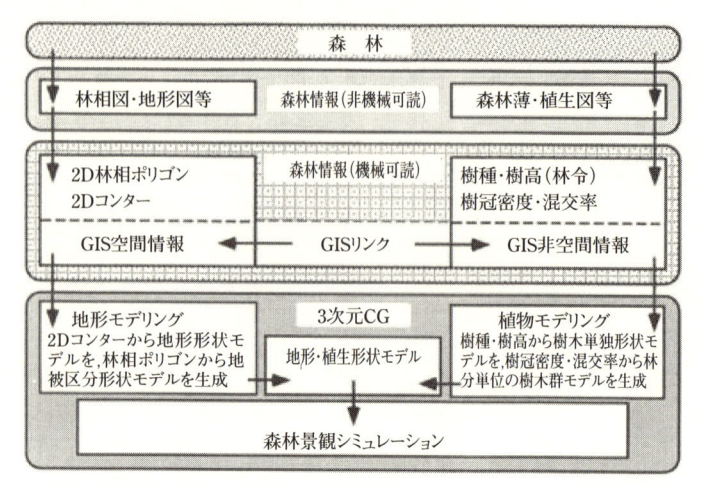

図10.2　GIS-CG法による森林景観シミュレーション手順

までのデータと合わせて解析することで，デジタルな観測データの存在しない過去の部分を加えて空間解析を進めることができる．

また，人間が作るデータは，そのときどきの目的に応じた項目で計測されるが，長い年月のなかで，森林という地物や土地そのものが変わらなくても，その計測記録方法や分類が変わることが多い．統一的な基準で過去から現在までを再度解析しようとするとき，読み替えが必要となるが，デジタルなデータベースによる変換ツールとしてもGISは重要である．

(2) GIS-CG法による森林景観シミュレーション

森林GISでは，DEM (Digital Elevation Model) とよぶ数値標高データを使って，傾斜度や傾斜方向，落水線や流域解析を行うことで，地形を3次元として扱う．DEMと林小班図や植生図を組み合わせることで，いわゆる3次元的な空間解析ができることになる．さらにDEMを含む森林GISデータとCG (Computer Graphics) 手法を組み合わせることで，リアルな森林景観シミュレーション手法を開発し，GIS-CG法とよんでいる．これには植物成長モデル AMAP (Atelier de Modelisation de Architecture de Plants) が重要な役割を果たしている．

GIS-CG法による森林景観シミュレーション手順を図10.2に示した．森

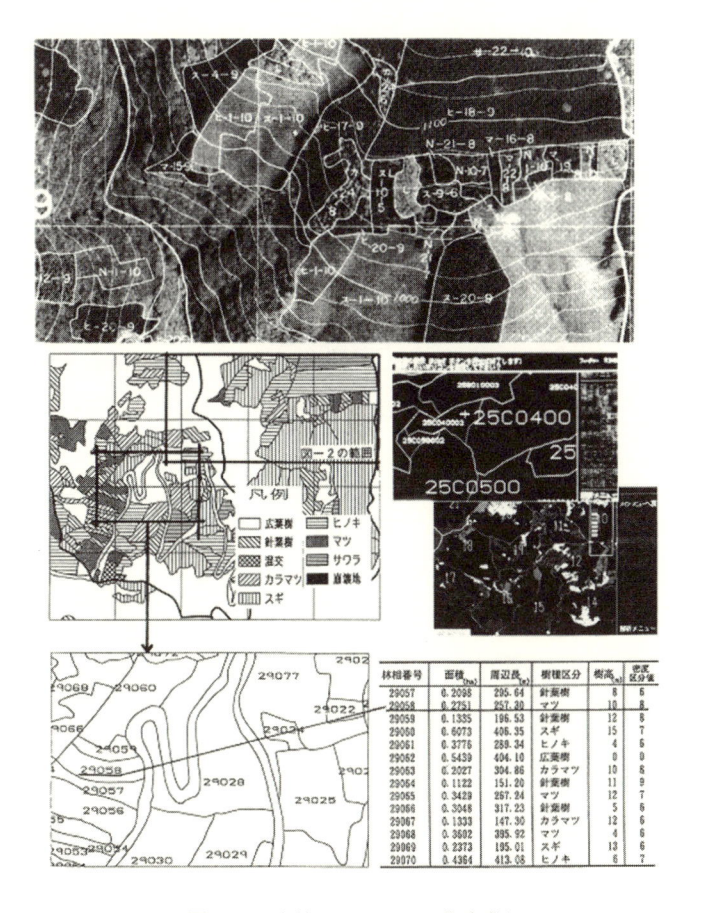

図 10.3　森林 GIS データの作成過程

　林 GIS で GIS データ化された林相データには，樹種，樹高，密度などの立木データがある．たとえばある林相ポリゴンは，スギ造林地で樹高や植栽密度などが記載されている．個々の樹木の 3 次元形状データを AMAP で生成し，DEM と林相ポリゴンで定義される地表面にデータで指示される密度で木々を配置すれば森林の 3 次元形状データとなり，これをレンダリングすればリアルな森林景観シミュレーションが完成する（図 10.3, 10.4）．

　デジタルデータから空間解析もできるが，このようにごく普通に森林に出かけていって見る景色もリアルに作ることができる．一見たわいもないこと

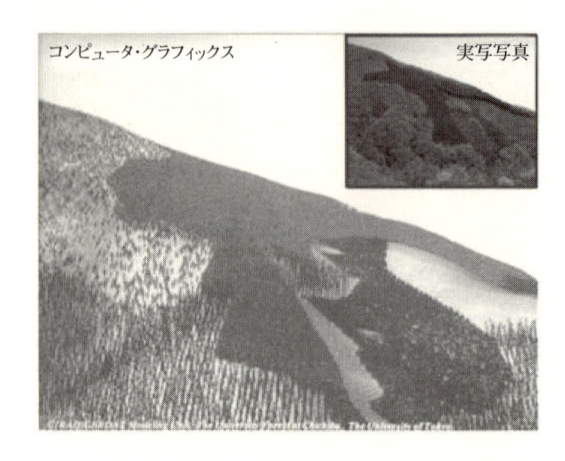

図10.4 GIS-CG法による森林景観シミュレーション画像と現地写真.

のようだが，このようなデータの可視化は重要な場合もある．データを作成して解析する際に，扱うデータの精度や鮮度を知っておく必要がある．道路地図では情報が古かったり間違っていると，現場でとまどうことがある．道路は人工物なのでデータと現場との突き合わせは，森林に比べてはるかに容易だ．植生図を持って現場に出かけても群落の境界線がどの程度正確かを現場でチェックすることは不可能に近い．しかし上記の方法で作成した特定の視点からの景観シミュレーション画像を現地で比較すると，その確からしさのチェックは容易になる場合が多い．たとえば境界線の形状が異なるのは，データ作成時なのか，その後の変化なのかを含めてGISデータをチェックできるようになるのである．

誰もが容易に森林データを閲覧できることは，同時にデータと現実の現時点の森林と比較確認することであり，その仕組みがGIS-CG法である．

(3) 森林映像モニタリング

インターネットを利用したWWWは，1993年WWW閲覧ソフトMozaicの配布によって始まった．文字や画像を含むページをインターネットに接続されるサーバへもハイパーリンクして表示することのできる仕組みである．

WWWがいずれ映像・音情報を扱うと考え，1995年より秩父演習林内の山地帯天然林調査地などに2台の森林映像記録ロボットカメラ（図10.5）を設置し，現在ほぼ毎日の映像・音記録データを蓄積している．2001年の

10.2 自然環境の情報化の事例

図 10.5 森林景観ロボットカメラ

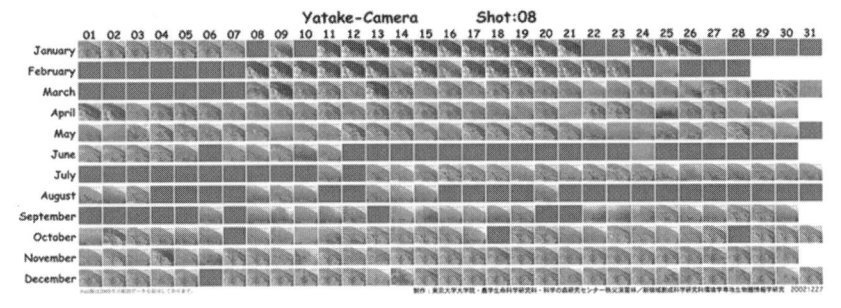

図 10.6 森林景観ロボットカメラが記録した 2001 年第 8 ショットの索引画像
上の枠内が第 8 ショットの撮影範囲．

第 8 ショットの 1 年の記録を図 10.6 に示した．映像・音記録データには，人が視覚と聴覚で感じ取ることのできる範囲内という限定はあるが，そのときどきの森林や気象の客観的状況が記録されている．温湿度雨量などの気象数値記録や各種の植生調査や樹木の成長計測調査記録には経年変動解析など学術的な記録としての価値があるが，映像・音記録データはどうだろうか．これまでに記録されたデータを再生視聴すると，季節変化や気象観測では記録の難しい霧や靄，秩父地方で風花とよぶ微量の雪が強風に舞う様子が映像

図 10.7　ホオノキの落葉の様子
他の落葉広葉樹に比べて早く落葉する．

と音で再現され，あたかもフィールドで体験しているように伝わってくる．このような動画像と音の記録は紙面では体験してもらえないのが残念だが，記録内容を視聴するとこれ以外にも興味深い内容が徐々に視聴者に伝わってくる．

　植物季節（フェノロジー）は，主に目視で観察される植物の季節変化であるが，四季の変化や長い年月での開芽や紅葉の時期や期間を比較することで，生物指標としての意味をもつ．ホオノキ（図 10.7），オオヤマザクラ（図 10.8）など日付の異なる一連の映像から各種の特性が抽出され，種を同定することができる．逆に植物の知識のない一般の人が現地を訪れるだけでなく，映像記録を何気なく視聴していると，ふと気づいたり調べたりしながら対象の種や季節変化を認識することができる．

　また，たとえば映像記録と同時に録音されている現場の音であるが，映像と同じくさまざまな環境を記録している．図 10.9 は 2001 年 5 月 22 日の第 8 ショットの 15 秒間に録音されている主な音源のダイアグラムである．鳥や昆虫の知識のある人はすぐに判別するだろうし，まったく知識のない人もこのダイアグラムを見ながら何度か注意して聞くと，だんだん判別できるようになる．鳥の鳴き声を記録した CD 図鑑のさえずりや地鳴きは，特定の種

10.2 自然環境の情報化の事例

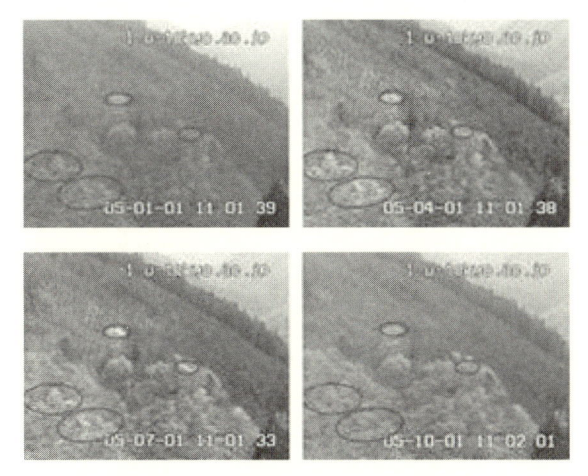

図 10.8　オオヤマザクラの開花の様子
春に短期間で開花する．2001 年は 5 月 1 日から 10 日で開花している．

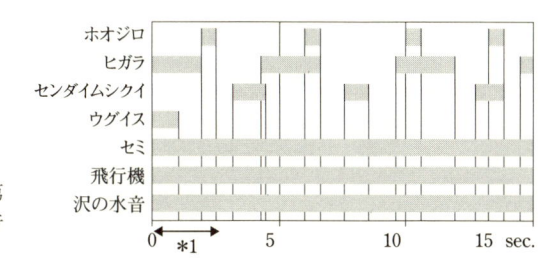

図 10.9　2001 年 5 月 25 日第 8 ショット 15 秒間の記録音の内容

の個体の鳴き声だけをクリアーに録音しているので CD を聞くとわかりやすいが，実際のフィールドでは，遠くのかすかに聞こえる鳴き声や風にそよぐ木々の音などさまざまな音源がさまざまな条件で聞こえてくるので，CD 図鑑のような聞こえ方は稀である．ロボットカメラの音記録はフィールドに近い状況を再現するので，そのときどきの総合的な環境記録としての貴重さがある．さらに音声解析によるソナグラム（図 10.10）を作成すると，声紋として視覚的に判別することもできるが，デジタル技術によりこのような解析も容易になっている．

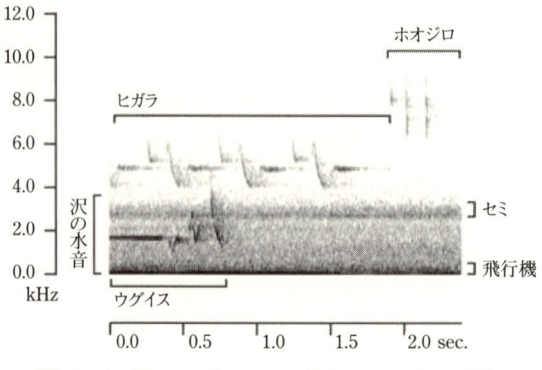

図10.10　図10.9中の＊1の部分のソナグラム画像

10.3 サイバーフォレスト研究

前節までのマルチメディアと自然環境の情報化事例から，自然環境とデジタル情報技術との関連性を理解できたと思う．最後に現在進めているサイバーフォレスト研究の現状を説明して，本章を終わる．

(1) 目的

　フィールドそのものをできる限り現場で人が感じるままに近い方法で記録する．当面は定点定時の映像・音（視覚と聴覚）の記録・蓄積データを利用する．この映像・音記録を，気象観測データやフィールドワークで収集される各種の調査データとをデジタル化し，「空間と時間」による突き合わせによってデータベース化し，情報共有する．
　こうして蓄積・共有されるデジタルデータが，自然環境研究の基盤情報として有用であることを実証することを目的としている．

(2) 展望

　個別な手法としては，前節の「森林GIS」「GIS-CG法による森林景観シミュレーション」「森林映像・音モニタリング」における各データを蓄積し，インターネットでアクセスして自由に検索閲覧できるデータベース環境を構

築することである．インターネットに関連する情報基盤や映像機器などは現在急速に開発が進んでおり，変革期にあるため，システム構成の定まった情報基盤システムを構築するにはいたっていない．現段階ではサイバーフォレスト研究による情報基盤が整備された際の利用イメージを以下のように展望している．

シーン1：フィールドを訪れた利用者が1日ないし数日滞在して，フィールドのさまざまな自然の生態を観察・学習体験していく場合に，フィールドの目にしたブナの新緑に興味をもったとする．3, 4週間かけて開芽から当年枝の成長がほぼ完了するブナの開芽の様子を，過去の映像記録を検索表示してみることで，フィールドで見ているブナの過去の姿と，その変化を，図鑑のそれよりもはるかに実感して理解できるだろう．さらにブナの開芽時期が，その年の温度，特に積算温度に影響されるなどの知見を解説されると，過去の数年間の気象データと開芽の映像を組み合わせて，その有り様を実感することになる．

こうして，実際のフィールドに訪れて自然体験をすることと，そこから派生する興味，特に年間を通じてフィールド観察ができるわけではないので，それを補完する環境情報ライブラリーのデジタルデータベースが有効になる．温度や湿度，日射など数値で記録される情報のデータベースだけでは，専門家だけが理解できるデータであるのに対して，観察映像情報をデジタル化して組み合わせることで，広く一般の人々の興味と理解を容易にし，あわせて映像と実物観察と知識から，数値データへの興味や理解をも誘発する．

シーン2：フィールドを一度訪れて，自然に関するさまざまな体験を得て，自宅や学校や研究室などに帰っていく．日が経つにつれて季節が変わり，ふとあのフィールドのブナはどうなっているだろう？現地の気温はどのくらいなのだろう？とまた訪れたくなるとき，インターネットによりフィールドの映像や，気象データなどさまざまなフィールド情報を見ることができる．こうして現地に行かなくても，現地の自然の様子を観察し，季節変化や年変化などを比較していくうちに，新たな問題意識をもって，再度フィールドを訪れて，自然体験や観察などをしてみたいと思う．

シーン3：このような，フィールドとフィールドデジタル情報が整備された地点が全国，全世界に分散しているならば，ネットワークで接続された，

図10.11 映像・音と気象データを組み合わせたDVD作品例（藤原・斎藤，2002）

フィールドに密着した同時多地点環境情報モニタリング施設・自然体験教育研究施設「網」となり，さまざまな環境観測や解析が可能となるし，衛星などセンサーデータとの組み合わせにより，環境教育・研究・交流が深まることになる．

(3) ビデオ映像による気象モニタリングの有効性

サイバーフォレスト研究における情報として特徴的なのは，映像と音データである．映像・音記録を気象データとリンクすることで，気象モニタリングデータとしての有効性についての事例を紹介する．

図10.11は，ブナの開花・開葉・結実の日変化の映像（2002年4月11日から6月27日）とこれに対応する気象データから日平均気温，日降水量のグラフを使って制作したDVD作品である．映像はブナの樹冠部の枝についてのワイドアングルとズームアップのショットを用いた．映像・音や気象データはいずれもデジタルデータであるので，現在のデジタル技術とネットワーク基盤では，DVDほどの高画質映像は無理だが，このような自然環境の情報を組み合わせて閲覧することは不可能ではないし，こうしたデータの蓄積とデジタル技術の普及により，自然環境を理解するための活用が無限に考えられることは容易に想像できるだろう．

参考文献

藤原章雄・斎藤 馨(1998)映像情報のデジタル化によるランドスケープ情報の共有に関する研究.ランドスケープ研究(造園学会誌), **61**(5), 601-604.

藤原章雄・斎藤 馨(2002)定点定時のビデオ映像による気象モニタリングの有効性について,第54回日本林学会関東支部大会論文集, 71-72.

Lohani, S. and Saito, K. (2002) Documenting Forest Cover Change From Historical Maps Using GIS: PAPER and PROCEEDINGS of the GEOGRAPHIC INFORMATION SYSTEMS ASSOCIATION: Vol. 11, 353-356.

斎藤 馨他(1993):リアルな森林景観シミュレーション――GISと植物モデリングの応用,日本コンピュータグラフィックス協会第9回論文コンテスト論文集, 226-236.

斎藤 馨他(1995) GIS, CAD, 植物成長モデルを応用した景観シミュレーション手法に関する研究.ランドスケープ研究(造園学会誌), **58**(5), 197-200.

斎藤 馨・藤原章雄・熊谷洋一(1998)ランドスケープ情報基盤構築のための景観モニタリング手法.ランドスケープ研究(造園学会誌), **61**(5), 597-600.

斎藤 馨他(2000)森林環境情報の可視化手法に関する研究,第14回環境情報科学論文集, 289-294.

斎藤 馨他(2002)森林景観ロボットカメラの新機能開発と環境音記録に関する研究:ランドスケープ研究(造園学会誌), **65**(5), 689-692.

筒井一貴他(1995) GISを応用した樹木情報システムの構築.ランドスケープ研究(造園学会誌), **58**(5), 193-196.

コラム5　海の森林破壊と海洋環境研究

　最近，干潟や藻場ということばを新聞やテレビでよく見聞きするようになってきた．干潟は，潮が引くと干上がるので見ることができるが，藻場はほとんどいつも海の中にあるため目にふれることは少ないかもしれない．藻場とは岩や岩盤に繁茂する大型の海藻（ホンダワラ類，コンブ，アラメ・カジメ）や主に砂泥上に繁茂する海草（海に戻った陸上の植物でアマモという種が代表的）が作る海の森林や草原のことである．この藻場は，陸上の森林や草原と同じぐらい二酸化炭素を吸収し，光合成し，多くの生物を支えるもっとも重要な沿岸域の1次生産者である．また，海草や海藻の生長速度は速く，海水中の窒素やリンを吸収し，浄化する．植物の表面には多くの動物や小さな海藻が生えること，海藻の基部や海草の根の近くに多くの底生生物が棲むことなどから藻場は生物の生息場所として，生物多様性のうえで重要である．また，メバルやカサゴなどの魚類やウニ，アワビ，サザエなどの生息場所，サヨリやトビウオ，アオリイカの産卵場所として，また稚魚の保育場として生態学的にだけでなく水産資源的にも重要である．瀬戸内海において，藻場と藻場以外の海域の金額をもとにした漁業生産の比較では，藻場の生産性は藻場以外の平均的な生産性の5-17倍にも及んでいる（南西海区水産研究所内海資源部，1974，16-22）．1930-1935年頃にかけて北大西洋の東西両岸のアマモ場は，*Zostera* disease あるいは wasting disease として知られる病気により壊滅的に減少した．そのとき，オランダ沿岸では小エビ類などの漁獲量が3分の1にまで減少し，アメリカ沿岸でも小エビ類やホタテ貝の漁獲量が著しく減少したことが報告されている（新崎，1976，139-142）．

　このように藻場は環境面だけでなく漁業生産を通しても人類に貢献している．しかし，多くの藻場は底深10 m以浅の浅海域に分布しているため，日本では1960年代からの重化学工業の発展過程で港湾や工場用地などとして埋め立てられ，著しく減少した（図1；星野，1976，83-86；Komatsu，1997）．さらに，都市や工場からの廃水による海の富栄養化によって植物プランクトンが増加したために，透明度が低下したことも藻場の減少に影響を及ぼしている（片山ら，1979，87-88）．特に，瀬戸内海では，アマモ場が1960年に紀伊水道・豊後水道・大阪湾を除いて2万2615 ha あったものが（内海区水産研究所資源部，1967，22 p.），1977年には6068 ha（斉藤，1979，16 p.）と1960年の26.8％にまで減少している（図1）．今後，地球規模で人口増加が予測されており，環境の悪化と食糧資源の供給難の問題が確実に生じることになる．それらの問題に備えるためにも埋め立てを中止し，都市や工場の廃水からリンや有機物を除いて富栄養化を抑え藻場の衰退を止め，藻場を回復させる必要がある．

　陸の森林や草原はどのように分布するのか，開発や公害でどのように変化しているのかは，人間の目で直接見ることができるので，比較的容易に状況を把握することができる．しかし，海の中では海水が光をよく吸収するため減衰し，すぐに暗くなってしまうこと，海水が濁っているとよく見えないこと，海水中では呼吸できないためスキューバを使用しても長時間直接目でみるのは困難なこと，などのため藻場の分布を詳しく調べることは簡単ではない．

　クジラが海の中で遠くに離れていても超音波を使用して会話することができるとい

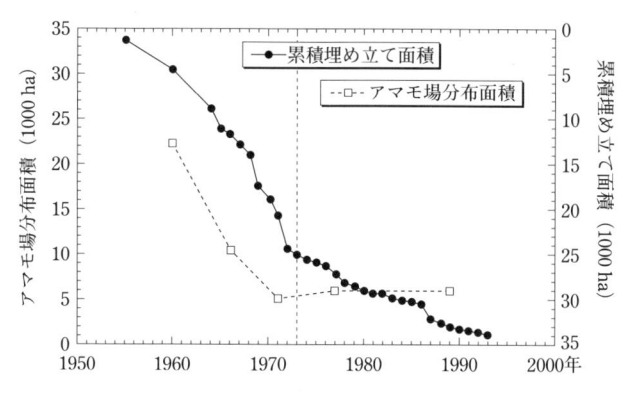

図1 瀬戸内海におけるアマモ場分布面積と累積埋め立て面積
(Komatsu, 1997)
鉛直方向に破線は瀬戸内海環境保全特別措置法により大規模な埋め立てが禁止された1973年を示す.

うことを知っている人もいるだろう.海水の中では光よりも超音波のほうが減衰せずに遠くまでとどく性質がある.この超音波の性質を利用した計測機器の1つがよく知られている魚群探知機や音響測深機である.船から海底に向かって超音波を発信し,海底や水中の物体に反射して返ってきた超音波を受信して海中や海底の状態を探知する.超音波を利用したリモートセンシングによって,藻場の分布やそれらの生物量を調べる研究を,藻場を作る海藻や海草の生態ともあわせてわれわれは行っている.

瀬戸内海の味野湾(岡山県倉敷市)のアマモ場で超音波を利用する音響測深機によってアマモ分布を調査した.鉛直的な繁茂状態がこの調査で明らかになり,春にはアマモが海面近くまで繁茂しているが(図2),夏には海底近くに丈の小さなアマモしか生育していないことが示された(図3).春に海面近くまで生長したアマモの花株は,成熟して花を咲かせ,受粉して結実し,その後,枯れたり切れてアマモ場から流出する.夏にはその実が落ちて芽を出した実生や小さな丈の栄養株(図4)だけになるために,草丈の小さなアマモ群落しかみられない(図3).その後,秋から冬にかけて生長し,春に成熟するという周期を繰り返している.このように,ダイナミックな季節変化をしていることが,超音波を利用して調べることで視覚的に把握することができるようになってきた.

私たちの研究室では,7mもの草丈に達する世界最大の海草タチアマモ(図4)が分布する三陸の大槌湾や船越湾(岩手県大槌町)でナローマルチビームソナーという装置を用い,世界ではじめて海草藻場の3次元分布を視覚化することに成功した(図5)(Komatsu et al., 2003).この研究で,海草が占める体積を推定することが可能になった.また,底深上の海草の水平分布(図6)も得られるようになった.そして,大槌湾ではタチアマモの分布下限の底深が6mの深さあたりにあること,タチアマモ群落が塊状に分布することがわかるようになった.さらに,実際の測定データをも

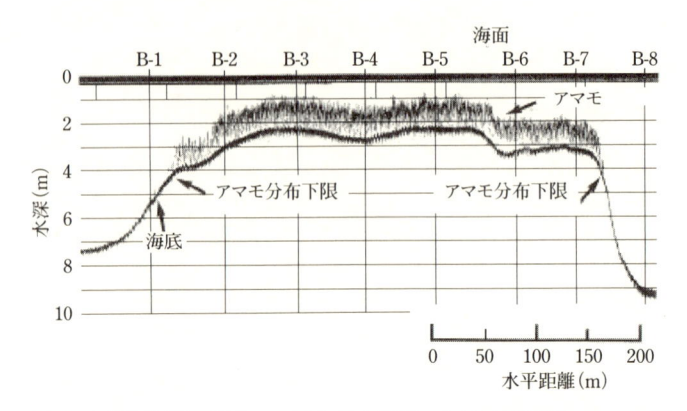

図2 音響測探機で測定した岡山県味野湾における繁茂期のアマモ鉛直分布（Komatsu and Tatsukawa, 1998）

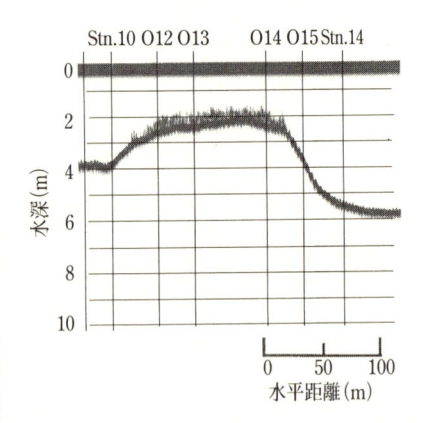

図3 音響測探機で測定した岡山県味野湾における衰退期のアマモ鉛直分布

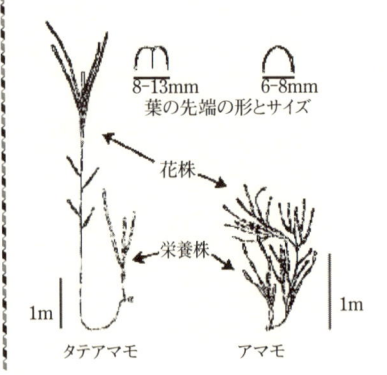

図4 藻場を作る海草タチアマモとアマモの花株と栄養株（Aioi et al., 1998）

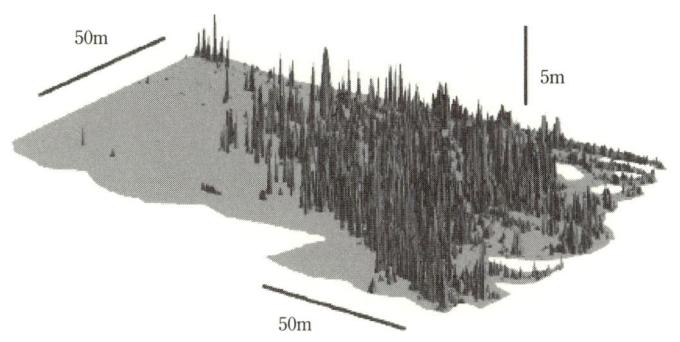

コラム5 海の森林破壊と海洋環境研究　249

図5 大槌湾根浜地先における海草タチアマモの繁茂状態を3次元的に示した図 (Komatsu *et al.*, 2003)

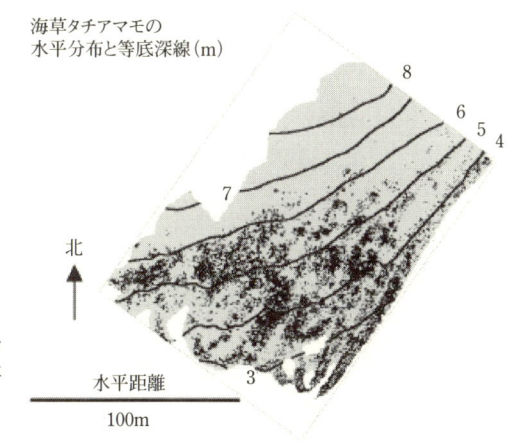

図6 大槌湾根浜地先における海草タチアマモの水平分布図 (Komatsu *et al.*, 2003)

図7 実際の測定データをもとにソフトウエアを用いてコンピュータ上で再現した海草タチアマモ藻場の景観

とにソフトウエアを用いてコンピュータ上でタチアマモの繁茂状態を再現したのが図8である．この図から写真ではとらえきれない全体的なタチアマモの藻場景観が可視化され，研究者だけでなく一般の人々にも藻場についてより深く理解してもらうことが可能になった．

2004年に東京大学の柴谷恵子は，大槌湾に隣接する船越湾の海草の分布と環境について調べた（柴谷，2004）．船越湾に広く分布する海草には主に2種類あり，タチアマモは流れが弱いところに，もう1種類は強いところに，そして流れが強すぎると海底の砂が動くためこの海草も生えないことをつきとめた．また，2種類の海草の分布する底深の下限が，光の量が1年でもっとも少なくなる時期における海草それぞれの1日当たりの光合成と呼吸がちょうど同じになる量の光が達する深度であることも明らかにした．

このように海藻や海草の分布が正確にわかれば，藻場の成立に必要な環境条件を知ることができる．そしてこれらの情報は，藻場の保全，傷んだ藻場の修復，藻場の創造のための適地選定の際に役立つことになる．藻場成立に必要な環境条件が確保されなければ，移植や造成を行っても成功しないことはいうまでもないだろう．なお，移植には現場周辺の海域に生息している個体を使用しなければ，遺伝的な多様性が失われるということにも注意が必要である．

山火事で陸上の森林が消滅するように藻場が消滅する磯焼けとよばれる現象が，海藻藻場で生じていることが報告されている．これらの原因を調べる研究が続けられており，魚類やウニによる食害，黒潮などの高水温の海水が接岸したことによる影響，海水中に含まれる鉄の不足などが原因に挙げられている．今後，磯焼けのメカニズムやいろいろな種類の海藻・海草藻場の分布可能な環境条件を明らかにする必要がある．このためにもリモートセンシングによる藻場分布の計測と藻場を作る海藻や海草の生態をあわせて調べなければならない．２１世紀に持続的な社会を作るうえで，良好な沿岸域の環境と豊かな水産資源を確保することが不可欠であり，藻場を保全していくことが求められている．この実現のために貢献できる研究を私たちは目指している．

引用文献

Aioi, K., Komatsu, K. and Morita, K. (1998) The world's longest seagrass, *Zostera caulescens* from north-eastern Japan. *Aquatic Botany*, **61**, 87-93.

新崎盛敏（1976）海藻の生態，岩下光男他編，海洋科学基礎講座5　海藻・ベントス，東海大学出版会，93-147.

星野芳郎（1976）瀬戸内海汚染，岩波書店，202 p.

片山勝介他（1979）岡山県沿岸海域の藻場調査，南西水産研究所編，沿岸海域藻場調査瀬戸内海関係海域藻場分布調査報告—藻場の分布，南西水産研究所，77-101.

Komatsu, T. (1997) A long-term change in *Zostera* bed area in the Seto Inland Sea (Japan), especially on the coasts of the Okayama Prefecture. *Oceanologica Acta*, **20**, 209-216.

Komatsu et al. (2003) Use of multi-beam sonar to map seagrass beds in Otsuchi Bay, on the Sanriku Coast of Japan. *Aquatic Living Resources*, **16**, 223-230.

Komatsu, T. and Tatsukawa, T. (1998) Mapping of *Zostera marina* L. beds in Ajino Bay, Seto Inland Sea, Japan, by using echo-sounder and global positioning systems. *Journal de Recherche Océanographique*, **23**, 39-46.
内海区水産研究所資源部 (1967) 瀬戸内海における藻場の現状. 内水研刊行物C輯, **5**, 21-38.
南西海区水産研究所内海資源部 (1974) 瀬戸内海の藻場 昭和46年の現状, 南西海区水産研究所, 39 p.
斉藤雄之助 (1979) 瀬戸内海関係沿岸海域の藻場調査, 南西海区水産研究所編, 沿岸海域藻場調査瀬戸内海関係海域藻場分布調査報告―藻場の分布, 南西海区水産研究所, 375-419.
柴谷恵子 (2004) 岩手県船越湾における海草の分布と環境, 東京大学大学院新領域創成科学研究科修士課程環境学専攻, 自然環境学コース修士論文, 50p.

コラム6　GISによる環境研究

GISとは

　地理情報システム (GIS: Geographical Information Systems) は, 地理的現象の分布を表すデジタル・データを用いて, 地図表示, 情報管理, 地理学的解析などを行うためのコンピュータ・システムである. GISで利用されるデータには, ベクター形式とラスター形式の2種類がある. ベクター形式のデータは, 地理空間に分布する要素の位置と形状を, 点・線・面の組み合わせによって表現する. 各要素には属性 (たとえば要素が敷地であれば, その所有者名や用途など) を表す情報が付加される. 位置と形状を表す情報は, イラストレータなどのグラフィック・ソフトウエアのデータに類似しており, 属性を表す情報は, エクセルなどの表計算ソフトウエアのデータに類似している. ラスター形式のデータは, 格子状に規則的に配列した情報を用いて要素の特徴を表すものであり, コンピュータ・ディスプレイに表示される画素の集合に類似している. その代表例はデジタル標高モデル (DEM: Digital Elevation Model) であり, 地表の標高値を一定間隔でサンプリングしたデータである.

　GISは, 地理空間の諸要素を複数のレイヤーに分割して管理する. たとえば, 基本的な地形図の要素を, 道路を表すベクター・データ, 土地利用を表すラスター・データ, 地形を表すDEMなどに分けて個別のファイルに保存する. GISを用いて複数のレイヤーを重ね合わせることをオーバーレイとよび, 使用するレイヤーの組み合わせを変えることにより, 目的に適した地図の表示や, 特定の要素に注目した解析を実行できる.

　GISを用いると, 地理的情報の管理と処理が効率化される. 情報の管理にはコンピュータ・データベースの技術が応用されており, 必要な情報の検索や, 複数の情報の関連づけを実行できる. また, 検索結果を地図の形で即座に表示できるため, 地理学的な考察に有用である. GISを用いて地図を作製すると試行錯誤が容易になるため, 最適な表現の追求が可能となる. また, 地図の更新時には変更部分のデータのみ

を入れ替えればよいため，作業量を削減できる．さらに GIS により，事象の空間分布と事象間の相互関係を定量的に分析し，モデル化することができる．適切なモデル化がなされると，事象の分布の将来予測が可能となるため，政策決定の支援に有効である．

　日本において GIS が有効に活用された 1 つの例は，日本マクドナルド社の出店戦略である．Macdonald は 1971 年に日本に上陸し，1993 年の店舗数は約 1000 であったが，2001 年には約 3800 に急増した．この背景には，世代別の人口分布，近隣の駅の乗降者数，および競合店の分布といった諸情報を用いて，ある地点に出店した際の売上額を高速に予測できる GIS を開発したことがある．その結果，各地点に適した規模の店舗を低リスクで開設できた．

GIS の歴史と環境研究

　GIS は，地理学，環境学，都市工学，土木工学，経済学，社会学，考古学などの多様な分野で活用されている．その理由は，多くの学問分野が地上で展開される現象を扱っているためである．なかでも自然環境と社会環境の研究は，GIS の発展の歴史と密接に関わっている．そのような例を 3 つ挙げよう．

コレラと井戸の水質：コンピュータを用いた GIS が登場する以前には，地図のレイヤーを手作業で重ね合わせて事象間の関係を解析する試みが行われた．その代表例は，英国人医師ジョン・スノーによるコレラの伝搬経路の解明である．彼はコレラが空気感染するという通説に疑問をもち，1854 年にロンドンでコレラが大発生した際に，井戸，死者，および道路の分布を重ね合わせた地図を作製した．その結果，1 つの井戸の周囲に死者が集中することが示された．また，聞き取り調査を行い，他の井戸に近い場所に住む死者も問題の井戸まで来て水を汲んだことを明らかにした．その後，井戸水の汚染が実際に確認され，コレラが水を媒介に伝搬することが証明された．

最初の GIS の開発：カナダの Roger Tomlinson は，1960 年代に世界最初の GIS（カナダ GIS）を開発した．航空測量会社に勤務していた彼は，当時のハイテク機器に触れる機会をもっており，カナダ政府が全国の土地情報を目録化するプロジェクトを企画した際に，地図データのデジタル化とコンピュータによる管理を提案した．まもなく彼はカナダ政府に雇用されてプロジェクトの中心を担った．当時のコンピュータには処理速度，メモリー，画面表示などに関する限界が多く，構想の実現には多大な時間と努力を要したが，当時 Tomlinson らが考案した多くの要素が現行の GIS に引き継がれている．カナダ政府が Tomlinson を積極的に支援した理由は，都市への人口集中のために農村部の環境が悪化し，放棄された農地の保全などが急務であったためである．したがって，環境問題が最初の GIS を生み出したといえる．

世界最大の GIS 企業の原点：アメリカ合衆国の ESRI（エスリ）社は，Arc/Info，ArcView，ArcGIS といった世界のデファクトともいえる GIS ソフトウェアを開発している．ESRI は Environmental Systems Research Institute という，環境に関する研究所のような社名の略称である．これは，1969 年に会社が創立された際に，土地利用などの環境の構成要素を分析するコンサルタント業務を目的としていたことに由来する．その後，環境の分析には優れた GIS ソフトウェアが不可欠なことが認知

コラム6 GISによる環境研究

されたため，会社の方針が変わり，ソフトウェアの開発と販売を行う企業として発展した．

環境解析におけるGISの利点

GISを環境の分析に用いると，多くの利点が生まれる．そのうち3つの利点について，具体的な研究事例とともに述べよう．

巨大データの高速処理：地理学や環境学の研究では，事象の広域的な傾向の把握が重要である．広域の特徴が既知であれば，個別の地域で観察される事象が一般的か特殊かを判断できるためである．広域の特徴を知る際には，多量のデータを効率的に処理する必要がある．GISはこの種の作業に有用である．

日本と韓半島は，それぞれが変動帯と安定大陸に位置するため，前者の地形は急峻で後者の地形はなだらかといわれてきた．このことを定量的に検討するために，Oguchi et al. (2001) は解像度約1 kmのDEMを用いて，日本と韓半島の地形の大局的な特徴を比較した．両地域に関する約60万個の標高値を用いた解析によると，日本では標高と傾斜が正の相関をもつが，韓半島の標高 800 m以上の場所では正の相関が認められず，日本よりも概して緩傾斜である．これは，韓半島の高所に蓋馬高原などが存在するためであり，上記の従来の知見と一致している．一方，標高 800 m未満については韓半島でも標高と傾斜が正の相関を示すが，同じ標高で比較すると日本よりも韓半島で平均傾斜が大きく，従来の知見と一致しない．また，標高 800 m未満の地域における急傾斜地の比率は両地域でほぼ等しいが，緩傾斜地の比率は日本のほうが顕著に高い．日本では，急峻な山地における激しい侵食によって下流に多量の土砂が供給されるため，盆地や低地に厚い第四紀層が堆積し，平坦な地形が形成された．一方，上流からの土砂供給が少ない韓半島では，盆地や低地の埋積が小規模なために平坦化が進まず，そのために標高の低い場所の傾斜が日本よりも大きいと考えられる．

点から面への拡張：環境に関する観測値は，ある地域内の限られた地点のみで得られている場合が多い．しかし，観測が行われなかった場所における値を高精度で推定できれば，事象の面的な分布を検討できる．GISはこのような点から面への拡張に適している．

都市ではNO_xによる大気汚染が深刻な場合がある．Briggs et al. (1997) は，NO_2濃度が観測されているヨーロッパの都市を対象に，濃度の面的な分布をGISを用いて推定した．最初に，観測されたNO_2濃度を従属変数とし，観測地点付近の道路分布，交通量，土地利用，および標高を独立変数とする重回帰式を作成した．この式とGISに入力された独立変数のレイヤーを用いて，観測が行われていない多数の場所のNO_2濃度を推定した．その結果，主要な道路に沿う濃度の顕著な上昇と，工業地帯における相対的に緩やかな濃度の上昇を示す分布図が得られた．また，分布図の精度は実用的に十分なレベルにあると判断された．

領域抽出に基づく解析：環境の研究では，調査地域の中から特定の範囲を抽出し，その内部の特徴を詳しく検討する場合が多い．GISはこの種の検討に有用である．

河川に関する研究では，水や土砂の供給範囲である上流域が重要な意味をもつ．

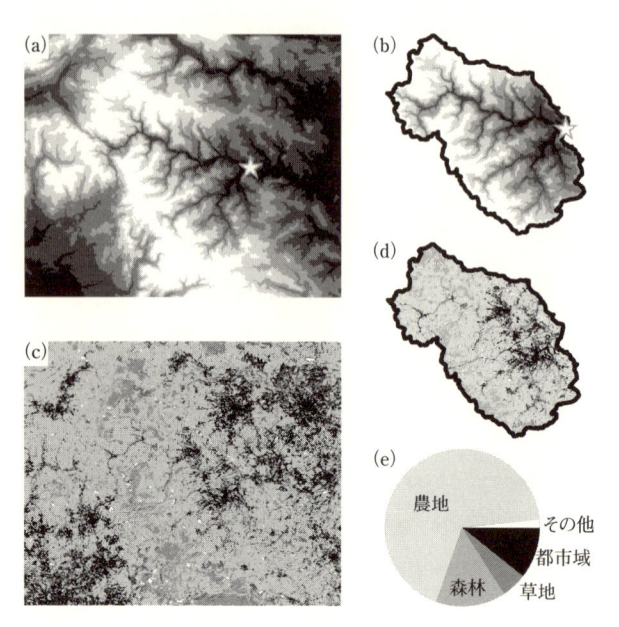

図8 GISとDEMを用いた流域の抽出と流域内の土地利用特性の把握
　(a) DEM（暗いほど低標高）と河川沿いの水文観測地点（星印），(b) DEMを用いて抽出した水文観測地点の上流域，(c) 土地利用図，(d) 流域内のみを切り出した土地利用図，(e) 切り出した土地利用図から算出された流域内の土地利用比率．

GISを用いてDEMを処理すると，各地点における水の流下方向に基づいて流域を半自動的に抽出できる（図8(a), (b)）．Jarvie *et al.* (2002) は，東部イングランドの代表的な水質観測地点の上流域と，上流域のうち観測地点からの距離が10 km未満の範囲（近隣域）を抽出した．上流域と近隣域の土地利用（図8(c)〜(e)），人口，地形，地質，および降水量と，水質成分の濃度との関係を調べたところ，塩素，ホウ素，硫酸などの濃度は上流域の特性と強く関連し，亜鉛，カルシウム，クロムなどの濃度は近隣域の特性と強く関連することが判明した．この結果は，各成分の運搬様式を反映すると考えられる．主に溶流で運ばれる成分は，流域の上部に汚染源があっても下流まで容易に運搬されるが，主に浮流で運ばれる成分は運搬が間欠的なため，汚染源が近くに存在する場合に濃度が上昇する傾向が強い．

おわりに

上記のように，GISは地理学や環境学のさまざまな研究に有用である．近年，パーソナル・コンピュータの性能が飛躍的に向上し，安価で高性能なGISソフトウェ

アが広く流通するようになった．その結果，初期の GIS 研究でみられたハードウェアとソフトウェアの限界に起因する制約は大幅に減少した．また，GIS の科学的利用に関する多様な可能性が広がっている．このため，GIS の S を Systems から Science に変えようという動きが生じており，日本語でも「地理情報科学」や「空間情報科学」の名称が定着しつつある．今後，科学としての GIS がますます重要になるであろう．

引用文献

Briggs, D.J. *et al.* (1997) Mapping urban air pollution using GIS: a regression-based approach. *International Journal of Geographical Information Science*, **11**, 699-718.

Jarvie, H.P. *et al.* (2002) Exploring the linkages between river water chemistry and watershed characteristics using GIS-based catchment and locality analyses. *Regional Environmental Change*, **3**, 36-50.

Oguchi, T. *et al.* (2001) Large-scale landforms and hillslope processes in Japan and Korea. *Transactions, Japanese Geomorphological Union*, **22**, 321-336.

おわりに——環境学へのメッセージ

　環境に関する科学の歴史は，その定義にもよるが人間が科学的思考を始めたときに遡る．しかし，現代社会における環境学の位置づけが確立したのは比較的新しい．1962年にレイチェル・カーソンの『沈黙の春』（当時訳本は『生と死の妙薬』というタイトルで出版）にその目覚めを感じ取った人は多いと思う．わたしも，自分からみると，はるかに社会性に目覚めていたと思われる大学の先輩女子学生がこの本を研究室に持ってきて，すごい本が出たといっていたのを覚えている．しかし，晩生の私はその頃は原生自然や珍しい植物を探して山野を駆けめぐっており，鳥が鳴かず，花が咲かない春なんて暗い発想だな，という印象しかもたなかった．アメリカでは大きな議論を巻き起こし，ケネディ大統領はこの問題の重要性に，直属の調査委員会を発足させ，その事実を確認し，一気に環境汚染問題が社会的に顕在化した．10年後1972年，ストックホルム国連人間環境会議はまさに公害に対する挑戦という姿勢で始まった．一般用語としての環境から人間の環境，人間主体の環境学へと学問の興隆がこれほどはっきり意識されたことも珍しい．さらにそのほぼ10年後，1986年に米国科学アカデミーとスミソニア協会が主催しワシントンで開かれた生物多様性（Biodiversity）フォーラム（Wilson, 1988）が人間中心から生物全般へと視点を広げ，共有の生息場としての地球環境という認識へと舵を大きくきらせるきっかけとなった．それは同時に，この地球上で人間を含めた生物種は単独では生きられないこと，生態系として確保されなければ，主体としての人間や生物の生存も保障されないというもっとも単純な生態学的原理についての認識が一般化した契機でもある．同時に，われわれに地球に対する人間活動の影響の大きさを自覚させるきっかけともなった．そして，人間活動の影響で気候が変わりつつあるという「発見」は，その方向を加速させ1988年UNEPとWMOによってIPCC（気候変動に関する政府間パネル）が組織された．こうして80年代，環境は公害問題から人間活動による地球変化問題へと大きく転換することとなる．そ

れが 92 年第 2 回リオデジャネイロで開催された環境と開発に関する国連会議へと絞り込まれ，リオ宣言，森林に関する原則声明，アジェンダ 21，気候変動に関する枠組み条約，生物の多様性に関する条約など，今日の各国の環境政策，環境研究を方向づける重要な取り決めがなされ，国際的な協調体制が築かれた．こうした世紀末の準備期間ともいえる過程を経て，2001 年には国連アナン事務総長が宣言して開始されたミレニアム生態系評価（MA：Millennium Ecosystem Assessment，後述）などの国際的な実行計画が進められ，地球環境をとりまく国際情勢が急速かつ徹底的に変化しつつある．日本でも学術会議が中心になって国際学術協力事業として気候変動国際共同研究計画（WCRP），地球圏—生物圏国際共同研究計画（IGBP），地球環境変化の人間次元国際共同研究計画（IHDP），生物多様性科学国際共同研究計画（DIVERSITAS），地球システム科学共同計画（ESSP）などで連携が進められつつある．

　こうした国際的な変化に対応して，国内的にも研究環境が変化している．環境省のもとで推進されている地球環境研究総合推進費による研究，いくつかの大学で推進されている環境関係の 21 世紀 COE プロジェクト，その他いろいろな枠組みで多くの競争的資金が投入されている．また第 2 期科学技術基本計画のもとで総合科学技術会議が推進する重点 4 分野の 1 つに環境が位置づけられ，環境分野の重点課題が 5 つのイニシャティブのもとで推進されている．それらは地球レベルでは地球温暖化研究，地球環境水循環変動研究，国や地域レベルでは自然共生型流域圏・都市再生技術研究，さらにわれわれの生活と深く関連したゴミゼロ・資源循環型技術研究，化学物質リスク総合管理技術研究まで，広範な分野にわたっており，多くの研究機関，大学がこれにかかわっている．

　しかし，こうしたある意味での隆盛が本当にわれわれの地球生態系を保全し，生活を安全・快適なものに導いているか，となるといまだ未知数である．こうした研究で，今日地球環境が抱える問題は網羅されているのか，生物多様性，外来種，日本の優占草食獣であるシカによる生態系攪乱はどうなのか．日本とは気候環境が異なるとはいえ地中海地方で，開墾が進み，やがてメリノ種のヒツジを導入し，一気に植生が破壊された歴史は自然のポジティブ・フィードバックがもたらす危険性を示唆する（Watts, 1971）．こうした研究

がわれわれに何をもたらすのかは研究者だけでなく，誰もが注視すべき問題といえよう．研究者は論文のピアレビューという仕組みで，これまで同僚にわかってもらうことを考えて研究をすればよかったが，現在は社会に対してその意味を説明する責任を負っているということが強く意識されることになってきた．

『かけがえのない地球を大切に』が出版され（1991，訳本は1992），地球環境の問題は誰か悪者の仕業なのではなく，地球に生きるわれわれ自身の問題であるということが提起され環境倫理の問題が大きくとりあげられるようになった．地球に対する人間の影響の大きさの自覚，他方で人間がどこまで地球の自然に依存しているのかがいまだ計り知れないなかで，自然環境の中での人間の生き様が問われている．当時，エレン・スワローのヒューマン・エコロジーが再認識されたのも，そうした意識を反映している．それは個人，社会，国家，国際社会という人間のあり方のすべてのレベルで問われる問題であり，ゴミゼロから流域圏，さらに地球環境というヒエラルキーでの研究プロジェクトと連動している（図1）．一方先に触れた，最近私自身がかかわっているUNESCO，UNEPをはじめとする10以上の国際機関，条約事務局，国などが推進しているMAは，現在人間が生活している砂漠，ツンドラから熱帯多雨林生態系まで，さまざまな生態系の現状はどうなっていて（過去50年），今後10年間にどのような変化をしていくのかをシナリオに描き，それが人間の安寧福祉にどう影響するかを評価するという目的で進めている（WRI, 2003）．これまでのIPCCの考え方では，単一の要因，すなわち気候変化が直接人間生活にどのように影響するかという単純な問題設定の立場であるが，人間が依存する生態系に変化を引き起こし，ときには人間にとって好ましくない影響を及ぼしてしまう要因はなにも気候変化だけではない．40年以上も前にレイチェル・カーソンが指摘した農薬の問題，さらに環境ホルモン，病原生物の伝播の問題など人間自身の活動に起因する生態系攪乱要因はますます多様化しつつある．また，気候変化の影響にしてもわれわれの誰にも同じように問題を引き起こすのではなく，それぞれが依存している生態系によって異なる影響を受け，さらに社会的にも強者と弱者では受ける影響が大きく異なる．海水面上昇は島嶼や低地に住む人々に影響を及ぼすが，山地では氷河湖の崩壊，斜面崩壊や脆弱な山地の農業体系など別な問題があ

おわりに──環境学へのメッセージ

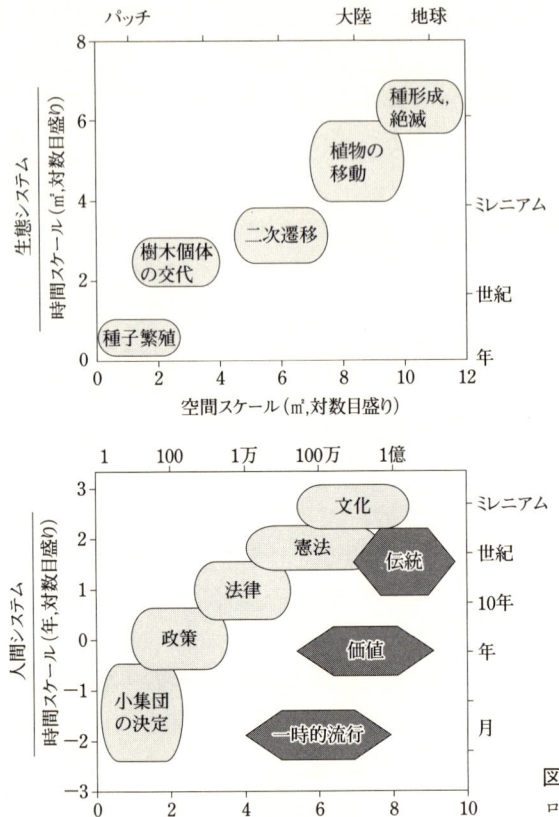

図1 生態学的，社会学的プロセスの時間─空間スケール（WRI, 2003）

るし，食糧生産にとっては気候変化が農業生態系にどのような影響を及ぼすのか，そうした評価を個別の生態系ごとに進めようというのがその考え方である．そこでは，生態系の機能を調べるだけでなく，その機能は人間に何をもたらしているのか，つまり生態系のサービスを明らかにする．サービスには4つあるがそのうち，供給的サービス，調節的サービス，文化的サービスの3つは直接われわれに恩恵を与え，それら3つのサービスを支えるものとして基盤的サービス，すなわち3つの生態系サービスを生み出すうえで不可欠な生態系プロセスがある，と類型化している（図2）．そしてこのサービスにもっとも大きな影響を与えている要因をドライバーとよんでいる．なぜ

供給的サービス	調節的サービス	文化的サービス
生態系によって提供される物質	生態系プロセスの調整によって得られる恩恵	生態系から得られる非物質的恩恵
・食糧 ・水 ・薪 ・繊維 ・生化学製品 ・遺伝子資源	・気候調節 ・病気の調節 ・洪水調節 ・無毒化作用	・精神的 ・リクレーション的 ・審美的 ・インスピレーション的 ・教育的 ・共有的 ・象徴的

基盤的サービス
ほかの生態系サービスを作り出すのに必要なサービス
・土壌形成 ・栄養塩循環 ・1次生産

図2 生態系サービスは4つの類型に区分できる (WRI, 2003)

　ならそれは必ずしも科学的にとらえきれる要素的,因果関係が明確になっている要因だけではなく,たとえば人口のように要素的にとらえきれない,ばくぜんとした,複合したものかもしれない.あるいはその生態系を成り立たせている生物多様性が主要なドライバーかもしれない.こうした地球生態系の現状を現時点で解明することによって,今後の政策決定に資するような評価を提供しようというのがその目的である.このプロジェクトのきっかけを作ったのは生態学者のH. Mooneyといわれているが,現在,主導的に引っ張っているのはむしろ環境経済学,環境政策などの分野の人々で,むしろ生態学者は社会の要請に答えるべく,研究の方向を変位させつつある.そこにこれからの地球社会の縮図をみる気がする.
　こうした地球的な議論になると,ある種の社会的インパクトを与える問題に関する科学的データの必要性(ということは,いまだにこうした基礎的データが著しく不足している),それを地球レベルに広げるデータベースの重要性,データ間の互換性を保証する共通のプラットフォームなど早急に取り組むべき課題は多い.たとえば,リモートセンシングやデジタル地球環境情報はかなり整備されてきたが,それと現場からの,フィールド情報とのギャップはきわめて大きく,直接的な対策技術になかなか結びつかない.FAO

表1　MAで用いられている10個の地球のサブシステム（WRI, 2003）

カテゴリー	中心概念	地図化の境界条件
海洋 Marine	大洋．漁業が主要な変化を引き起こすドライバー．	水深50m以上の海洋域．
沿岸 Coastal	大洋と陸地の接点．海に向かっては大陸棚の半分あたり，陸に向かっては大洋に近くその影響を強く受ける範囲．	平均海水面から水深50mまでと高潮線から海抜50mまでの陸地を含む範囲，もしくは海岸からの距離100kmまでの陸域．サンゴ礁，潮間帯，河口域，沿岸の養殖漁業，海草群落などを含む．
陸水 Inland Water	沿岸域より陸側にある恒常的な水体．恒常的，季節的，あるいは間欠的な氾濫状態に対応した生態的特性と利用がなされる地域．	河川，湖沼，氾濫原，貯水池，湿地，内陸の塩生システム．ラムサール条約では湿地は陸水と沿岸の両方を考慮していることに注意．
森林 Forest	樹木が優占している土地．しばしば材木，薪，非木材林産資源などに利用される．	樹高5m以上の木本植物が40％以上林冠層を形成し，地表を覆っている地域．多くの違った定義が存在することは認めるし，他の境界条件（たとえばFAOで用いる林冠被度10％以上）も用いられる．一時的に伐採されている森林や植林地は含める．果樹園やアグロフォレストのように主な産物が作物であるものは除く．
乾燥地 Dryland	利用可能な水分の関係で植物生産が限定されている地域．主たる利用は大型哺乳類による草食であり，家畜の放牧や耕作も含む．	砂漠化対処条約で定義されている乾燥地，すなわち年降水量が最大蒸発量の2/3以下の地域．乾燥亜湿潤地域（年降水量/最大蒸発量比が0.5-0.65）から半乾燥，乾燥，過乾燥（比<0.05）まで，しかし，極圏は除く．乾燥地域は耕作地，矮生低木群落地，低木群落地，草原，半砂漠，砂漠を含む．
島 Island	水に囲まれ，隔離されている陸地．沿岸の後背地に対する比が大きい．	小島嶼国連合で定義されているところ．
山地 Mountain	急峻で標高が高い土地．	マウンテン・ウォッチ(UNEP-WCMC)で定義されているように，標高だけで定義される部分と，とくに低地では標高，傾斜，限られた範囲での比高によって定義する．2500m以上，1500-2500mで傾斜が2度以上，1000-1500mで傾斜が5度以上あるいは局所的な比高（半径7km以内）が300m以上，300-1000mで局所的な比高（半径7km以上）が300m以上．隔離された面積25km²以下の山地に囲まれた内陸盆地や台地．
極 Polar	高緯度域で年間のほとんどが凍結している．	永帽，永久凍土の上の土地，ツンドラ，極砂漠，極海岸地域，低緯度の高山の寒冷地域は除外する．
耕作地 Cultivated	栽培化された植物が優占していて，作物，アグロフォレストリー，あるいは水産養殖に利用され，そのために完全に変えられている土地．	景観要素の少なくとも30％は，いずれかの年には耕作が行われている土地．果樹園，アグロフォレストリー，農業—水産養殖の複合体系など．
都市 Urban	高い人口密度をもつ，建築物環境．	人口5000人以上が居住し，永続的な衛星による夜間光(night-time lights)探知で境界設定されるか，それが推測される地域．

では世界の森林資源を定期的にモニターし，アセスメントを公表しているが(Global Forest Resources Assessment 2000)，こうしたデータの縮約ひとつとってみても，国の上のレベルはいきなり大陸になっており，さまざまな変化の原因を読み取りにくくしている．各国レベルの次はアジア大陸での森林減少率というのでは，乾燥地域，湿潤地域，あるいは山岳地域などさまざまな生態系ごとに本来異なる原因を，わざわざみえにくくしているようなものである．そのためには地球を科学的な基準でサブシステムに区分していく方法，それぞれの地球上での地理分布，機能的属性などを明らかにし，さらにこうした区分ごとの人口，経済，産業など人間社会にかかわる特性値などをデータベース化していくことが重要である．MAでは地球を9つのサブシステムに区分しているが（表1），この区分のシステムがまちまちだと人口をはじめとした社会経済的なデータまでをすべて集計しなおすようなことにもなりかねない．これほど基本的な生態系区分の問題ですら，世界的には第4章で述べたHoldridgeの生活帯システム，地球レベルの保護区の地域性を論ずる場合によく用いられるUdvardyの生物地理学的区分をはじめいろいろあって，いまだに統一的なものとはなっていない．

　本書ではわれわれが住む地球環境をいろいろな切り口でとらえ，その断面における人と自然のかかわりを自然科学的な立場から考察している．より自然に寄った切り口から，人間に近いところで切っている内容までさまざまである．それは各学問分野がどこから発しているかを反映していると同時に，今後どのような側面へと発展させていくことが必要かをも物語っている．こうした基礎的な研究の積み重ねが地球全体を考えていくときの基盤となる地域の認識を支えており，環境を改善していく基礎情報となる．その意味で地球の環境学はフィールドサイエンスなのであり，その多様な蓄積が手段としてのリモートセンシングや広域モニタリングと結合したときに有効な手法となる．

　自然環境学は，環境学という枠組みの中で，人間と地球の未来を考えるきわめてチャレンジングな学問分野なのである．

参考文献

Watts, D. (1971) *Principles of Biogeography. An introduction to the functional mechanisms of ecosystms.* McGrow-Hill.

Wilson, E.O. (1988) *Biodiversity*, National Academy Press.

WRI (World Resources Institute) (2003) Ecosystem and Human Well-being: a framework for assessment. *Millennium Ecosystem Assessment*, Island Press.

索　引

[あ行]

アカシア　135, 136
赤潮　77
アナトリア断層　24
亜熱帯
　——域　60
　——高圧帯　8
　——循環　112, 114
アーバスキュラー菌根　50
アブラマツ　45
アフリカビャクシン　216
アフリカマキ　216
アマモ場　246
アルファ（α）多様性　79
アルプス・ヒマラヤ造山帯　7
アレロパシー（他感作用）　211
安定同位体　45
閾値　22, 125, 126, 138, 141, 158, 186, 230
異常気象　190
囲繞景観　177, 180
磯焼け　250
1次生産　58
　——者　67
一年生草本　95
萎凋点　42
入れ子構造　124
インフルエンザ（ウイルス）A　109
インフルエンザB　109
陰葉　40
「上から」「横から」「中から」の景観アセスメント　178
上原敬二　163
栄養塩　60
　——の再生産　71
　——の負荷　75
栄養株　248
エコトープ　79
エスチュアリー　154
エゾマツ　41
エネルギー循環　121, 122, 125
エルニーニョ　193, 194

沿岸
　——域　143
　——環境　73
　——生物　104
　——湧昇　194
遠心的群落配置　92, 93, 97
塩性化　129
円石藻　62
鉛直分布　248
尾瀬保存期成同盟　165
溺れ谷　16
音響測深機　247, 248
温室効果気体　62, 188

[か行]

海岸侵食　154
海溝　56
海上保安庁　111, 113
海水準変動　142
海水の年代　66
外生菌根　50
海棲哺乳類動物の大量死　106
海成層　16
海藻群落　67
階層構造　9, 124
海藻のC/N比　68
海藻藻場　67
海底堆積物　57
海底地形　57
皆伐作業　224
皆伐林分　226
開放系　84
海面上昇　16, 21
回遊魚　192
海洋
　——汚染　191
　——環境　56, 105
　——深層水　8
　——生態系　67, 191
　——生物資源　191
　——表層水　8
外来河川　8

海流散布植物　114
化学合成の独立栄養生物　73
鍵層　17
鍵要素　127, 128
閣議決定アセスメント　175
攪乱　85, 101
　　——要因　85, 91, 100
過去の発生履歴　22
火山噴火　7
カスピカイアザラシ　108
化石燃料　11, 19, 20
河川環境　142
カタクチイワシ　194
家畜頭数　218
仮導管　44
花粉　17
過放牧　219
カリブランタス川　148
灌漑施設　138
環境
　　——悪化　127
　　——影響評価法　175
　　——汚染　106
　　——学　80
　　——基本法　168
　　——共生型社会　141
　　——形成作用　81, 91, 122
　　——計測　119, 139
　　——作用　81, 122
　　——収容力　220
　　——層　125, 126
　　——調節機能　222
　　——の相変化　125, 138
　　——評価　119, 139
　　——変動　144, 146, 160
　　——要素　119
環境傾度　94
　　——分析　94
環境保全　221
　　——機能　220
還元生有機物　73
環孔材　44
乾湿度　90
緩衝容量　75
完新世　144
　　——古期砂丘砂層　132

　　——新期砂丘砂層　132
乾生遷移系列　97
環太平洋造山帯　7
間氷期　12
漁業生産　246
気圏　4, 123
気候
　　——図　85
　　——帯　12
　　——変動　143, 149, 189, 192
　　——モデル　189
気象災害　23
基層変動　3, 125
北アナトリア断層　7, 24
　　——1943年地震断層　25
北赤道海流　193
木津川　149
共生　46, 82
競争的排除　82
キョウチクトウ科　214
漁獲可能量　195
漁獲量　191, 192, 195
漁業の乱獲　104
極循環　7
極相　84
　　——群系　85
居住圏　26
居住性　128
巨大地震　7, 23
巨大データ　253
許容限界（閾値）　230
菌根　49
空間情報科学　255
グーテンベルク・リヒター則　23
クラーク数　61
グランドデザイン　171
グリーン・アカウンティング　201
黒潮　111-115
　　——親潮混合域　194
　　——続流　113, 114
　　——流路　111, 112
群系　80, 84
　　——分類　85
群落　80
　　——構造解析　101
計画的評価　185

索　引

景観　80, 173, 176, 249
　　——生態学　100
　　——のポテンシャル　179
　　——評価　184
　　——評価構造モデル　186
　　——予測手法　181
珪藻　14, 17
計量心理学的方法　182
原自然環境　120
原人　11
現成砂丘砂層　132
現存量　34, 226
原風景　184
広域テフラ（広域火山灰）　17
公益的機能　223
公園管理団体　174
好気生物　58
光合成　39, 42, 43
高山環境　83
抗腫瘍活性　214
恒常河川　8
抗植物病原菌活性　213
更新世末期砂丘堆積物　132
洪水リスク　151
降水量傾度　204
黄土高原　45, 202
国際河川　8
国際観光　165
谷底平野　152
国立公園法　162
古地震　24
枯死量　229
個体群　80, 81
固体地球　4
古地磁気　14, 17
固定砂丘　131
小麦地帯　129
コレラ　252
コンピュータグラフィックス（CG）　182
コンベアーベルト構造　67
コンベアーベルト循環　60

［さ行］

災害ポテンシャル　27
再活動砂丘　132, 136, 137
　　——の活動形態　134

細菌群集　70
サイクリックサクセッション　85
再生産　71
最大蒸発散比　88
砕波帯　104
サイバーフォレスト研究　242
砂丘の再活動　131
殺虫活性　213
砂漠化　128
　　——現象　219
　　——対策　131
　　——の閾値　129
　　——の終焉　137
三角座標　86, 90
サンゴ礁　67
散孔材　45
３次元植物成長モデル　183
酸性雨　19, 38
酸素同位体ステージ　14
３-ヒドロキシウリジン　212
時空間スケール　85
資源管理　194, 195
資源変動　192
自己施肥作用　224
自浄作用　76
市場の失敗　200
地震・火山災害　23
地震空白域　24
地震と津波　105
自然
　　——環境保全法　168
　　——公園法　167
　　——災害　4, 22
　　——再生　171
　　——資源の持続的利用　171
　　——植生　101
　　——生態系　124
　　——堤防　144
　　——破壊　229
　　——復帰　136
自然保護　229
　　——協会　165
持続的
　　——管理　225
　　——発展　127
　　——木材生産　223

索引

――利用　101, 210, 229
湿生遷移系列　97
地盤沈下　155
社会環境　119
収穫量　229
重金属類　106
樹高成長　95
主体―環境系　80
種多様性　79, 84
種の絶滅の回避と回復　171
樹木の水分生理特性　208
狩猟技術　18
循環型資源社会　141
純自然環境　120
準自然環境　120
純生産量　34
純成長量　227
硝酸イオン汚染　74
硝酸態窒素　36
蒸発散位　90
蒸発散量　8
消費者　32
植生
　――回復　204
　――帯　12, 17
　――分化　94
植物
　――季節（フェノロジー）　240
　――成長阻害活性　212
　――生理活性物質　211
　――プランクトン　60, 69
食物段階　71
食物連鎖　69, 107
食糧資源　191
除草活性剤　213
シリカ/窒素　77
シルエット率　182, 186
人為
　――的インパクト　127, 149, 230
　――的付加変動　127
　――土砂移動量　18
　――排出物質　20
深海平坦面　57
新期造山帯　23
震源断層　26
人口圧　203

人口増加　218
人工環境　120
人工林　221
針広混交林　225
進行遷移　135
侵食　9
　――地形　202
　――評価　156
親水空間　150
新生産　71
新生物多様性国家戦略　169
真・善・美　163
薪炭材　217
森林
　――景観シミュレーション　182, 237
　――施業　225
　――消失　215
　――生態系　225
　――病害　48
　――法　199
　――面積　215, 216
　――・林業基本法　200
人類紀　11
水害地形分類図　152
水圏　4, 123
垂直分布帯　95, 99
水分　42
　――環境の境界線　208
　――通導　44
水平分布　249
水利用率（WUE）　44
スクリーニング　175
スケール比　182, 186
スコーピング　175
スマトラ島沖の地震　106
生育地　79
生活帯　86
西岸境界流　113
生元素　60
生産性　128
脆弱性　126
生産者　32
正常遷移　100
生態系　32, 80, 84, 91, 122
　――構造　123
　――の保全　73

索　引　269

――分化　94, 99
生態的最適域　82
生態的レベル　80, 81, 84
成帯的バイオーム　85, 87
成長量　223, 227
生物
　――環境　123
　――気温　88
　――圏（生物環境）　4, 32, 80, 123
　――資源　210
　――生産性　128, 138
　――相互作用　122
　――地球化学的(物質)循環　10, 17, 19, 20, 61
　――濃縮　107
　――の形態　58
　――被害　46
　――ポンプ　64
　――・無機環境循環　122
　――量　34
生物多様性　210, 246
　――保全　171
生理的最適域　82
「西暦2000年の地球」　201
世界の森林面積　221
石英質砂層　132
石灰質砂層　132
遷移　37, 84, 91
　――過程　92
　――系列　98
　――段階　95
　――的管理手法　101
　――網　100
潜在的森林面積　216
扇状地　144
選木　228
総合治水　160
相互作用　82
早生樹種　220
想像環境　120
相変化　126
増養殖業　104, 105
相利作用　82
ソナグラム　241

［た行］

耐陰性　94

大気
　――汚染　19, 253
　――海洋循環　4
　――降下物　75
大規模造林　220
退行遷移　135
堆砂　155
大深度ボーリング　13
堆積　16
　――空間形成速度　14
　――物コア　17
　――物中の有機物　64
代替エネルギー　20
大蛇行　111
耐凍性　41
太陽の放射エネルギー　7
第四紀　11
大陸棚　57
大陸氷床　21
滞留時間　8
耕して天まで昇る　204
卓越極相　94
択伐
　――作業　224
　――施業　226, 229
　――林分　226
多層林　224
タチアマモ　247, 249
脱窒素　75
多年生草本　95
多変量解析　101
田村剛　163
ダンスガード・オシュガー・サイクル　144
短期付加変動　3
炭素循環　62
炭素，窒素，リン　60, 65
炭素同位体比　46
地域
　――環境　124
　――生態系　124
　――防災　155
　――（マクロ）　178
地位指数　94
地殻変動　16, 149
地球
　――温暖化　19, 21, 27, 188, 190

——環境　3, 11, 19, 191
　　——生態系　4, 20, 27
　　——の外部エネルギー　7, 23
　　——の内部エネルギー　6, 22
　　——表層物質　9
蓄積量　227-229
地区（メソ）　178
地形
　　——環境　142
　　——傾度　94
　　——-遷移マトリックス　98, 99
　　——・土壌要因　91
地圏　4, 10, 19, 123
地質学的物質循環　10, 19
地質循環　122
地層累重の法則　17
秩父演習林　234
窒素　36
　　——供給量　74
　　——固定　36
地点（ミクロ）　178
中生遷移系列　97
中生的立地　93
眺望隠れ理論　184
眺望景観　177, 180
地理情報科学　255
地理情報システム（GIS）　234, 251
津波　104
低温　41
ディステンパーウイルス　108
テクスチュアの要素　181
デジタル標高モデル　251
デトリタス食物連鎖　70
デルタ　144, 154
電気伝導度　14
天井川　149, 150
天然林　221, 222
テンプレート　90
東海水害　150
導管　44
東京大学北海道演習林　222
島弧—海溝系　7
トウダイグサ科植物　214
動物プランクトン　69
毒性影響　108
独立栄養生物　67

都市
　　——化　27
　　——水害　151
　　——生態系　84
土壌侵食　129, 219
土地被覆　158
土地利用誘導　143
ドドナエア　135, 136
トリオディア　135, 136
トンレサップ　148

[な行]

内外生菌根　50
内水氾濫　104, 151
内陸直下型地震　23
ナローマルチビームソナー　247
南極環流　8, 11
二次遷移　100
ニセアカシア　45
ニセマツノザイセンチュウ　48
日平均潮位　112
ニッチ　79
二年生草本　95
ニホンウナギ　192
日本新八景　164
人間生態系　124
人間の活動可能領域　125, 127, 128, 138
認知環境　120, 121
熱塩循環　8, 67
熱水域　73
熱帯雨林　211
熱帯地域　215
年縞　17
年降水量　217
燃材　218
年平均降水量　90
年平均生物気温　90
濃尾平野　13

[は行]

バイオマス　34
廃棄物　4, 27
排出物質　20
ハザードマップ　158
伐採許容量　227
発生確率分布　24

索　引

パッチ構造　99
パッチモザイク構造　99
バッドランド　149
ハドレー循環　7
花株　248
半自然植生　101
反射法地震探査　13
繁茂状態　247, 249
バンレイシ科　214
斐伊川　150
ヒエラルキー　80
ビオトープ　79
光—光合成曲線　40
光飽和点　40
光補償点　40
飛砂　129, 132
ヒステリシス　22
微生物食物連鎖　71
ビデオシミュレーション　182
人と自然の豊かなふれあい　176
氷河時代　11
評価主体　184
氷河性海水準変動　12, 16
氷期　12
　　—-間氷期変動　11
表層生態系　69
漂流ブイ　113
貧酸素化　59
浜堤列　154
頻度—規模特性　22
フィードバック回路　181
風化　8
風景　173
　　—地保護協定　174
風成循環　113
風致　173
富栄養化　104
フェレル循環　7
不可逆的変化過程　128
複合汚染　108
複雑系　22
腐生　51
物質循環　5 – 7, 10, 17, 19, 32, 33, 47, 53, 60, 61,
　　67, 73, 84, 121, 122, 125, 222
プライメートシティー　142
ふれあい活動の場　176, 177

プレート　4
　　—運動　4, 6, 26
　　—境界　6, 23
分解者　32
文化環境　120
分析的評価　185
平均滞留時間　62
平衡状態　125, 138
閉鎖系　84
ベスト追求型　175
ベータ（β）多様性　79, 94, 95
変異の累積構造　26
偏向遷移　100, 135
妨害極相　135
放射性核種　106
捕食食物連鎖　70
補植林分　226
匍匐性　41
本田静六　162, 199

[ま行]

マイクロサクセッション　85
埋土種子　91
マグロ　195
松くい虫　47
マツ材線虫病　47
マツノザイセンチュウ　47
マツノマダラカミキリ　47
マルチメディア　231
マレー・マリー　129, 130
未固結軟砂層　134
水ストレス　206
水の惑星　56
水ポテンシャル　42, 43, 207
ミランコビッチ・サイクル　12, 21
無機化学循環　122
無機圏（環境）　122, 123
無機炭酸系　63
無機養分　37
メコンデルタ　148
メルテンスの法則　181
免疫力低下　108
目標クリア型　175
モザイク構造　99
藻場　246
　　—景観　250

──の保全　250
モンゴロイド　12
モンスーンアジア　142
モンスーン循環　8

[や行]

有害化学物質　106
　──による海岸汚染　104
有機塩素系化合物　106
有機スズ化合物　106
有機態の沈降物　64
有機的複合体　121
有機物生産速度　64
有機物の鉛直輸送　72
有孔虫　62
遊水池　151
優占種　92
ユーカリ林　136
　──に復帰する閾値　135
ユーカリノキ　218
雪玉地球（スノーボールアース）　188
雪腐病　41
溶存酸素　59, 66
溶存有機炭素（DOC）　63
陽葉　40
養老断層　13

[ら・わ行]

裸地化　91, 219
乱獲　191, 194
離岸堤　155
陸域での窒素循環　74
陸源窒素　74
陸弧－海溝系　7
利水　150
リスクマップ　156
リター　35
リトルアイスエイジ　144
利便性　138
リモートセンシング　250
硫酸エアロゾル　189
粒度組成　17

領域抽出　253
利用調整地区　174
臨界条件　126
臨界値　126
林業基本法　200
隣接個体　83
隣接植物効果　83
林分構造　227
林分施業法　222
レイヤー　251
歴史地震　26
　──記録　25
レジームシフト　192, 193
レッドフィールド比　66
ローテーション耕作　129
ロボットカメラ　238
ワシントン条約　195
早生樹種　220

[欧文]

AMAP　236
C/N比　36
C_4植物　44
^{13}C　45
^{14}C年代　17, 25, 26
CAM植物　45
CEC（陽イオン交換容量）　38
CO_2　35
ESRI　252
GIS（地理情報システム）　234, 251
GIS-CG法　236
Holdridgeの三角座標　88
Holdridgeのシステム　90
IPCC　20, 188
Lichy, C. A.　167
pH　38
P-V曲線　207
SARS（重症急性呼吸器症候群）　109
SPAC　42
TAC法　105
Tomlinson　252

編者紹介

大森博雄（おおもりひろお）
1944年生まれ
東京大学大学院新領域創成科学研究科教授
主要著書：『水は地球の命づな』（岩波書店）

大澤雅彦（おおさわまさひこ）
1946年生まれ
東京大学大学院新領域創成科学研究科教授
主要著書：『環境保全・創出のための生態工学』（丸善，共編）

熊谷洋一（くまがいよういち）
1943年生まれ
東京大学大学院新領域創成科学研究科教授
主要著書：『第三世代の大学』（東京大学出版会，共著）

梶 幹男（かじみきお）
1946年生まれ
東京大学大学院新領域創成科学研究科教授
主要著書：『緑の環境設計』（エヌジーティー，共著）

自然環境の評価と育成

2005年7月20日　初　版

［検印廃止］

編　者　大森博雄・大澤雅彦
　　　　熊谷洋一・梶　幹男

発行所　財団法人　東京大学出版会

代 表 者　岡本和夫
113-8654　東京都文京区本郷 7-3-1
電話 03-3811-8814　Fax 03-3812-6958
振替 00160-6-59964

印刷所　株式会社暁印刷
製本所　株式会社島崎製本

© 2005 Hiroo Ohmori *et al.*
ISBN 4-13-062712-0　Printed in Japan

Ⓡ〈日本複写権センター委託出版物〉
本書の全部または一部を無断で複写複製（コピー）することは，著作権法上での例外を除き，禁じられています．本書からの複写を希望される場合は，日本複写権センター（03-3401-2382）にご連絡ください．

武内和彦
環境時代の構想　　　　　　　　　四六判・232頁・2300円

武内和彦
環境創造の思想　　　　　　　　　A5判・216頁・2400円

武内和彦・鷲谷いずみ・恒川篤史 編
里山の環境学　　　　　　　　　　A5判・264頁・2800円

石　弘之 編
環境学の技法　　　　　　　　　　A5判・288頁・3200円

井上　真・酒井秀夫・下村彰男・白石則彦・鈴木雅一
人と森の環境学　　　　　　　　　A5判・192頁・2000円

野崎義行
地球温暖化と海――炭素の循環から探る　　四六判・208頁・2800円

日本海洋学会 編
海と地球環境――海洋学の最前線　　A5判・440頁・4800円

小宮山　宏
地球温暖化問題に答える　　　　　四六判・216頁・1800円

吉野正敏・福岡義隆 編
環境気候学　　　　　　　　　　　A5判・408頁・4600円

ここに表示された価格は本体価格です．ご購入の
際には消費税が加算されますのでご了承下さい．